最強行銷武器

整合行銷研究與資料科學

推薦序 PREFACE

各行各業都有許多類似「行銷企劃」的職位，在一般概念中，這類職位理當是由唸過行銷管理的人來擔綱。有趣的是，目前許多行銷企劃者，並非行銷相關科系畢業，有些更是從未唸過行銷管理的專業科目，但他們似乎也能將行銷企劃做得不錯。長久下來，這現象的背後似乎代表著，想從事行銷企劃並不需要行銷專業（當然不是）；或行銷專業容易上手、很好培養、甚至看看就會（當然也不是）；抑或是很多人其實並沒真正瞭解「行銷企劃」的內涵，而只是憑著經驗直覺或過去的案例，在朦朧中摸索或依樣畫葫蘆。

我在台灣科大企管系講授【行銷管理】與【研究方法】二十餘年，這兩門課的內容，其實有很密切的相關，只是一般人不容易將兩者連在一起。研究方法是博碩士學生必備的科學化知識，也是一門發現問題、分析問題和解決問題的學科。在我教過的學生中，有不少行銷企劃做的很好的人。這些人有個共通的特點，那就是他們除了行銷管理的專業外，對行銷研究（或研究方法）也有很深的修為（現在甚至要加入資料科學的分析方法）。這些學生能充分結合這兩門學問的內涵，展現出對問題的敏銳度，與對資料的掌握度，而後善用研究方法的理論和工具，協助企業發現、分析與解決行銷相關的問題。

為了讓學生有更好的學習，在上述兩門課的講授中，我一直很注意教材的更新。我經常從 Journal of Marketing、Marketing Science、Academy of Management Review、Academy of Management Journal、MIS Quarterly、Strategic Management Journal 等，多種頂級期刊的「From the editors」專欄，看到學術界在行銷理論或研究方法上，鍥而不捨地細膩精進。尤其是近年資料科學興起後，更深刻感受到研究主題與不同研究設計和資料分析工具的多元整合；也看到行銷理論發展，與業界實務間更緊密結合的趨勢（稱之為 phenomenon-based research）。直白來說，「行銷研究」就是研究方法在行銷領域的運用，它等同於作戰的偵查、敵情蒐集與分析，然後提供給管理者決策之用。這是國外許多大型顧問公司的競爭擅長，卻反倒是國內多數企業的罩門，而需要我們特別急起直追的領域。

本書的作者群均為我在台灣科大的學生。他們於 2019 年出版了國內第一本的《行銷資料科學》書籍後，隔年，2020 年再推出《STP 行銷策略—Python 商業應用實戰》一書，並於 2021 年，又出版這本《最強行銷武器—整合行銷研究與資料科學》。對他們連續三年來的日夜精進，我在此表達對他們的讚嘆。本書將行銷研究與行銷資料科學背後的研究方法、研究設計、研究工具等，做了詳實的介紹，輔以行銷實例說明，並附上原始程式碼。對於有志透過研究方法或行銷研究來精進行銷管理專業的人士來說，這是一本不可多得的好書，我誠摯地推薦給大家。

林孟彥
台灣科技大學企業管理系教授

序 PREFACE

行銷研究的歷史已經超過了百年，但最近二十年，行銷資料科學的興起，對行銷研究造成巨大的衝擊。行銷研究與行銷資料科學彼此之間，產生些許的替代，甚至帶來了許多的互補。

本書的主題在談行銷研究與行銷資料科學的整合，但因為這項議題現在還正在發生與演變當中，同時也尚無一個完整的整合模式，國內也還未出現類似的書籍。因此本書希望能為此領域開一小扇窗，讓更多的行銷人有機會為此領域產生更多的貢獻。

本書除了介紹行銷研究與行銷資料科學的概念，並在第五章節以 Python 程式實作案例，引導讀者們瞭解具體分析的過程與效果（同時附上 Python 程式碼 QR code 供讀者下載、練習）。

為了與讀者們有更好的互動，作者群也成立了不同的行銷資料科學社群，讓讀者可以一起分享、討論與學習行銷資料科學相關知識，同時，作者群也將行銷資料科學最新文章與動態消息彙整至此，歡迎廣大的讀者加入我們的社群，一同與我們一起成長！

Telegram社群

Facebook 粉專

Medium部落格

本書的出版，要感謝台灣科技大學林孟彥教授的指導，作者群均為林孟彥教授的學生；同時也特別感謝碁峰編輯團隊的鼎力支持，才能讓這本書呈現在大家眼前。

最後，雖然作者群十分用心地撰寫本書，但唯恐因能力不及或論述未盡周詳，導致內容出現疏漏或錯誤之處，仍盼您不吝提供建議，讓我們有機會加以改進，讓本書能更臻完善，謝謝。

羅凱揚、蘇宇暉、鍾皓軒　謹識

目錄 CONTENTS

PART 1 ▶ 概論篇

PART 2 ▶ 研究方法篇

CHAPTER 04

研究的類型與資料科學分析的類型

CHAPTER 05

行銷研究程序與行銷資料科學程序

CHAPTER 06

研究設計

CHAPTER 07

衡量與抽樣

PART 3 ▶ 執行篇

CHAPTER 08

輸入一資料蒐集

CHAPTER 09

處理一資料分析

CHAPTER 10

輸出一數據分析與人工智慧

PART 1

概論篇

行銷企劃 3.0

「行銷管理」從過去的「生產導向」與「產品導向」、發展到「銷售導向」、「行銷導向」，後來再進入到「社會行銷導向」。而為了滿足消費者的真正需求，不同產業裡的每一家企業，都需要不同的行銷企劃，才能將自己的產品、服務和理念推展到消費者的心中。隨著環境改變、消費者改變，企業也隨之改變，而行銷企劃也從 1.0 版，進化到 3.0 版的時代。

不久前，和幾位儲備幹部分享「行銷企劃」的演進歷程（這個演進是筆者自己歸納的，並未經過研究驗證）。一開始，先與大家玩了一個小遊戲，請大家針對以下某行銷企劃的任務進行思考：「現在許多人想從事網路和社群媒體行銷的相關工作，該如何發展『網路行銷課程的學習地圖』，以利之後課程產品的開發」，並請在場的幹部們回饋具體執行的做法。

首先，部分同仁們提到，可以見賢思齊，先參考同業如何規畫課程；或是參考線上課程平台上相關課程的銷售狀況；還可以對消費者進行問卷調查；或是參考網路行銷的書籍架構…等，之後，再歸納出學習地圖。

這樣的做法確實可以發展出一個學習地圖，但「如何證明這樣的學習地圖是有效的？消費者真的願意買單嗎？」幾位夥伴們回答不出來。

接著，讓我們順勢來回顧一下「行銷企劃」的演進，如圖 1 所示：

圖 1　行銷企劃的演進
繪圖者：彭媛蘋

1. 行銷企劃 1.0

早期，行銷企劃 1.0 的人才，通常具有基本的行銷企劃概念，並且懂得簡單的分析，知道要進行市場調查、了解如何蒐集內外部資料、能與公司不同部門進行溝通、撰寫活動企劃案、製作簡報提案給主管、籌備與執行行銷活動…等。而同仁們前述所回答的內容，即是屬於行銷企劃 1.0 的層次。

2. 行銷企劃 2.0

行銷企劃 2.0 的人才，已經擁有「行銷研究」的思維（在研究方法上比行銷企劃更嚴謹），而且擁有跨領域的專業知識（例如，又加上了人力資源管理的知識）。

以上述的任務目標為例。擁有行銷企劃 2.0 能力的人，會到人力資源網站上，搜尋各網路行銷職位的工作說明書與工作規範，並加以分析，找出企業求才背後網路行銷相關職位的「知識、技術與能力（Knowledge, Skill, Ability and Others, KSAOs）」。之後，再根據這些 KSAOs，發展出網路行銷課程的學習地圖。接著，再與應徵、面試網路行銷職位的利害關係人進行訪談，以修正及確保該學習地圖是有效的。同時在整個活動結束後進行成效的分析與建議。

從行銷企劃 1.0，進展到行銷企劃 2.0 的過程中，能夠提升任務的「效果」（也就是達成目標的程度）。如果將行銷企劃 1.0 版的學習地圖與 2.0 版的學習地圖攤開，相信大家一定能夠明確地看出哪一份學習地圖更加有效。

3. 行銷企劃 3.0

行銷企劃 3.0 的人才，擁有「行銷資料科學」的思維。這種人不但擁有跨領域的專業知識，知道完成任務的程序，還必須透過「資料科學」的工具，提升工作的效率與效果。

同樣，以上述發展「網路行銷學習地圖」的任務為例。擁有行銷企劃 3.0 能力的行銷人，會事先透過網路爬蟲工具，爬下各公司網路行銷職位的工作說明書與工作規範，並透過文字探勘技術，找出背後的 KSAOs。之後再根據 KSAOs 發展出課程學習地圖（學習地圖還能透過資料視覺化方式呈現），並訪談各個利害關係人，以修正並確保學習地圖的有效性。

事實上，從行銷企劃 2.0，進展到行銷企劃 3.0 的過程中，主要能夠提升任務的「效率」與「效果」。在效率方面，當資料量很大時，透過機器處理，會比透過人工處理來的有效率。在效果方面，相對於「普查」（用爬蟲爬下所有內容）透過人工「抽樣」（而且通常是非機率抽樣），會產生偏誤（Bias）。所以行銷企劃 3.0 的效果較佳。

然而，不曉得各位有沒有注意到，依據上述行銷企劃的演進歷程，未來的行銷企劃人員，除了要有行銷企劃的基本概念，同時還要擁有行銷研究的專業、跨領域的知識、甚至要有撰寫程式的能力，以及整合行銷研究與行銷資料科學的思維，以期能更有效率、更有效果地完成整個任務。

以上，分享給已經或是想加入「行銷企劃」工作的年輕夥伴們。

行銷研究與行銷資料科學的發展

☑ 從行銷研究到行銷資料科學

☑ 行銷資料科學、大數據分析與行銷科技

SECTION 1-1

從行銷研究到行銷資料科學

問題背後的問題——即溶咖啡

先從兩個小故事開始講起。

大部份的人應該都喝過雀巢即溶咖啡，然而大家可能不知道，雀巢即溶咖啡的誕生，有超過 80 年的歷史。最早，發明即溶咖啡的想法的確非常的好，因為它方便又快速。但是產品問市之初，雀巢公司很擔心新產品不會成功，因此做了很全面很嚴謹的市場調查。該公司利用類似「盲測」的方式，請使用者分別針對研磨咖啡與即溶咖啡進行比較。結果發現，絕大部分的試用者其實無法分辨出研磨與即溶咖啡的差異。這項研究結果讓雀巢很有信心，因此公司便開始向市面推出這項新產品。不過，讓人意外的是，它的銷售成績並不理想。

問題來了，假如您身為雀巢公司的行銷經理，這個時候該怎麼辦？

站在行銷的觀點，典型的答案不外乎「更換包裝」、「降價」、「多打廣告」、「透過不同通路去販售」…等。不過，這真的是答案嗎？問題有這麼簡單嗎？

以筆者在教授行銷管理、行銷研究、行銷資料科學的過程為例，都希望學生必須學會如何「發現問題、解決問題」，甚至是發現與解決「問題背後的問題」。只是一旦追問大家「新產品銷售成績不理想的原因為何？」，多數學生都無法回答，僅有少部分的人能勉強答出「需要透過其他方法找出問題」。但是再進一步追問，要用何種方法找出問題時，大部分的學生就真的答不出來了（而這也就是「行銷研究」的價值所在，請接著看下去）。

回到即溶咖啡的案例，當時雀巢公司找到美國加州柏克萊大學教授馬森・海爾（Mason Haire），請他來研究如何解決這個問題[1]。海爾教授利用心理學的「投射技術（Projective Techniques）」，配合實驗設計的方法，發現了真正的問題所在，並將研究結果發表在《行銷期刊（Journal of Marketing）》上。

到底海爾教授是如何找出問題癥結的呢？

首先，他設計了兩份購物清單（Shopping List）。

購物清單 A	購物清單 B
1. 碎牛肉 1.5 磅	1. 碎牛肉 1.5 磅
2. Wonder 牌麵包	2. Wonder 牌麵包
3. 胡蘿蔔 1 束	3. 胡蘿蔔 1 束
4. Rumford 牌發酵粉 1 罐	4. Rumford 牌發酵粉 1 罐
5. 雀巢即溶咖啡	5. 麥斯威爾咖啡
6. DelMonte 牌桃子 2 罐	6. DelMonte 牌桃子 2 罐
7. 馬鈴薯 5 磅	7. 馬鈴薯 5 磅

接著他分別找了 A、B 兩群人（彼此不知道對方的存在），讓 A 群人只看購物清單 A 的內容，讓 B 群人只看購物清單 B 的內容。之後，海爾請這兩群人，就購物清單背後的「家庭特徵」提出所有可能的猜想。

大家可以發現，這兩份清單上，主要的差異點在於第五項。購物清單 A 是雀巢即溶咖啡；清單 B 則是麥斯威爾咖啡，其他內容都一樣。就實驗設計的概念來說，這樣的做法控制了其他變數對結果的影響。換言之，我們可以發現，造成 A、B 兩群人對於清單背後「家庭特徵」猜想的差異，來自於雀巢即溶咖啡與麥斯威爾咖啡的不同。

1 詳細的研究內容請見Haire, Mason (1950), "Projective Techniques in Marketing Research," Journal of Marketing, Vol. 14, No. 5, pp. 649-656.

後來，結果出來了，A 群人認為清單 A 背後的家庭主婦，是懶惰、不會規劃家計而且是浪費的主婦；而清單 B 背後的家庭主婦，則是節儉、務實、喜歡烹飪的好主婦，如圖 1-1 所示。

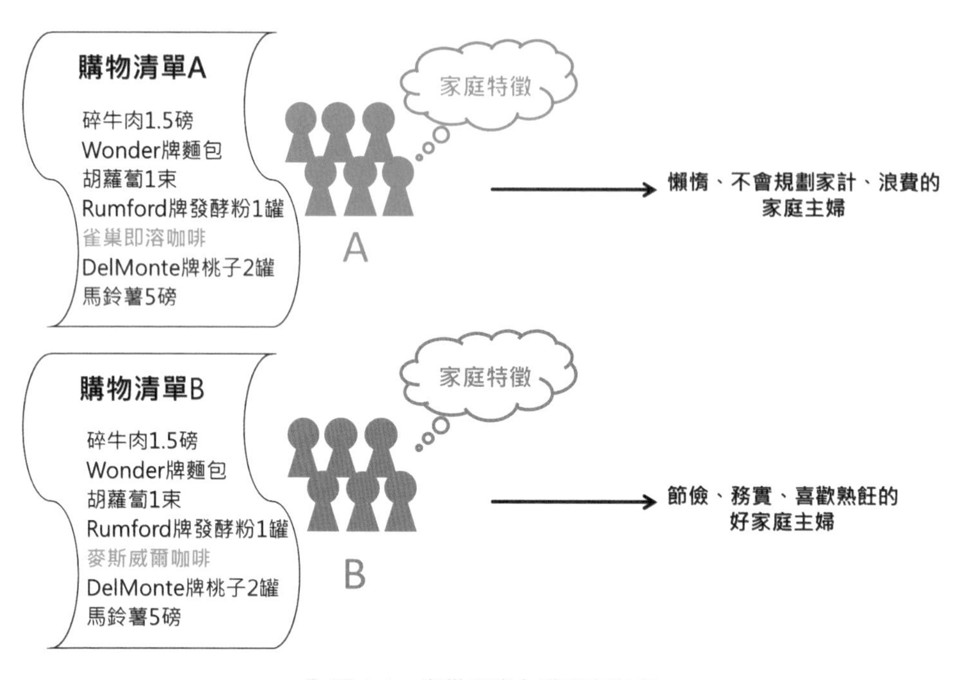

圖 1-1　雀巢即溶咖啡研究程序
繪圖者：曾琦心

從這樣的研究結果，大家發現即溶咖啡銷售業績不佳的原因了嗎？

有時候，產品好，不代表一定能夠成功，反而是消費者對「產品的印象」可能才是影響成敗的關鍵。因為在 1940 年代，當時風氣未開，如果手裡端著一杯即溶咖啡會讓人家覺得自己是個懶惰、浪費的人，因此不管是家庭主婦或是其他消費者，當然不會想購買。

根據海爾教授的研究結果，雀巢公司的行銷經理，才真正發現到隱藏在問題背後的問題。同時依據這項重要資訊，重新調整相關的行銷方案，進而改變消費者對即溶咖啡的認知和印象，最終才解決了銷售不佳的問題。

學習「研究方法」能協助經理人收集高品質的資訊，而高品質的資訊，有助於經理人做好企業經營的決策，這就是學習「研究方法」的功能所在。

在了解了行銷研究的經典故事之後，接著我們來看第二個故事。

時尚電商 Stitch Fix

「穿衣服是大學問」，不相信可以問問很多女生，每天出門前會不會為了今天要穿什麼衣服而傷腦筋？現在如果有一家公司幫您聘請一位專屬的「穿衣顧問」，而且只在一開始收取六百元新台幣（二十塊美金）的造型費，然後就會定期寄來已經幫您量身打造的時尚服飾，您願意買單嗎？不瞞您說，目前全世界已有三百五十萬人接受美國一家叫做「Stitch Fix」的時尚服飾訂閱公司的服務。

2011 年 6 月，剛從哈佛大學商學院畢業的美日混血兒卡翠娜・雷克（Katrina Lake），在美國舊金山成立時尚電商公司 Stitch Fix。當時滿腦子擁有有趣想法的雷克，透過募集到的五十萬美金，開始了她的創業之旅。結果在短短不到七年的時間，於 2017 年 11 月，Stitch Fix 就在美國 Nasdaq 上市。而卡翠娜・雷克本人也成為 2019 年《快速企業》所選出的全球 50 大創新公司中排名的第 5 名，以及 2019 年《富比世》全美白手起家女富豪排行榜中的 55 名。

Stitch Fix 的背後，其實是一家充分利用行銷研究和行銷資料科學，同時提供「時尚服飾訂閱」服務的新創公司。現在讓我們來看看，Stitch Fix 是如何運作的，如圖 1-2 所示。

圖 1-2　Stitch Fix 的運作
繪圖者：彭煖蘋

消費者在登入 Stitch Fix 的網站首頁時，不會看到像其他購物網站呈現太多的商品展示，介紹穿衣風格反而才是這個網站的重點。網站會有造型師來塑造消費者的風格，並且透過這種新的購物方式力邀消費者加入會員。因此，當消費者在 Stitch Fix 的網站註冊時，Stitch Fix 會請會員填答一份詳細的問卷，包括會員的基本資料、身高、尺碼、喜歡的顏色、風格、經常出席的場合、甚至是預算等。

接著，Stitch Fix 每個月就會透過一個稱為「訂購盒子（Subscription Box）」的包裹，一次將五件服飾寄送給顧客。等到消費者收到包裹時，可以留下覺得滿意的服飾，看不上眼或者不滿意的服飾就再寄回給 Stitch Fix。如果消費者將五件服飾全部留下，就會享受到折扣，反之，如果一件都不想買，就負擔二十美元的包裹寄送費。

在美國，消費者要買衣服，往往得開車到購物中心或百貨公司，買個兩三件衣服總得花上半天的時間。Stitch Fix 一次寄來五件衣服（連同一份紙本問卷），其實也經過精算，因為如果一次寄太多件，消費者心理和預算上都難以負荷。而 Stitch Fix 透過消費者所填答的電腦和紙本問卷，以及購買與退換貨記錄，再利用演算法進行消費者喜好與需求預測，並配合設計師的搭配，給予消費者「客製化」建議。因為喜歡的衣服被留下、不喜歡的退回，Stitch Fix 就很容易利用這些大量數據建立起每一位消費者穿衣風格的「模型」。

而為了進一步蒐集到更準確的資料，2017 年 Stitch Fix 推出了一款 Style Shuffle 的小遊戲，讓顧客針對不同的服飾或配件，簡單回應喜愛或是不喜愛。藉此更進一步蒐集消費者的偏好，並增加消費者的黏著度。Stitch Fix 後來甚至將觸角伸向男性服飾以及兒童服飾，而大尺碼的女性服飾更是其服務重點。

透過大量蒐集消費者的資料，以及不斷優化的演算法，並結合個人造型師和機器學習（AI）進行個性化推薦，讓 Stitch Fix 的時尚訂閱制服務，能夠更精準地預測與滿足消費者偏好的服飾及配件。據了解，截至 2019 年，該公司已經擁有 8,000 名員工，其中包括 5,100 名造型師和 100 多名數據科學家。

從以上 Stitch Fix 的故事中，我們看到了行銷研究與資料科學的完美搭配。

行銷研究與行銷資料科學之差異——從定義出發

行銷資料科學是近年商場上的一門顯學，但它也讓許多行銷人感到困擾，因為它橫跨了數學、統計、資訊和巨量資料處理，行銷人想要著手學習和處理都還得費一番功夫，而它與傳統的行銷研究究竟差別在哪裡？其實，行銷人不妨回頭從兩者的「定義」出發，會讓自己更有效掌握這一門新興科學的精髓所在。

從定義上來看，所謂行銷研究主要是「針對企業所面臨之行銷問題，進行有系統之研究設計、資料蒐集與分析，並報告研究結果」；至於行銷資料科學，則是「透過科學化的方式，對行銷資料進行分析的一門學問，而行銷資料科學存在的目的，在於解決行銷管理上的問題」，如圖 1-3 所示。

	定義	範疇
行銷研究	針對企業所面臨之行銷問題，進行有系統之研究設計、資料蒐集與分析，並報告研究結果	·研究分析層面
行銷資料科學	透過科學化的方式，對行銷資料進行分析的一門學問，存在目的在於解決行銷管理上的問題	·研究分析層面 ·資料產品層面

圖 1-3　從定義看行銷研究與行銷資料科學之差異
繪圖者：傅嬿珊

就定義上，行銷研究會產出研究分析結果，行銷人員可以根據這些結果，來協助做好行銷決策。就層次上來看，這是屬於研究分析的範疇。而行銷資料科學的範疇較為廣闊，因為行銷資料科學不僅僅能協助進行研究分析，還可以發展出不同的資料產品（Data Product）。資料產品是利用「資料」與「機器學習」所新生成的產品或服務。例如，業界有所謂「資料變現」的概念，零售商將銷售時點系統（POS）、消費者再購、庫存…等資料，出售給供應商，進而讓供應商強化庫存管理，進而減少「長鞭效應」；或者如台灣的 Gogoro 電動車，已不只是電動機車，它還建構出龐大的「資料產品」體系。

因此，在整合行銷研究與行銷資料科學時，不但能就研究分析層面進行整合，還能延伸到資料產品層面。舉例來說，美國沃爾瑪（Walmart）分析內部資料倉儲（Data Warehouse）裡，過去消費者購買的歷史資料，並且結合外部臉書（FaceBook）裡 3,400 萬名粉絲的討論內容，發展出新產品銷售數量預測模型，以利銷售與庫存管理。

再以之前提過的時尚電商 Stitch Fix 為例。Stitch Fix 整合行銷研究中，發放問卷的方式，調查消費者對服飾的偏好。同時透過資料科學，分析資料庫中消費者所填答的問卷，以及購買記錄，來預測消費者未來可能的需求，進一步發展出時尚服飾訂閱制的服務。

資料產品（data product）的新應用——Gogoro 不只是電動車[2]

線上教育課程平台 Coursera 的資料科學資深總監艾蜜莉・桑茲（Emily G. Sands）指出，「資料產品」（Data Product）係奠基於「資料」與「機器學習」所生成的產品或服務[3]。企業在蒐集消費者的使用資料後，藉由這些資料，可以再產製出資料產品，同時回頭提昇消費者的服務品質，形成良性循環。

以台灣電動機車市場龍頭 Gogoro 為例，現在 Gogoro 的電動車不只是電動車，背後還能夠建構出龐大的「資料產品」體系。Gogoro Smartscooter 全車共有 80 個的感應器（其中車內 30 個；兩顆電池、每顆各 25 個），透過自家的 iQ System 智慧系統可偵測、記錄車主的騎乘狀況，進行車況診

2　本篇文章由陳宣廷、羅凱揚所共同撰寫。

3　艾蜜莉・葛拉斯堡・桑茲（Emily Glassberg Sands），《三階段打造最佳資料產品（How to Build Great Data Products）》，HBR 中文數位版文章，侯秀琴譯，2019/1/6。

斷，無論是車身發生擦撞、傾倒，或是設備出了問題，都能即時通知車主進廠維修。同時，充電站若有電池功能異常，也能連線通知工程師進行遠端修復。

另一方面，桑茲也指出，資料產品會隨著使用人數與次數的增加，加速資料的蒐集。同時，當企業蒐集到更多的資料時，資料產品會不斷地「進化」，每隔一段時間，就會發展出更多的新功能。

舉例來說，當越多人使用 Gogoro，Gogoro 所蒐集到的「換電池」資料，就能更精準地預測車主將在何時、何地準備更換電池。Gogoro 發現，車主除了每三到四天需要更換電池之外，每週的上下班時間（早上 7-9 點、晚上 6-9 點）是更換電池的高峰。同時，Gogoro 也發現，車主可能會有「週一憂鬱症（Monday Blue）」的情況出現（像是週一換電池的頻率稍低，時間也比平常晚一些）。而 Gogoro 可以依此資料分析的結果，提供更精準的「換電池」服務，以提升車主的滿意度。

桑茲同時提到，隨著資料量越來越大，企業發掘出新的資料產品，應用的機會也就用大。而打造出越多的資料產品，不但可強化各種應用之間的整合，同時，還能藉此分攤開發成本，並發揮網路效應。

以 Gogoro 為例，Gogoro 透過大數據分析的應用，進一步分析使用者「換電池」的行為，發展出節能的方案，以調節能源的供需。例如：電池交換站（GoStation）系統的電力，不會無時無刻都使用最大功率幫電池充電，而是選擇在適當的時間（如離峰時段）、適當的充電速度為電池充電。如此一來既可以不用在電量高峰的時段和一般住戶搶電，大大降低電網負擔，也能保養電池增加其使用壽命。而這些新服務的出現，不但分攤了之前蒐集資料的成本，並透過資料的共享，發揮網路效應，讓更多人願意騎乘 Gogoro，並享受 Gogoro 的資料產品與服務。

想想看，Gogoro 透過記錄車主每天的騎乘資料、每次電池的更換資料，發展出越來越多更貼近消費者的資料產品與服務。這種藉著資料的累積，不斷創造出新的資料產品與服務的模式，不但讓買賣雙方互惠共榮，也讓消費者對其品牌的黏著度愈來愈高，如圖 1-4 所示。

1 透過智慧系統記錄騎乘資料、電池更換資料、車況診斷

2 發展出越來越多更貼近消費者的資料產品與服務

如：分析換電池的行為，發展出節能的方案，以調節能源的供需

3 藉著資料的累積創造出新的資料產品與服務的模式
讓買賣雙方互惠共榮，也讓消費者對其品牌的黏著度愈高

圖 1-4　Gogoro 的資料產品
繪圖者：鄭雅馨

從行銷管理程序看行銷研究與資料科學應用的差異

從企業觀點來看，「行銷管理」是落實行銷觀念的一套程序。行銷管理的教科書告訴我們，行銷管理的程序，主要從分析市場的機會開始，找出目標市場，為自己的產品或服務進行定位，接著發展行銷策略和規畫行銷方案，最後再透過組織執行行銷活動。現在，因為研究方法和資料科學的進步，讓行銷管理程序的工具與應用，有了很大的進步。

以下，我們便以行銷管理中最常用的企業優劣勢分析法（SWOT）、市場區隔選擇定位法（STP）和行銷組合（4P），來分析行銷研究和行銷資料科學在應用上的差異，如圖 1-5 所示。

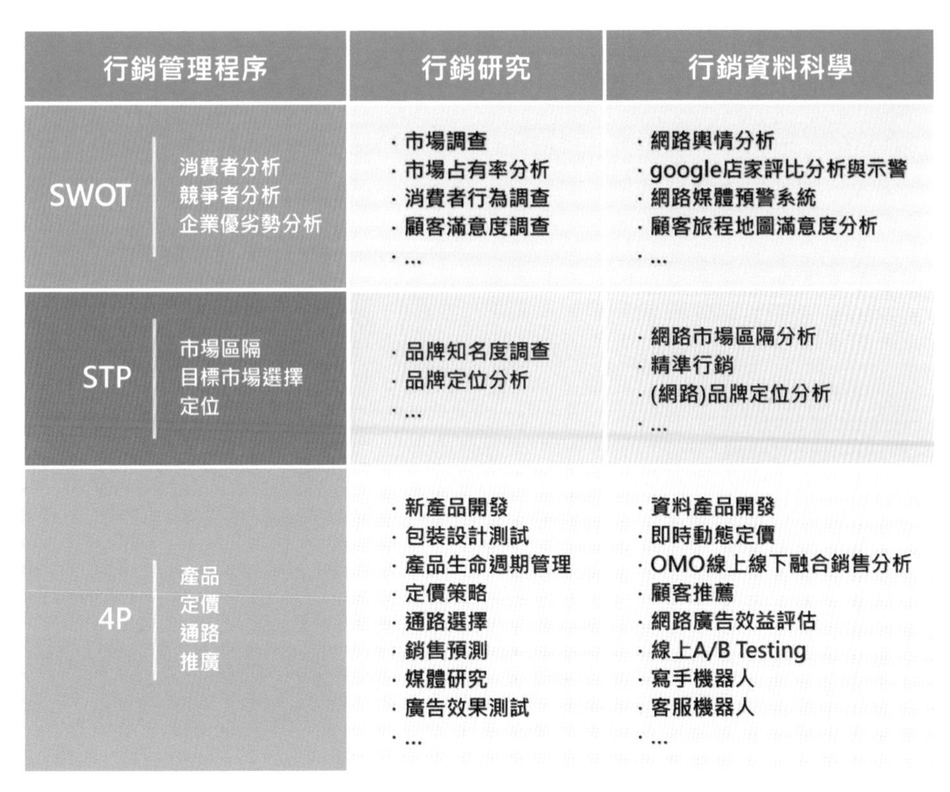

圖 1-5　行銷研究與行銷資料科學應用之差異
繪圖者：傅嫵珊

首先，從 SWOT 分析出發，由於 SWOT 在於比較企業自身的優勢（Strength）與劣勢（Weakness）、以及外部環境的機會（Opportunity）與威脅（Threat）。因此「行銷研究」發展出市場調查、市場占有率分析、消費者行為調查、顧客滿意度調查…等；至於在「行銷資料科學」的應用，則包括網路輿情分析、google 店家評比分析與示警、網路媒體預警系統、顧客旅程地圖滿意度分析…等。

其次，在 STP 部分，由於 STP 著重在市場的區隔、選擇和定位上，因此「行銷研究」主要的應用，在於品牌知名度調查、品牌定位分析…等；至於「行銷資料科學」的應用則在網路市場區隔分析、精準行銷和（網路）品牌定位分析…等。

至於 4P 行銷組合，藉由對產品、價格、通路和推廣的解構，「行銷研究」主要的應用，則可包括新產品開發、包裝設計測試、產品生命週期管理、定價策略、通路選擇、銷售預測、媒體研究、廣告效果測試…等；「行銷資料科學」的應用，則發展出包括資料產品開發、即時動態定價、OMO 線上線下融合銷售分析、顧客推薦、網路廣告效益評估、線上 A/B Testing、寫手機器人、客服機器人…等。

行銷資料科學的出現，為企業在進行行銷管理程序上，帶來了許多新的應用。

行銷研究與行銷資料科學之差異——決策落實

為了解決行銷問題，行銷人往往煞費苦心地找出答案，並透過行銷組合或其他行銷方案來落實決策，以解決問題。而行銷研究與行銷資料科學之間，在功能上究竟有何差異？從「找出答案」與「落實決策」的角度來看，企業可透過行銷研究或行銷資料科學，找到行銷問題的解答，並提出決策方案。而企業還可以透過行銷資料科學來落實決策。

我們舉汽車業為例，汽車駕駛人的品牌使用偏好，往往在他開的第一部車時，還沒有完全養成，許多開了國產車的人，心理上還是會想買一部性能更好的進口車來開開看。而如何找出有試駕意願的人，一直是汽車業在行銷管理上的重要問題。當消費者的試駕意願增加時，對於成交率的提升有著明顯的幫助。這也是許多汽車業務人員會積極地鼓勵消費者，前來汽車展間試駕的原因。

過去，要找出有意願試駕的人，通常必須透過現場業務人員的判斷與詢問，來鼓勵消費者試駕。或者是透過行銷研究，對已經試駕及有意試駕者進行調查與分析，進而找出試駕者的特徵，以及銷售程序中促使試駕的關鍵點，以增加試駕者的比例。

現在，在網路行銷出現之後，消費者除了可以在汽車公司的官網上，瀏覽各種汽車的詳細資訊、模擬各種配件選擇後的視覺效果，當然還可以在線上預約試駕。因此，如何呈現出完善的「使用者體驗 UX（User Experience）」，進一步促使消費者願意前來預約試駕，便成為汽車業官網設計的重要課題。

以奧迪（Audi）汽車為例，奧迪汽車與數據服務公司 OneAD 合作，透過在奧迪的官方網站頁面上，設置程式追蹤碼，蒐集對奧迪有一定好感度的受眾，並透過「再行銷（Retargeting）」技術，來強化受眾的認知。然而，再行銷技術雖然能增加消費者對奧迪的認知，但卻未必能有效增加試駕意願。因此，OneAD 進一步找到曾造訪試駕頁面的消費者，並對這群受眾進行「行銷側寫」（Marketing Profiling），描繪出他們的樣貌，進一步找出這群深具潛力的消費者，進行廣告投放，有效拉高試駕率[4]（如圖 1-6 所示）。

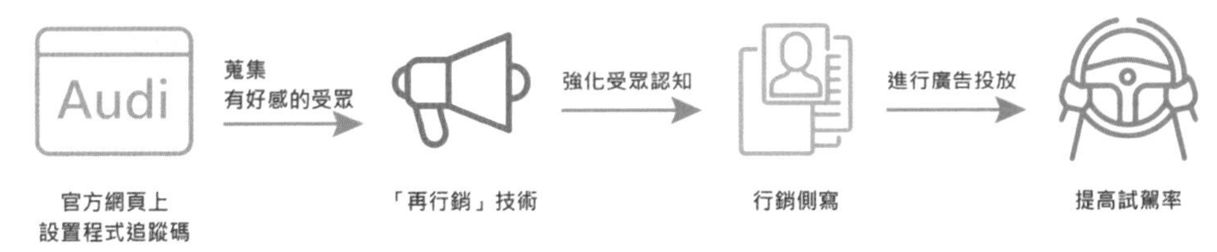

圖 1-6　奧迪（Audi）汽車提高試駕率
繪圖者：傅嬿珊

回到本篇文章的前言，從「找出答案」與「落實決策」的角度來看，企業可透過行銷研究或行銷資料科學，找到行銷問題的解答，並提出決策方案。而企業還可以透過行銷資料科學來落實決策。

在「找出答案」方面，汽車業者為了對試駕者進行「行銷側寫」，一方面可透過行銷研究，對試駕者進行調查與分析，以找出試駕者的特徵；一方面也可以透過行銷資料科學，蒐集與分析瀏覽試駕網頁與有意試駕者的資料，以描繪出消費者的樣貌。

在「落實決策」方面，當汽車業者找出願意試駕的潛在消費者後，行銷研究的任務暫告一個階段，之後企業會藉由優化銷售程序，以及對業務人員進行教育訓練，並藉由業務推廣來提升試駕率。同時，汽車業也可同步透過行銷資料科學，對有意試駕者提出精準行銷方案，拉高整體的試駕率。

4　楊子毅，〈擴大觸及影音受眾撈取潛在客戶〉，動腦編輯部，https://udn.com/news/story/6861/4687055

行銷研究與行銷資料科學的歷史發展

接著，我們來回顧行銷研究與行銷資料科學之發展。

行銷研究自從 1910 年問世以來，距今已超過 110 年。這一路走來，再搭配行銷資料科學的發展，讓行銷研究更加活潑有趣與生氣盎然。行銷研究的發展，究竟是怎麼演變而來？現在，讓我們翻開歷史的扉頁，簡述過程中各個重要的里程碑。

1910 年，美國波士頓柯帝斯出版社（Curtis Publishing Company）的負責人查爾斯・柯立芝・帕林（Charles Coolidge Parlin）透過收集市場資訊，提供企業進行廣告與商業決策，他並力促幾家美國大型公司，成立自己的市場研究部門。

- 1910 年代，行銷研究技術主要以銷售分析、成本分析為主。
- 1923 年，丹尼爾・史塔區（Daniel Starch）提出 AIDA（Attention, Interest, Desire, Action）模式。同年，行銷研究公司尼爾森（A.C. Nielsen）成立，它是首波成立的行銷研究公司之一。
- 1920 年代，問卷設計、調查技術開始興起。
- 1931 年，行銷研究公司伯克（Burke）成立，並與寶僑（P&G）進行產品測試研究。
- 1935 年，市場調查公司蓋洛普（Gallup）成立，至今仍在市場上赫赫有名。
- 1930 年代，商店稽核（Store Auditing）技術出現。
- 1940 年代，企業開始使用「縱、橫斷面資料」（Panel Data）記錄消費者的購買行為。
- 1950 年代，行銷研究開始善用機率抽樣、迴歸分析、高等統計推論、實驗設計和態度衡量工具等。
- 1961 年，喬治・卡利南（George Cullinan）提出 RFM（Recency, Frequency, Monetary）指標的概念。

- 1960 年代，因素分析（Factor Analysis）、區別分析（Discriminant Analysis）、貝氏統計和決策理論等技術，應用於行銷研究。
- 1968 年，SPSS 首次發行。
- 1972 年，俗稱 POS 的銷售時點系統（Point of Sale）在市面上出現，由銷售員在客戶結帳時，一併鍵入客戶資料，成為零售市場大量搜集消費者資料的濫觴。
- 1974 年，丹麥學彼得・諾爾（Peter Naur）首次提出資料科學（Data Science）一詞；1981 年，IBM 推出個人電腦，推升內部客戶數據的分析。
- 1976 年，SAS 公司成立。
- 1970 年代，多元尺度法（Multidimensional Scaling）、計量經濟模式（Econometric Model）、整合行銷傳播（Integrated Marketing Communications, IMC）等技術應用於行銷研究。
- 1987 年，羅伯特・凱斯騰鮑姆（Robert Kestnbaum）、凱特・凱斯騰鮑姆（Kate Kestnbaum）和羅伯特・蕭（Robert Shaw）等三人開啟「資料庫行銷」的先河。
- 1980 年代，聯合分析（Cojoint Analysis）、因果分析（Causal Analysis）應用於行銷研究。
- 1990 年，顧客關係管理（CRM）軟體開始出現。
- 1991 年，Python 程式面市。
- 1993 年，R 程式面市。
- 1995 年，全球資訊網（World Wide Web, WWW）出現，也為大數據（Big Data）的出現埋下了伏筆。
- 1998 年，搜尋引擎 Google 成立。

- 2001 年，普渡大學（Purdue University）統計教授威廉・克利夫蘭（William S. Cleveland）發表〈Data Science: An Action Plan for Expanding the Technical Areas of the Field of Statistics〉一文，將資料科學視為一門單獨的學科。
- 2004 年，臉書（Facebook）社群網站出現；2004 年，Google 發表 MapReduce 架構。
- 2005 年，YouTube 的出現，巨量影片資料跟著產生。
- 2006 年，大數據分散式計算與儲存軟體 Hadoop，從 Nutch 獨立出來，變成一套獨立軟體。Hadoop 這個詞則是取自道格・庫廷（Doug Cutting）兒子的玩具絨毛象的名字。
- 同年，有深度學習之父之稱的加拿大多倫多大學傑佛瑞・辛頓（Geoffrey Hinton）教授，提出深度信念網路（Deep Belief Network, DBN）與深度玻爾茲曼機（Deep Boltzmann Machines）概念。
- 2007 年，Apple 推出 iPhone，智慧型手機裡的全球定位系統（GPS）功能，揭示消費者位置與行動的數據。
- 2009 年，馬泰扎・哈里亞（Matei Zaharia）在加州大學柏克萊分校 AMPLab 開創出 Spark。
- 2010 年，資料分析競賽平台 Kaggle 成立。
- 2011 年，LinkedIn 的迪・帕蒂爾（D.J. Patil）發表〈打造資料科學團隊（Building Data Science Teams）〉一文。
- 2012 年，湯瑪斯・戴文波特（Thomas H. Davenport）與迪・帕蒂爾（D. J. Patil）在哈佛商業評論（Harvard Business Review）上發表〈資料科學家：21 世紀最性感的工作（Data Scientist: The Sexiest Job of the 21st Century）〉一文，宣告「資料科學家」深具發展潛力。

- 同年，Google 科學家 Quoc V. Le 等人，發表「使用大規模非監督式學習建構高階特徵〈Building High-level Features Using Large Scale Unsupervised Learning〉」論文，成功地從 YouTube 的影片裡，辨識出「貓咪」。

- 2013 年，Google 的托馬斯・米科洛夫（Tomas Mikolov）等人提出自然語言處理中的重要模型 Word2vec。

- 2015 年，FAIR（Facebook Artificial Intelligence Research）總監楊立昆等（Yann Le Cun et al.）於頂級科學期刊 Nature 上發表深度學習（Deep Learning）概念論文。同年，Google 發布 TensorFlow。

- 2016 年，AlphaGo 戰勝韓國職業九段棋士李世石。

- 2018 年，OpenAI 提出 GPT（Generative Pre-training，生成式預先訓練）。

- 2019 年，自動化機器學習（AutoML）蓬勃發展，開啟資料科學自動化的時代。

- 2020 年，OpenAI 推出 GPT-3。

從以上重要事件的發生與出現，可以觀察到行銷資料科學、網路和 AI 技術發展以及電子商務的興起，三者有著緊密的關係。此外，網路技術的發展與電子商務的興起，促使企業所需分析的資料屬性，從少量遽增到大量、從內部擴大到外部、從結構化增加到非結構化。同時，AI 技術的出現，讓行銷資料科學的層次，從數據分析擴大到 AI 系統的發展。在傳統行銷研究工具，已無法滿足企業的需求下，行銷資料科學也因此應運而生。

SECTION 1-2

行銷資料科學、大數據分析與行銷科技

大數據分析與傳統行銷分析

「個人化行銷」一直是行銷管理領域裡的重要議題，但要做到真正的個人化行銷，必須為每位消費者提供量身訂製的服務。不過由於消費者本身的背景不同，購買商品的時間、頻率、地點和習性也都不一樣，傳統行銷分析所追求的「個人化行銷」，其實只是做到對不同特定族群，提供不同服務的個別小眾行銷。但是，大數據分析問世之後，能夠分析的細度級別，已可達到真正的個人化等級，所執行的電子商務行銷活動，也可以做到客製化與及時化，進而達到個人化行銷的境界。而這正是大數據分析與傳統行銷分析的差異。

傳統行銷分析（Traditional Marketing Analytics，簡稱 TMA）一般以小資料集為主，這些資料來源通常是由企業總部的電腦中所獲取，而這些分析通常是規模小、屬區域性質。至於大數據分析（Big Data Analytics，簡稱 BDA）顧名思義是以大資料集為主（通常至少 TB 以上），這些資料的來源非常廣泛（從 IoT、社群媒體、智慧手機的應用程序…等），而且資料類型非常多元（數字、文字、照片、聲音、影像…等），它們需要透過先進的技術來儲存、管理、分析與視覺化。

行銷中的大數據分析（BDA）與傳統行銷分析（TMA）的不同之處，主要來自於資訊科技的革命。企業使用大數據分析來追蹤消費者個別的資訊流並即時分析消費數據；企業則使用傳統行銷分析改善各種層面的關鍵績效指標，無論是在產品、廣告、定價、通路、推廣、顧客關係管理…等。

美國德克薩斯大學埃爾帕索分校徐振寧（Zhenning Xu）等人，結合大數據分析（BDA）與傳統行銷分析（TMA），在著名的《商業研究期刊（Journal of Business Research)》上，提出了一個命題架構，如圖 1-7 所示。

圖 1-7　傳統行銷分析與大數據分析矩陣
繪圖者：彭煖蘋

資料來源：Xu, Zhenning, Gary L. Frankwick and Edward Ramirez, 2016, Effects of big data analytics and traditional marketing analytics on new product success: A knowledge fusion perspective, Journal of Business Research, Volume 69, Issue 5, May 2016, pp. 1562-1566.

徐振寧的架構根據企業進行大數據分析（BDA）程度與傳統行銷分析（TMA）程度，將企業分成四類：先鋒者、完美主義者、旁觀者、探索者。圖 1-7 說明了四種類型企業背後相對的策略。

1. 先鋒者（高複雜性 & 更多客製化知識）

這類企業的大數據分析（BDA）程度與傳統行銷分析（TMA）程度都很高，亦即能結合資訊科技專業知識，並應用自然科學與社會科學的知識，產生新的想法和創新（客製化知識）。

2. **完美主義者（低複雜性 & 更多命題性知識）**

   這類企業的大數據分析（BDA）程度低，但傳統行銷分析（TMA）程度高。代表企業能善用傳統行銷分析的作法，釐清行銷問題背後的原因（例如，了解各種變數與變數之間的關係，屬命題知識）。

3. **旁觀者（低複雜性 & 更多經驗法則知識）**

   這類企業的大數據分析（BDA）程度低，傳統行銷分析（TMA）程度也低。代表企業不擅長進行分析，決策多採經驗法則（經驗法則知識）。

4. **探索者（高複雜性 & 更多自動化知識）**

   這類企業的大數據分析（BDA）程度高，傳統行銷分析（TMA）程度低。代表企業擅長大數據分析，善於進行資料蒐集與分析，並透過自然語言處理、機器學習等工具，生成自動化知識。

如果您剛好是企業行銷人，不妨想想，您的企業屬於哪一類角色？進而思考如何增加大數據分析與傳統行銷分析的程度。

行銷資料科學與大數據行銷

最近幾年，在資料科學與大數據分析興起後，許多人對於資料科學與大數據分析的認知，感覺兩者好像是一樣的東西。將此概念延升到行銷資料科學與大數據行銷，情況亦是如此。但事實上，行銷資料科學與大數據行銷有很大的關係，但本質上還是有所不同。

簡單來說，不同之處在於，行銷資料科學裡的「資料」，可以是大數據，也可以是小數據。而大數據行銷，顧名思義，背後的「資料」是大數據，如圖 1-8 所示。

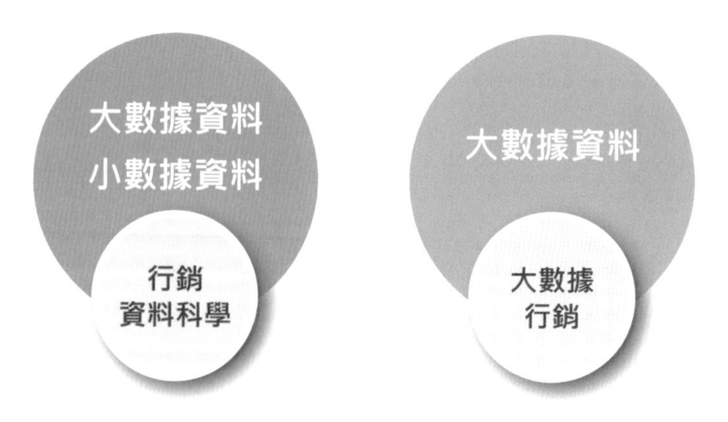

圖 1-8　行銷資料科學與大數據行銷
繪圖者：傅嫵珊

舉例來說，一家零售商透過分析自家公司內部資料庫裡的顧客銷售資料，發展出預測模型，這背後的資料量，便不需要達到大數據的規模。又或是一家公司透過網路爬蟲分析網路論壇上自家品牌與競爭者品牌之間定位上的差異，背後的資料量也可能也遠遠達不到大數據的定義。但這些做法，都是行銷資料科學的應用。

至於到底多大的資料量才能被稱為大數據，並沒有絕對的定義，一般來說，資料量超過 1TB（10 的 12 次方）以上，就可被稱為大數據。但也許在不久的將來，這樣的規模也不能被稱為大數據了（例如，到時至少要 1EB，10 的 18 次方以上才能被稱為大數據）。大數據的規模是會變動的。

行銷科技（Martech）六大類型

過去十幾年，行銷界同時出現了所謂的「行銷科技（MarTech）」，行銷科技與行銷資料科學之間有何差異，以下簡單進行說明。

科技發展日新月異，不僅讓企業的經營和獲利模式產生巨大的變化，也讓企業的行銷方式，有異於過往的風貌。其中一項趨勢就是行銷科技（MarTech）的出現。

行銷科技（MarTech）的概念，是由美國 Martech Conference 的會議主席，有 MarTech 教父（Godfather of Martech）之稱的史考特・布林克（Scott Brinker）所提出。布林克在 2008 年率先提出 MarTech 的概念。從字面上來看，MarTech（行銷科技）是 Marketing（行銷）與 Technology（科技）的結合。任何用於進行行銷的科技，都是行銷科技。但實務上，MarTech 除了連結 Marketing 與 Technology 之外，還會再加上 Management（管理），因為這個以科技為出發點的行銷概念，最終還是會回到管理的本質，亦即「創造價值」。

2019 年四月，布林克在 Marketing Technology Landscape Supergraphic 的研討會上，將全球投入行銷科技的公司做了統計，從 2011 年的 150 家躍昇到 2019 年的 7,004 家，說明國際間「行銷科技」的超高速發展與成長。

史考特・布林克也將行銷科技做了大致性的分類，共分成六大類型：1. 廣告與促銷（Advertising & Promotion）；2. 內容與體驗（Content & Experience）；3. 社群關係（Social & Relationships）；4. 商業與銷售（Commerce & Sales）；5. 數據（Data）；6. 管理（Management），如圖 1-9 所示。以下簡單說明各分類下的內容。

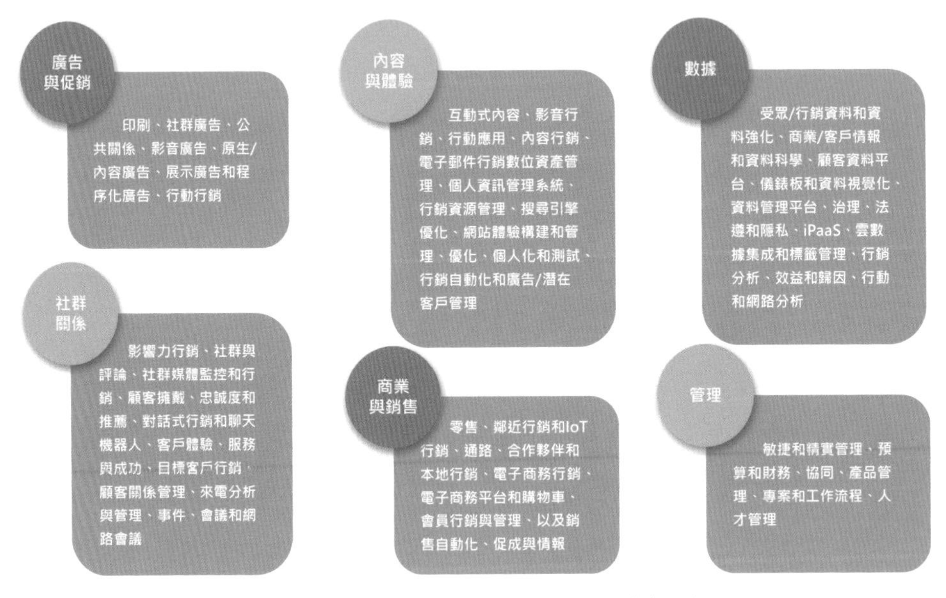

圖 1-9 行銷科技（MarTech）六大類型

1. **廣告與促銷（Advertising & Promotion）**

包括：印刷（Print）、社群廣告（Social Advertising）、公共關係（Public Relations, PR）、影音廣告（Video Advertising）、原生 / 內容廣告（Native/ Content Advertising）、展示廣告和程序化廣告（Display & Programmatic Advertising）、行動行銷（Mobile Marketing）。

2. **內容與體驗（Content & Experience）**

包括：互動式內容（Interactive Content）、影音行銷（Video Marketing）、行動應用（Mobile Apps）、內容行銷（Content Marketing）、電子郵件行銷（Email Marketing）、數位資產管理（Digital Asset Management, DAM）、個人資訊管理系統（Personal Information Manager, PIM）、行銷資源管理（Marketing Resource Management, MRM）、搜尋引擎優化（Search Engine Optimization, SEO）、網站體驗構建和管理（Web Experience Building and Management）、優化、個人化和測試（Optimization, Personalization, & Testing）、行銷自動化和廣告 / 潛在客戶管理（Marketing Automation and Campaign / Lead Management）。

3. **社群關係（Social & Relationships）**

包括：影響力行銷（Influencers）、社群與評論（Community & Review）、社群媒體監控和行銷（Social Media Monitoring & Marketing）、顧客擁戴、忠誠度和推薦（Advocacy, Loyalty, & Referrals）、對話式行銷和聊天機器人（Conversational Marketing & Chat）、客戶體驗、服務與成功（Customer Experience, Service & Success）、目標客戶行銷（Account-Based Marketing, ABM）、顧客關係管理（Customer Relationship Management, CRM）、來電分析與管理（Call Analytics & Management）、事件、會議和網路會議（Events, Meetings, & Webinars）。

4. **商業與銷售（Commerce & Sales）**

包括：零售、鄰近行銷和 IoT 行銷（Retail, Proximity & IoT Marketing）、通路、合作夥伴和本地行銷（Channel, Partner, & Local Marketing）、電子商

務行銷（Ecommerce Marketing）、電子商務平台和購物車（Ecommerce Platforms & Carts）、會員行銷與管理（Affiliate Marketing & Management）、以及銷售自動化、促成與情報（Sales Automation, Enablement & Intelligence）。

5. **數據（Data）**

包括：受眾/行銷資料和資料強化（Audience/Marketing Data & Data Enhancement）、商業/客戶情報和資料科學（Business/Customer Intelligence & Data Science）、顧客資料平台（Customer Data Platform, CDP）、儀表板和資料視覺化（Dashboard & Data Visualization）、資料管理平台（Data Management Platform, DMP）、治理、法遵和隱私（Governance, Compliance and Privacy）、iPaaS、雲數據集成和標籤管理（iPaaS, Cloud Data Integration & Tag Management）、行銷分析、效益和歸因（Marketing Analytics, Performance & Attribution）、行動和網路分析（Mobile & Web Analytics）。

6. **管理（Management）**

包括：敏捷和精實管理（Agile & Lean Management）、預算和財務（Budgeting & Finance）、協同（Collaboration）、產品管理（Product Management）、專案和工作流程（Project & Workflow）、人才管理（Talent Management）。

最後，美國行銷科技網站 Chiefmartec.com 並根據這六大類型，每年繪製出行銷科技產業地圖（Marketing Technology Landscape Supergraphic），同時至 2020 年的版本，已經有超過 8,000 家業者。有興趣的讀者可以上網瀏覽。

Marketing Technology Landscape Supergraphic（2020）

https://chiefmartec.com/2020/04/marketing-technology-landscape-2020-martech-5000/

行銷科技定律（Martec's Law）的因應之道

在半導體界，有個非常有名的定律叫做「摩爾定律（Moore's Law）」。大致的內容是在積體電路上可容納的電晶體數目，大約每隔兩年會增加一倍。這個定律是由英特爾（Intel）創辦人之一高登・摩爾（Gordon Moore）所提出。後來，英特爾執行長大衛・豪斯（David House）又將「兩年」這個參照數字，修改成「十八個月（一年半）」。換言之，在科技快速進步下，電晶體越做越小，估算每十八個月，晶片的效能就會提高一倍，而電晶體越多，運算越快速，幾乎是一種以「倍數」成長的觀測。

大約從廿世紀的後半世紀開始，半導體行業大致按照「摩爾定律」發展了逾五十年，更驅動了一系列的科技創新（如個人電腦、網際網路、智慧型手機等），也對世界經濟增長做出了強大的貢獻。

美國知名的部落客、也是行銷科技教父的史考特・布林克（Scott Brinker），在 2013 年在一場行銷和科技研討會上，發表了「行銷科技定律（Martec's Law）這個概念。布林克提到，科技是以指數形式進行快速的改變，而個人行為以及組織文化的變化，卻僅以對數形式緩慢前進，如圖 1-10 所示。

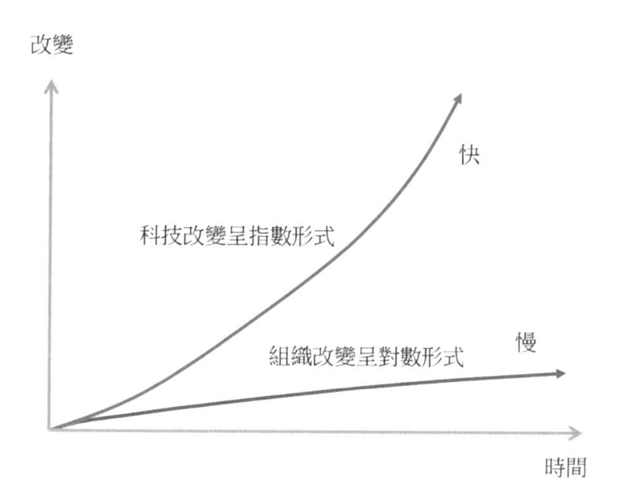

圖 1-10　行銷科技定律（Martec's Law）

拜各種新科技不斷地推陳出新，包括：人工智慧、智慧型機器人、虛擬現實、擴增實境和物聯網…等，我們可以預期未來十年的變化，肯定比過去十年還要來的大，而且還會加速進行。這樣的結果，造成科技變革與組織變革之間，產生的鴻溝不斷地擴大。這對每天都想追著消費者跑的行銷人來說，產生了巨大的焦慮，當然，過程中也帶來了龐大的契機。

面對 Martec 的興起，史考特・布林克（Scott Brinker）給予行銷人幾項建議[5]。

首先，行銷人必須認清這是一個不斷變化的世界，大家必須認知到環境不斷在改變。但大家也不必過度恐慌，請把它看成是旅程，而不是目的地。

其次，企業必須決定要接受以及要放棄的科技是什麼。我們必須從策略上選擇對企業影響最大的少數幾項科技。同一時間企圖改變太多事物，往往會導致災難。企業必須找出最符合公司策略的改變因素，進行排序和校正。

第三，努力讓自己的企業成為更敏捷（Agile）的組織，以加快因應變化的速度。但儘管如此，這樣的改變仍有其侷限性。因為即使是高度敏捷的組織，也追不上指數級的連續變化。

第四，必要時，對組織進行「重開機（Reset）」，改採革命性的變革，大破才能大立。

5 https://chiefmartec.com/2016/11/martecs-law-great-management-challenge-21st-century/

行銷科技與行銷資料科學

行銷科技（MarTech）是指用於行銷的科技。行銷資料科學（Marketing Data Science, MDS）是透過科學化的方式，對行銷資料進行分析的一門學問，而行銷資料科學存在的目的，在於解決行銷管理上的問題。根據以上兩者的定義，我們可以清楚地發現彼此的差異。

行銷科技（MarTech）的重心在「科技」，科技會不斷推陳出新，新的行銷應用也會不斷地出現。所以，企業要發展行銷科技（MarTech），重點在於新科技的導入。而行銷資料科學（MDS）的重心在「資料科學」，分析的基礎在「資料」，沒有資料，就不會有資料科學。所以，企業要做好行銷資料科學（MDS），重點在擁有足量且高品質的行銷資料，並有能力進行資料分析與呈現，如圖 1-11 所示。

行銷科技（MarTech）

重心在「科技」，科技會不斷推陳出新，新的行銷應用也會不斷地出現。所以，企業要發展行銷科技（MarTech），重點在於新科技的導入。

行銷資料科學（MDS）

重心在「資料科學」，分析的基礎在「資料」，沒有資料，就不會有資料科學。所以，企業要做好行銷資料科學（MDS），重點在擁有足量且高品質的行銷資料，並有能力進行資料分析與呈現。

圖 1-11　行銷科技與行銷資料科學的差異 1
繪圖者：傅嬿珊

從行銷科技（MarTech）的六大類型解決方案來看：（廣告與促銷（Advertising & Promotion）；內容與體驗（Content & Experience）；社群關係（Social & Relationships）；商業與銷售（Commerce & Sales）；數據（Data）；管理（Management）），行銷科技（MarTech）與行銷資料科學（MDS）之間有很大的交集。無論是執行精準廣告、優化個人體驗、強化社群關係、建置推薦系統、做好數據管理…等。這些行銷科技（MarTech）背後，都有資料可供分析，或是需要透過對這些資料進行分析，來達成背後的目標，如圖 1-12 所示。

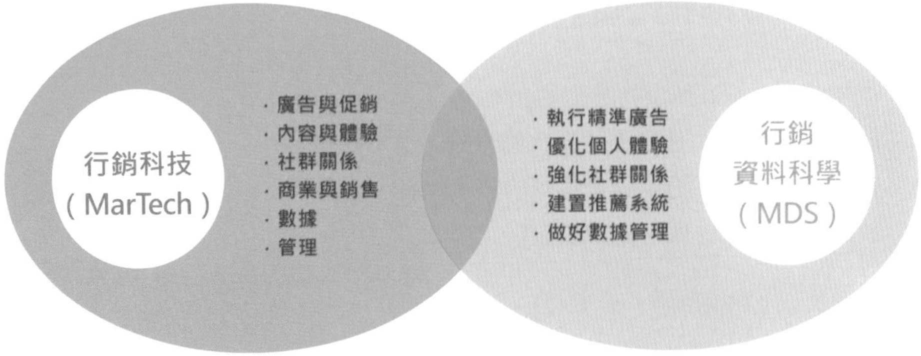

圖 1-12　行銷科技與行銷資料科學的差異 2
繪圖者：傅嬿珊

此外，根據行銷科技（MarTech）與行銷資料科學（MDS）定義，行銷科技（MarTech）強調「科技」在行銷實務上的應用。而行銷資料科學（MDS）則強調「科學化」，這裡的「科學化」，除了強調「資訊科技」與「數學 / 統計」跨學科領域的應用，還包括研究方法的探究，如圖 1-13 所示。

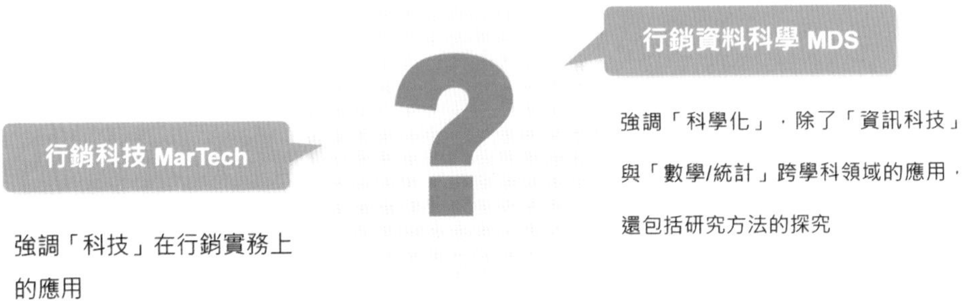

圖 1-13　行銷科技與行銷資料科學的差異 3
繪圖者：彭煖蘋

最後，行銷科技（MarTech）與行銷資料科學（MDS）都是目前行銷界的顯學，值得行銷人好好學習。

整合行銷研究與行銷資料科學

- ☑ 競爭者分析
- ☑ 消費者分析
- ☑ 整合行銷研究與行銷資料科學

SECTION 2-1 競爭者分析

競爭者分析——行銷企劃 3.0 作法

行銷企劃的工作範疇很廣泛，舉凡行銷管理的內容，從 SWOT 分析（總體環境分析、產業分析、消費者分析、競爭者分析、企業優劣勢分析…等）、STP 分析（市場區隔、目標市場選擇、定位），到行銷 4P 組合分析（產品、定價、通路、推廣）等，都屬於行銷企劃的工作範圍。

接下來我們從「競爭者分析」切入，來說明行銷企劃 2.0 與行銷企畫 3.0 之間的差異。

以往，企業在做競爭者分析，往往必須搜集競爭者公司的文宣、產品資料、公司年報、財務報表，有時還得透過各種人脈關係，情蒐對手的各類新聞、經營動態、甚至是經營者的八卦，然後再加以分析。但是進入行銷企畫 3.0 之後，收集方式就出現大幅改變。

首先，企業在進行競爭者的產品分析時，除了想瞭解企業本身與競爭者在市場占有率上的差異、各家競爭者之間品牌知名度的不同、消費者對於各競爭者的產品滿意度…等之外，還有競爭者的動態。

前面與市場相關、消費者相關的內容，過去一般會透過行銷研究的做法（行銷企劃 2.0），關注報章媒體的報導；購買產業調查研究報告；對競爭者的顧客、潛在顧客進行問卷調查、深度訪談或是焦點群體訪談…等方式來獲得。但是關於競爭者的動態，尤其是競爭者的營運狀況、成長動能、人員異動…等，多屬於內部資料，許多時候並不容易獲取，要取得通常得透過內線消息或人脈交情，如圖 2-1 所示。

競爭者分析	分析項目	取得方式	分析說明
行銷企劃2.0	與市場、消費者相關之內容	行銷研究	關注報章媒體的報導；購買產業調查研究報告；對競爭者顧客、潛在顧客進行問卷調查、深度訪談或是焦點群體訪談。
	競爭企業的動態	內線消息或人脈交情	競爭者的營運狀況、成長動能、人員異動...等，多屬於內部資料，許多時候並不容易獲取。
行銷企劃3.0	與市場、消費者相關之內容	行銷研究與行銷資料科學	有關競爭者在網路上的聲量與關鍵字行銷策略（可用資料視覺化工具，如文字雲呈現），行銷部門可以監控和分析社群媒體之中，瞭解自家品牌與競爭者之間的差異、消費者對於自家產品與競爭者產品的看法。
	競爭企業的動態		人事異動、成長動能，還可以透過監控與分析人力資源網站競爭者職缺開缺的趨勢分析（缺額的成長趨勢與職缺內容，通常與成長動能與方向有關）、或是競爭者主要陣營人士在linkedin的動態...等。

圖 2-1　競爭者分析——行銷企劃 3.0 作法
繪圖者：傅嫵珊

到了行銷企劃 3.0，除了善用以上行銷研究的做法，還可以加入行銷資料科學的工具，來進行競爭者分析。

例如，有關競爭者在網路上的聲量與關鍵字行銷策略（可用資料視覺化工具，如文字雲呈現），行銷部門可以監控和分析社群媒體之中，瞭解自家品牌與競爭者之間的差異、消費者對於自家產品與競爭者產品的看法。

其次，對於競爭企業的動態，如人事異動、成長動能，還可以透過監控與分析人力資源網站競爭者職缺開缺的趨勢分析（缺額的成長趨勢與職缺內容，通常與成長動能和方向有關）、或是競爭者主要陣營人士在 linkedin 的動態…等。以上這些做法，都有助於將競爭者分析這件事情，做的更有效率和效果。

行銷企畫 3.0 強調整合行銷研究與行銷資料科學。行銷研究與行銷資料科學就好像武俠小說大師金庸筆下的「倚天劍」與「屠龍刀」，各有其優勢與長處。如果行銷人能夠整合這兩者，將會擁有最強的行銷武器。

競爭者分析的資料來源

「商場如戰場」，要在戰場上克敵制勝，蒐集情報是一定是不可少的工作。但情報從哪裡來，又該如何收集，經常考驗著各個企業行銷部門。其實，類似產業「競爭者分析」的資料和情報到處都有，只是等級不同。如何有效網羅、分析和活用，身為企業大腦的行銷人，尤其必須注意。

事實上，為了知己知彼，企業在透過行銷研究進行「競爭者分析」時，大致上都會透過蒐集「次級資料（Secondary Data）」與「初級資料（Primary Data）」兩種方式來進行。

（一）**次級資料：**所謂「次級資料」指的是，間接取得別人所整理過（第二手）的資料。例如：蒐集政府開放資料、報章雜誌媒體上競爭者的動態；閱讀競爭者的財報（如果競爭者是上市櫃公司的話）；監測競爭者網站、專利商標、法院訴訟等內容。這類的情報雖然看起來比較有系統，但往往有些不是企業想要的格式，或者某些項目就偏偏沒有，企業取得後還得重新整理。

（二）**初級資料：**初級資料是企業透過問卷調查、深度訪談、焦點群體訪談等工具，以第一手訪談消費者對競爭者的看法。缺點是它可能很耗費時間和金錢。

此外，在進行競爭者分析時，除了可透過次級資料與初級資料進行分類，還可以透過競爭者發布、消費者發布以及第三方發布的資料來源進行說明。圖 2-2 即是透過這三種資料來源，介紹透過行銷研究與行銷資料科學進行競爭者分析的相關作法。

	行銷研究	行銷資料科學
競爭者發布	· 企業網站 · 上市櫃財報 · 專利商標 …	· 徵才資訊(如104、1111...等) · LinkedIn(主管的動態) …
消費者發布	· 調查(消費者對競爭者的認知) …	· 社群(如FB、Mobil01、PPT、Dcard...等) · Google店家評論 · 購物平台(如消費者在蝦皮上購買某商家產品...等) …
第三方發布	· 新聞媒體 · 報章雜誌 · 信用評等 · 法院訴訟 …	· 新聞媒體 · 報章雜誌 …

圖 2-2　競爭者分析資料來源
繪圖者：傅嬿珊

以下就行銷資料科學的作法進行說明。

（一）**競爭者發布：**透過網路爬蟲下載、分析競爭者發布在人力資源網站（如 104、1111…等）的徵才資訊，了解競爭者人力擴充的狀態。或是分析競爭者主管在 LinkedIn 上的動態，以了解對手公司主管的異動情況。

（二）**消費者發布：**監測消費者在社群（如 FB、Mobil01、PPT、Dcard…等）上，討論競爭者的文章，或是比較自己與競爭者在 Google 店家評論上的差異。如果競爭者在購物平台（例如蝦皮上）進行銷售，也可以透過分析消費者的購買狀況，來對競爭者進行了解。

（三）**第三方發布：**透過輿情監測系統，監測新聞媒體、報章雜誌上所揭露的競爭者資訊。

在商場上，知己知彼才能百戰百勝，但是擁有競爭者資訊還有一個很重要的前提，那就是資訊還得不斷地更新與整理（一直抱著過時的舊資訊，是會打敗仗的）。

透過人力資源網站進行競爭分析

如果想知道自己公司和對手企業的競爭力，該從何處下手？全球媒體情報企業融文諮詢公司（Meltwater）[1] 的創辦人，也是《OI 向外看的洞見：如何在資訊淹沒的世界找出最有價值的趨勢？（Outside Insight: Navigating a World Drowning in Data）》的作者約恩・里賽根（Jørn Lyseggen），曾經拋出這樣一個問題。他指出，不妨從「人力資源網站」切入。

約恩・里賽根在他的書中，提到了一個競爭分析的案例。他透過分析三家與自己同類型的企業，在 LinkedIn 上的徵才公告，並且透過簡單的資料，就可以分析出這些公司的營運重心和策略上的差異。以下，我們就把整個場景搬到台灣，以某服務業為例，呈現如何透過人力資源網站上的徵才資訊，進行競爭分析。

首先，人力資源的流動，某種程度上可以代表企業的活力（新陳代謝、擴張或緊縮）。圖 2-3 呈現在該服務業裡，四家彼此競爭的連鎖企業，在徵才數量上的差異。

1　該企業在全世界六大洲設有 60 處據點，服務超過 2 萬 5 千家的企業客戶。

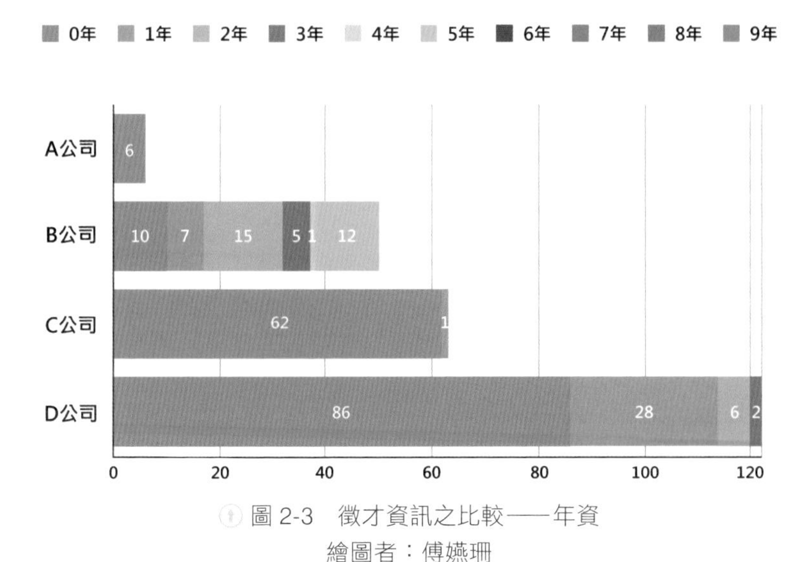

圖 2-3 徵才資訊之比較——年資
繪圖者：傅嬿珊

從圖 2-3 中可發現，ABCD 四家公司，由上至下，徵才數量由少到多依序排列。A 公司最少，D 公司最多。這代表 A 公司可能成長停滯甚或是衰退，而 D 公司則大舉招兵買馬。此外，在該產業裡，C 公司的規模比 D 公司還大 2 倍以上，但應徵人數卻只有 D 公司的 1/2 左右。代表在成長性上，D 公司大於 C 公司。

另外，圖 2-3 同步呈現各家公司在徵才公告上年資的要求。A 公司不但人員較少，而且年資沒有限制。B 公司則在年資的要求較為廣泛，從無經驗到五年年資不等。如果配合之後的職務類別以及其他資訊，也可以判斷出該公司正進行何種相關的布局（例如：該公司可能大量開出資訊與網路行銷相關的職缺，意味著該公司可能正在進行數位轉型）。

圖 2-4 顯示，各家公司在徵才公告上學歷的要求。同樣是服務業，A、B、C 公司一半以上的職缺為學歷不拘，D 公司則要求大學與碩士畢業以上。這表示 D 公司在人才晉用的標準較高。而公司成長的動能來自於人才成長的動能，從這點可以粗略地判斷出 D 公司在該產業較具未來成長性。

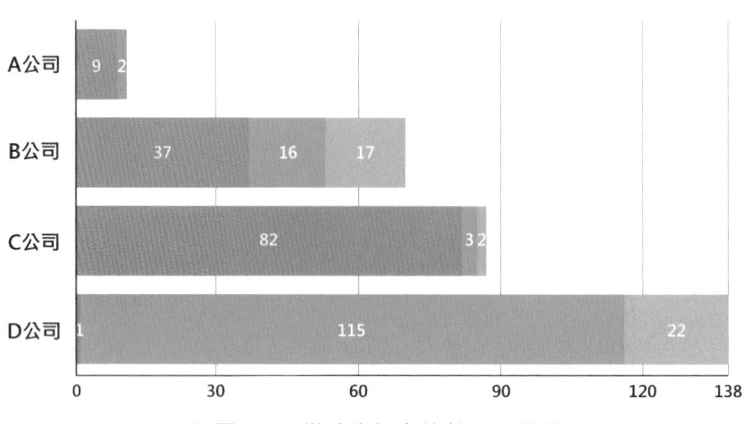

圖 2-4　徵才資訊之比較——學歷
繪圖者：傅嬿珊

圖 2-5 則顯示各家企業在徵才公告上職務類別的要求。A、C 公司主要的職缺以業務為主；B、D 公司的職缺人數較多，也較多元，包括業務、服務、設計、研發…等。代表 B、D 公司不只在現有業務上要持續成長，在各種工作職能上也在積極籌備。

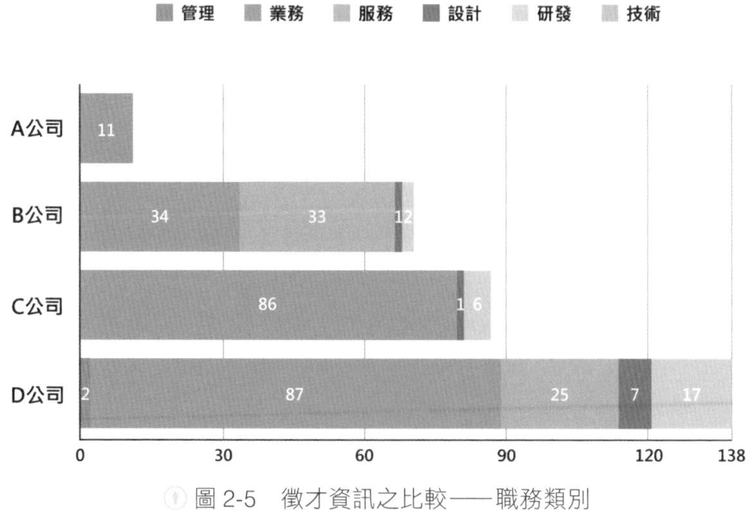

圖 2-5　徵才資訊之比較——職務類別
繪圖者：傅嬿珊

圖 2-6 顯示各家公司在徵才公告上地區的要求。除了 A 公司只限北部外，其他公司在北中南東都有徵才的需求。其中，C 公司在中部地區的徵才人數比例較高，可能是該公司將在中部地區積極擴展業務（該公司應聘的職位幾乎都是業務人員；另一種可能則是該公司中部地區業務人員的流動性較高，這點可以透過其他資訊來源加以確認）。

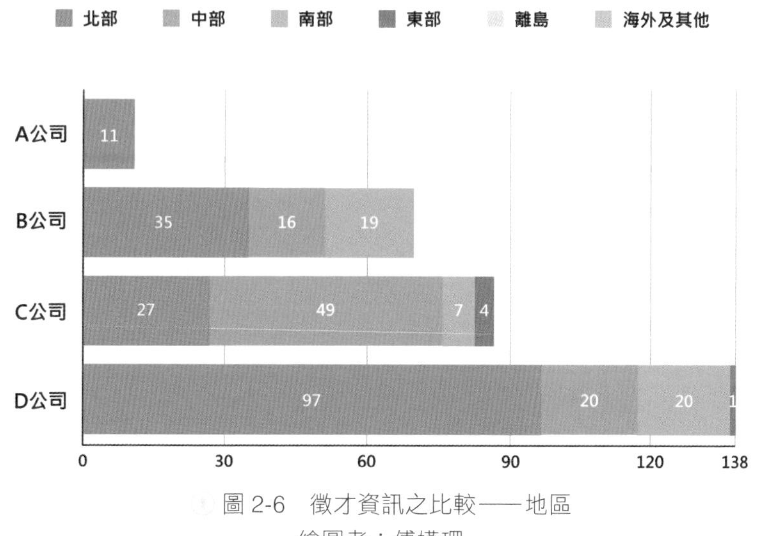

圖 2-6　徵才資訊之比較——地區
繪圖者：傅嬿珊

綜合以上的分析，我們可以概括地描繪出各家企業的樣貌。整體來說，A 公司的業務可能停滯，B、C、D 公司還在持續成長。同時 B 公司的未來發展相對較為多元，但重心放在台灣西部。C 公司則在持續成長，但因招募對象幾乎都是業務員，所以成長是以現有業務範疇為主，而且可能正積極在中部地區發展業務。D 公司的成長力道最為強勁，未來發展也相對多元，而且，在同業之中，也是唯一一家幾乎只召募大學以上學歷的企業。

其實，徵才廣告往往會讓一家企業的經營策略露出端倪，有意收集商業情報的企業，只要有恆心、有創意，經常可以在這裡找到對手發展的寶貴資訊。

SECTION
2-2 消費者分析

顧客滿意度調查，跟您想的不一樣

談完了「競爭者分析」，接下來我們以「消費者分析」為例，來說明行銷研究與行銷資料科學的作法。

不知道您有沒有這樣的經驗。在某些餐廳用餐後，餐桌上會有個 QR-Code，希望您拿出手機掃描後，直接上網填寫問卷，回覆這次用餐的經驗與滿意度，以便餐廳做為改進的依據，而餐廳也會贈送些小禮物做為回禮。

為了了解顧客體驗的過程，以往，企業在進行顧客滿意度調查時，最常透過紙本或網路問卷、電話訪談等方式，展開資料的蒐集。然而，這些問卷題目的產生，大多是由行銷企劃人員與主管，依據自己本身的經驗與觀察，或者參考各行各業的滿意度調查問卷所發展出來。

更嚴謹一點的企業行銷企劃人員，則會參考行銷管理相關文獻，找出與「顧客滿意度」、「顧客忠誠度」、「服務品質」、「顧客抱怨」、「顧客轉換行為」等相關的量表來參考，進而發展出符合自己公司所需的問卷。再經由多次蒐集問卷的過程，不斷優化問卷內容，以提升顧客滿意度調查的有效性。

如果是更有概念的行銷企劃，則是透過「顧客旅程地圖」，在顧客體驗與企業服務歷程的各個不同「接觸點」上，發展出不同的顧客滿意度衡量指標與項目，以期蒐集到更完整的顧客滿意度資料，如圖 2-7 所示。

舉例來說，一家公司的總務人員將準備「年終餐會」。他們往往會先上網去搜尋各家飯店的訂席優惠。選定了飯店，還會到現場勘察場地和試餐。到了餐會結束，還要評估各項服務內容，以做為下一次用餐的參考。

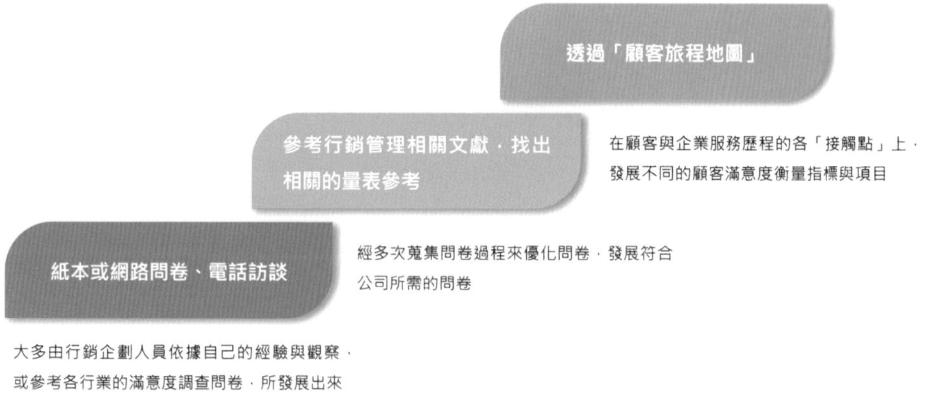

透過「顧客旅程地圖」

參考行銷管理相關文獻，找出相關的量表參考

在顧客與企業服務歷程的各「接觸點」上，發展不同的顧客滿意度衡量指標與項目

紙本或網路問卷、電話訪談

經多次蒐集問卷過程來優化問卷，發展符合公司所需的問卷

大多由行銷企劃人員依據自己的經驗與觀察，或參考各行業的滿意度調查問卷，所發展出來

圖 2-7　顧客滿意度調查
繪圖者：彭煖蘋

現在反過來看，被選中的飯店，從將年終餐會的資料放上網站，就開始不斷地與客戶發生接觸。而從他們來場勘，一路到服務結束時的「顧客旅程地圖」，可能長達兩三個月，甚至半年以上，而且中間會與顧客接觸的點往往不只一處，如圖 2-8 所示。

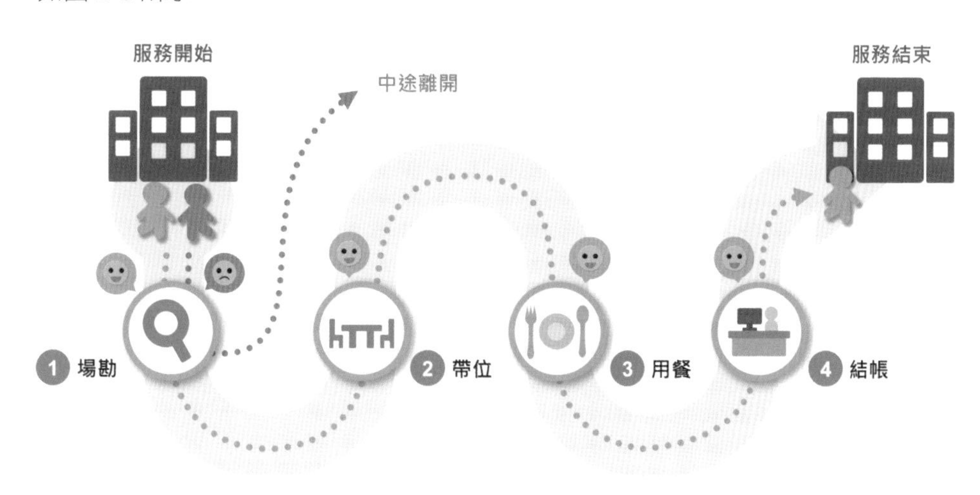

圖 2-8　顧客旅程地圖
繪圖者：彭煖蘋

在這個過程中，為了確保有意上門的客戶，在每個接觸點的滿意度都很高，飯店可以透過文獻探討，發展出各接觸點的顧客滿意度指標與項目。並且透過紙本問卷或網路問卷、深度訪談、焦點群體、IoT 偵測、網路輿情分析、Google 評論監控分析…等工具，來蒐集與顧客滿意度相關的資訊。

從以上顧客滿意度調查的發展趨勢來看，我們可以發現，要調查顧客滿意度，不應該只有在服務（消費者用餐）的那個時點，而應該擴大到整個顧客旅程地圖。同時，為了做好顧客滿意度調查，我們可以整合行銷研究與行銷資料科學的作法及工具，以獲得真正有用的資訊。

透過「顧客旅程」來了解您的顧客 [2]

企業為了衡量顧客滿意度，通常會透過問卷來落實，而執行的方式，一般會在顧客完成體驗之後（例如：用餐完畢），讓顧客填寫問卷。而這樣的作法，已經經過了 50 年 [3]。但它其實有一定的限制，畢竟透過單一時間點的問卷填寫，無法真正測得完整的顧客體驗。後來，服務品質（Service Quality）、關係行銷（Relationship Marketing）、顧客關係管理（Customer relationship management, CRM））等概念出現後，開始將顧客體驗的測量，從單一時間點擴大到整個顧客旅程（Customer Journey）。那到底，顧客旅程究竟是什麼？

凱瑟琳・李蒙（Katherine N. Lemon）與彼得・佛霍夫（Peter C. Verhoef）[4] 整理過去學者的研究認為，顧客旅程包括：過去的顧客體驗（Previous Experience）、現在的顧客體驗（Current Customer Experience）以及未來的顧客體驗（Future Experience）。而顧客體驗又可分為三個階段：購前階段（Prepurchase Stage）、購買階段（Purchase Stage）與購後階段（Postpurchase Stage）。在整個顧客旅程中，每個階段均存在著許多不同的接觸點（Touch Points），而且顧客旅程是個不斷變動的動態過程（如圖 2-9 所示）。

2　本篇文章由林展宏、羅凱揚所撰寫。

3　關於顧客滿意渡與顧客忠誠度的研究，興起於 1970 年代。

4　資料來源：Lemon, Katherine N. & Peter C. Verhoef (2016), "Understanding Customer Experience Throughout the Customer Journey," Vol. 80 (November 2016), 69–96, Journal of Marketing: AMA/MSI Special Issue. DOI: 10.1509/jm.15.0420.

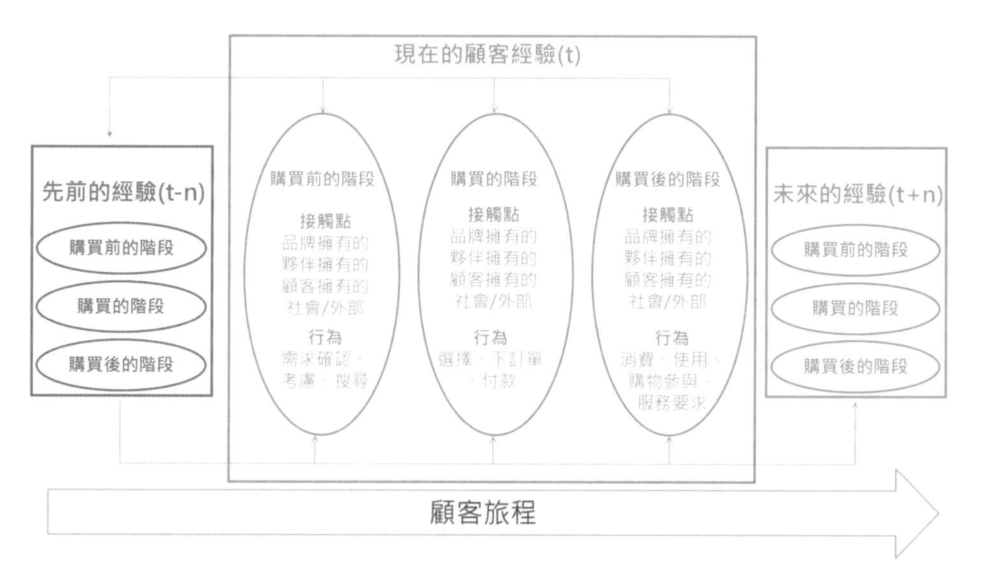

圖 2-9 顧客旅程
繪圖者：曾琦心

資料來源：Lemon, Katherine N. & Peter C. Verhoef (2016), "Understanding Customer Experience Throughout the Customer Journey," Vol. 80 (November 2016), 69–96, Journal of Marketing: AMA/MSI Special Issue. DOI: 10.1509/jm.15.0420.

至於，該如何將「顧客旅程」的概念應用到實務上，行銷界後來又發展出一項工具，稱為「顧客旅程地圖（Customer Journey Maps, CJM）」。

顧客旅程地圖是一種將顧客旅程視覺化的方法，透過圖形、流程步驟來描述顧客使用產品，進行服務體驗時，顧客的主觀感受。顧客旅程地圖能讓企業站在顧客的角度，看待企業所提供的服務，進而檢討服務過程的缺失，以作為改善的參考。

繪製顧客旅程圖時，我們以時間軸當作水平座標軸，利用圖形呈現：購買階段、行動、情緒、接觸點…等。以住宿為例（如圖 2-10），該顧客旅程圖的購買階段可分為住宿前、住宿中、住宿後。

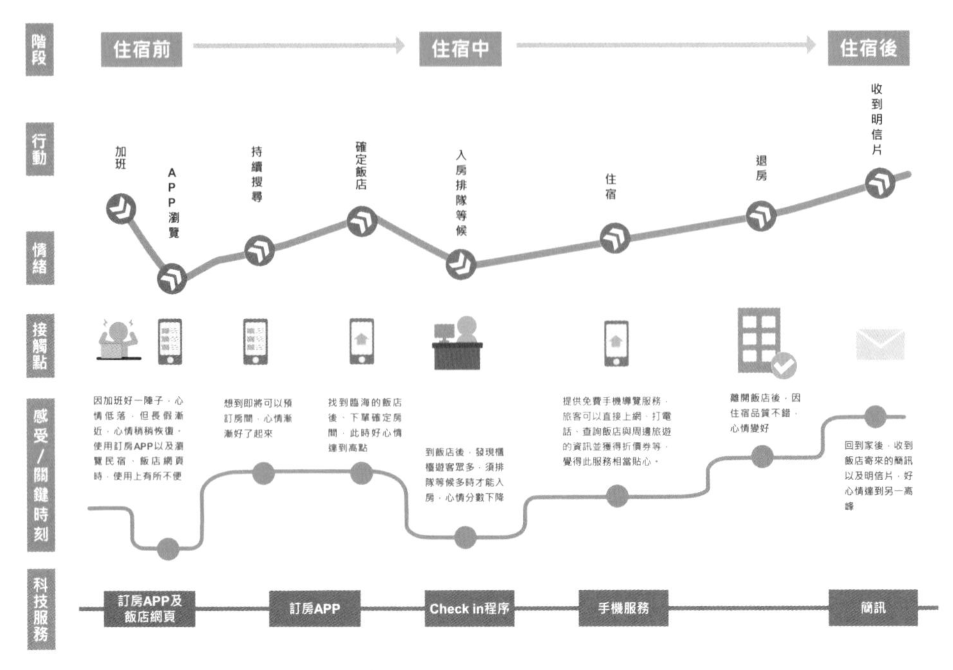

圖 2-10　顧客旅程圖
繪圖者：彭煖蘋

從圖中可以發現，顧客在購買的各個階段，皆有不同的接觸點、行動與情緒。以下為各階段的分析：

- **住宿前：**

  顧客 A 因為旺季來臨，加班了好一陣子，心情十分低落。隨著行事曆上逐漸靠近的特休長假，心情稍稍恢復。在使用訂房網站 APP 並瀏覽各家民宿、飯店網頁時，感覺使用上有所不便，但想到即將可以預訂房間，心情漸漸好了起來。在找到臨海的飯店後、下單確定房間，此時好心情達到高點。

  分析：查詢 APP 中飯店的介面，仍有改善空間。

- **住宿中：**

  顧客 A 抵達飯店後，發現櫃檯遊客眾多，須排隊等候多時才能入房，心情分數下降。住宿時發現飯店提供免費手機導覽服務，旅客可以直接上網、打電話、查詢飯店與周邊旅遊的資訊並獲得折價券等，覺得這類服務相當貼心。

  分析：Check in 程序可再進行改善，以提升顧客滿意度。

- **住宿後：**

  顧客 A 離開飯店後，因住宿品質不錯，心情變好。並在回到家後，收到飯店寄來的簡訊與明信片，好心情達到另一高峰。

  分析：飯店的服務品質不錯，消費者滿意度可持續保持。

此外，流程中的接觸點（Touch Point），是指顧客會接觸到企業產品或服務的所有時點，將這些接觸點串聯起來，便是企業所提供的整體服務。顧客接觸點從尚未購物時就已經開始（如上圖 2-10 中住宿前使用智慧型手機查看飯店資訊），到實際接觸的購買體驗（如等待 Check in 所花費的時間，房間提供的免費手機），一直到售後的各種服務（收到感謝明信片）。企業可透過顧客旅程圖的繪製，分析顧客在各階段、各接觸點的情緒，明確指出所欲改善的問題，進而提升顧客滿意度。

超越顧客關係管理——顧客體驗的演進歷程

自從網際網路與行動通訊在全球風行以來，消費者現在可以透過各類管道與企業產生無數的接觸點，進行互動與交流。顧客對企業的產品與服務也從早期的顧客「滿意度」與「忠誠度」，演變到在「消費旅程」上的「顧客體驗」。企業不僅要對顧客的認知、情感、行為、感覺加以管理，甚至在顧客旅程中的社群回應，也要讓顧客參與，並且呵護備至。

埃森哲（Accenture）諮詢公司於 2015 年的一項調查顯示，詢問多家跨國企業高階經理人未來 12 個月的首要任務時，「改善客戶體驗」排名第一。而包括亞馬遜（Amazon）和谷歌（Google）等多家公司也設立了「客戶體驗長」的職位，負責創建和管理客戶體驗工作。而對台灣企業而言，談到「客戶體驗」卻比歐美企業來的相對陌生。

進一步看，企業與顧客關係的演進，從早期的顧客顧買行為程序開始，著眼於顧客能為企業帶來多少價值，重點在客戶終身價值（CLV），而不是企業能幫客戶創造多少價值。

學者凱瑟琳・李蒙（ Katherine N. Lemon）與彼得・佛霍夫（Peter C. Verhoef）[5] 最近在追溯顧客體驗理論的起源，發現相關的研究可回溯自 20 世紀的 60 年代（如圖 2-11 所示）。從 1960s-1970s 的「顧客購買行為程序模型」；到 1970 年代的「顧客滿意度與忠誠度」；1980 年代的「服務品質」；1990 年代的「關係行銷」；2000 年代的「客戶關係管理（CRM）」；2000-2010 年代的「以顧客為中心」；再到最近 2010 年代的「顧客參與」等七大歷程。

在李蒙與佛霍夫 [6] 所著的「透過顧客旅程了解顧客體驗」的論文中，將這些理論區分成三個研究領域：

1. 著重於流程、行為和結果價值的研究：早期的消費者購買行為程序模型、近期的 CRM、客戶參與（Customer Engagement），都屬於這個領域。
2. 重心在成果的研究：這類研究在 1970 年代到 1990 年代大放異彩，從顧客滿意度與忠誠度、服務品質，再到關係行銷。
3. 以客戶為中心的研究：主要集中在組織內部的運作。

5 資料來源：Lemon, Katherine N. & Peter C. Verhoef (2016), “Understanding Customer Experience Throughout the Customer Journey,” Vol. 80 (November 2016), 69–96, Journal of Marketing: AMA/MSI Special Issue. DOI: 10.1509/jm.15.0420.

6 資料來源：Lemon, Katherine N. & Peter C. Verhoef (2016), “Understanding Customer Experience Throughout the Customer Journey,” Vol. 80 (November 2016), 69–96, Journal of Marketing: AMA/MSI Special Issue. DOI: 10.1509/jm.15.0420.

時間	主題	對客戶體驗的貢獻
1960-1970年	消費者購買行為：程序模型	• 涵蓋採購途徑 • 廣泛、體驗性的焦點 • 概念連結模型 • 將顧客體驗和顧客決策視為一個程序
1970年	顧客滿意度與忠誠度	• 確認開始評估整體顧客體驗的關鍵指標 • 實證模型，確認關鍵驅動因素 • 評估顧客對特定經驗的認知和態度
1980年	服務品質	• 結合氣氛與環境 • 透過藍圖完成早期歷程 • 連結行銷和營運—聚焦品質 • 確認顧客體驗的具體背景和要素
1990年	關係行銷	• 擴展至B2B環境 • 確定關鍵態度的驅動因素 • 考慮顧客體驗時，擴大顧客反應範圍
2000年	顧客關係管理	• 使用投資回報率評估 • 識別關鍵接觸點與驅動程序 • 資料驅動 • 納入多通路 • 確定顧客體驗的具體要素，如何互相影響和產出
2000年-2010年	以顧客為中心，並以客為尊	• 公司站在顧客角度(顧客導向) • 將顧客和顧客資料深化入組織中 • 從顧客觀點聚焦，設計顧客體驗
2010年	顧客參與	• 確認非購買互動行為的價值 • 結合積極和消極的態度、情感和行為 • 融合社群媒體的概念平台 • 更清楚認識顧客在體驗時所扮演的角色

圖 2-11　顧客體驗的早期理論
繪圖者：彭煖蘋

資料來源：Lemon, Katherine N. & Peter C. Verhoef (2016), "Understanding Customer Experience Throughout the Customer Journey," Vol. 80 (November 2016), 69–96, Journal of Marketing: AMA/MSI Special Issue. DOI: 10.1509/jm.15.0420.

值得注意的是，在第一個研究領域，強調理解顧客體驗和購買決策制定的過程，並以顧客購買程序作為建立客戶體驗的基礎。這些理論強調不同顧客旅程中「接觸點」的重要性，以及客戶體驗的管理複雜性。

第二個研究領域主要關注於評估與測量顧客對體驗的看法和態度，例如：顧客滿意度、顧客忠誠度、口碑、服務品質…等。

第三個研究領域則描述企業如何透過內、外部利害關係人的管理，來設計和管理客戶體驗。

李蒙與佛霍夫歸納整理這些文獻後指出，由於實體與虛擬環境不斷變化，潛在客戶接觸企業的接觸點呈現爆炸性的成長。現在「顧客體驗」已不止在於企業的產品或服務，而是一種多維度的構念（Construct），從顧客對企業品牌開始，包括顧客的認知、情感、行為、感覺，以及企業在顧客旅程中的社會回應（Social Responses）。而顧客體驗的本質上更具社交性，因為同儕、顧客也會影響體驗。

在這種情況下，如果把顧客與企業的互動視為一段旅程，未來企業就要將各種功能整合在一起，包括資訊技術、營運服務、物流、行銷和人力資源，甚至外部合作夥伴…等統統加以整合，在每一個與顧客的接觸點，創造和傳遞積極正面的客戶體驗。

AI 正在翻轉整個行銷世界——以顧客購買程序為例[7]

一般來說，顧客購買程序依序可分為：需求認知（Need/Want Recognition）、資訊蒐集（Information Search）、方案評估（Evaluation of Alternatives）、購買決定（Purchase Decision）與購後行為（Post-Purchase Behavior）這五個階段。

讓我們先思考，在傳統行銷上，企業需要雇用多少人力，才能完成這一連串的任務？從一開始的市場資料搜集與分析、到發展行銷企劃、開發新產品、再到廣告、業務的推廣，乃至客服人員的服務，過程中需要投入的資源不可勝數。的確，想要提供給顧客一個良好的體驗，本來就不是一件簡單的事，它既困難又耗費資源。那麼假如現在告訴您，所有的流程只需要透過 AI，就可以大幅簡化並且更有效率的完成，這是不是很棒呢？

接下來我們就以一家大型的旅行社為例，說明 AI 能在顧客旅程中的購買階段，帶來甚麼樣的助力，如圖 2-12 所示。

7　本篇文章由郭柏睿、羅凱揚所撰寫。

圖 2-12　AI 對購買階段的影響
繪圖者：陳靖宜

1. **需求認知（Need/Want Recognition）：**韓劇在台灣人氣越來越高，雖然不見新聞的報導，但網路上搜尋韓劇中男女主角去過的景點，頻率逐漸增加。旅行社透過 AI「即時」獲取正在成長的景點關鍵字，馬上利用這筆「第一手」的資料，發掘潛在顧客的需求，並著手安排相關主題行程。

2. **資訊蒐集（Information Search）：**當顧客開始蒐集旅遊方案的資訊時，對旅行社來說，最重要的就是讓有需求的顧客看見自己的品牌。利用 Google AdWords 投放廣告就是一個常見的方式。其實 Google AdWords 就是利用 AI 來分析廣告應該在哪些人的頁面、什麼時候、以何種形式呈現…等，以達到廣告效益最大化的效果。當顧客在網路上搜尋韓劇、旅遊等關鍵字時，就會出現旅行社的各種行程資訊。

3. **方案評估（Evaluation of Alternatives）：**接著，顧客挑選了幾家旅行社的行程開始進行比較。旅行社可針對正在造訪公司網站以及近期造訪過公司網站的顧客，讓 AI 透過分析顧客瀏覽的資料，自動產生顧客「最可能喜歡」的行銷方案。倘若顧客正在瀏覽網頁，AI 還能夠依照他們的「即時行為（例如：點選行程、行程比較等）」來進行產品推薦，讓顧客快速地找到符合自身需求或可能會有興趣的產品，同時可以依照其反應，減少不受喜好的產品推薦。

4. **購買決定（Purchase Decision）：**在這個階段，顧客心理已有了可能的選擇，並已聯絡旅行社的業務人員，確認相關資訊，但卻還沒有完成購買的動作。可能的原因，常是對價格還有所疑慮。此時，除了可以透過推送旅行社的優良評價與品質認證（如曾獲旅遊金質獎等），來強調產品的價值，降低顧客對價格的敏感度外，還可透過 AI 系統分析報名、機位、成本、信用卡無息分期…等資料，即時提供業務人員折扣權限與是否即將漲價資訊。進而協助業務人員完成報價，促使顧客下單購買。

5. **購後行為（Post-Purchase Behavior）：**購買行程後，顧客可能會有許多行程上的疑問，例如：如果追劇景點正下著大雪，溫度是零下 10 度時衣服該怎麼穿、需要準備哪些行李、報到時間地點為何、需要兌換多少外幣…等，此時如果顧客打電話詢問，客服人員剛好在忙線中或是等待時間過久，顧客體驗分數馬上就會開始降低。這時，旅行社可以透過 AI 系統來打造「文字聊天機器人」或是「語音客服機器人」，當顧客在手機上打出問題，或是打電話到客服中心，聊天機器人與客服機器人就可以即時回應。

經由上述的案例，我們可以發現，AI 對於行銷領域的影響已遠超乎我們的想像。AI 正在翻轉整個行銷世界，還沒搭上這班 AI 列車的行銷人們，趕緊上車吧！

SECTION 2-3

整合行銷研究與行銷資料科學

整合行銷研究與行銷資料科學

這是一個劇烈變動的時代，也是讓行銷人充滿壓力與挑戰的時代。

今天很受普羅大眾歡迎的產品和服務，到了明天可能顯得過時又落伍。因此，「行銷研究」和「行銷資料科學」變得格外重要。主要是因為企業透過產品與服務，能帶給消費者何種利益組合，以及哪些產品和服務的要素，能讓消費者清楚認知或感受，都有賴「行銷研究」和「行銷資料科學」這兩大探針，來告訴企業消費者的內心在想什麼。

過去在單純的賣方時代，企業主導一切，企業生產什麼消費者就買什麼。但這種方式，在講究個性化消費的今天，消費者可不會買帳。因此企業必須知道消費者在想什麼？然後決定自己該賣什麼？

舉例來說，企業必須知道自己的產品屬性，除了滿足消費者的實體利益，還有哪些情感利益，想想星巴克除了賣咖啡，消費者為什麼要在店裡消磨一個下午？其次，企業的品牌，對消費者來說意味著什麼，是安心？是自信？是品味？還是其他。再者，消費者購買了產品和服務，還需要什麼？以及能讓消費者不轉往其他競爭者的理由又是什麼？…這些議題都指向消費者在想什麼？並且影響企業該賣什麼？

為了解決以上的問題，以往的行銷人大都仰賴「行銷研究」來獲得解答。而行銷研究主要應用在市場調查、消費者研究、市場區隔、產品開發與上市、定價與促銷、廣告效果評估等「行銷管理」的任務範疇。

到了上世紀末，行銷資料科學出現之後，透過行銷資料科學進行資料蒐集、分析、呈現的工具，可以讓這些任務範疇的效益，更有效率也更有效果。同時，行銷資料科學還進一步擴大行銷管理的任務範疇。例如：協助企業進行精準行銷、顧客推薦、動態定價、社群網路分析、網路輿情分析…等，如圖 2-13 所示。

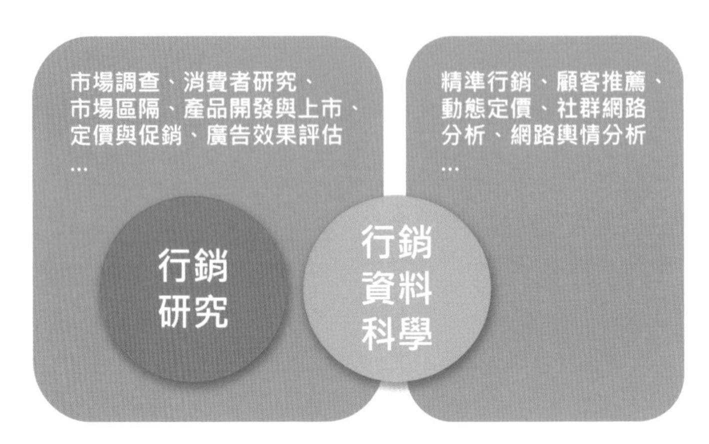

圖 2-13　整合行銷研究與行銷資料科學
繪圖者：彭煖蘋

比較困難之處，在於大部分的企業對行銷資料科學仍然不太熟悉，對資料科學的掌握相對落後，因此對於如何以「資料驅動方式」發展行銷策略、增加品牌權益、建立行銷組合、舉辦行銷活動等，不知從何下手。

「資料驅動行銷：行銷圈每個人都應該知道的十五項指標」一書作者馬克・傑佛瑞在他的書中開宗明義指出，即便擁有大批消費者資料在手上，目前仍有 80%的企業，無法以「資料驅動方式」進行商業決策，而能夠以此方式為之的企業，都已是市場領先者。

更重要的是，根據 IDC 統計，行銷資料每年以六十%的複合成長率在成長，每二十個月企業貯存的資料就會翻倍。同時只有少數人能掌握這種發展趨勢，而在企業中能夠掌握這種趨勢的行銷人或資訊人，最具競爭力。

這是一個劇烈變動的時代，也是讓行銷人充滿壓力與挑戰的時代。擁有整合「行銷研究」與「行銷資料科學」的能力，就能讓行銷人從容地面對壓力與挑戰。

從資料處理程序看行銷研究與行銷資料科學的整合

行銷研究和行銷資料科學的目的，都是透過處理資料、分析資料，最終藉由資料做出分析、輔助或指導決策，因此除了可以從定義、行銷管理程序、決策落實等層面，來理解行銷研究與行銷資料科學之間的差異，以及從大數據分析與傳統行銷分析等的角度，來看待行銷研究與行銷資料科學如何整合。

接下來，我們就以「資料處理程序」來檢視行銷研究與行銷資料科學，以及它們如何整合，如圖 2-14 所示。

圖 2-14　整合行銷研究與行銷資料科學
繪圖者：余得如

圖 2-14 中，最左側是一般處理資料的程序，從原始資料開始，依序將其分成資料、資料蒐集、資料儲存、資料分析，以及最終的資料呈現五大階段。

其次，從資料部分向右側的行銷研究和行銷資料科學延伸。一般行銷研究直接自消費者身上取得資料（初級資料），而行銷資料科學則從政府部門和研究機構已經取得、且初步編排的資料（次級資料），間接挖掘更深層的「洞見」。

至於在資料收集方法上，傳統的行銷研究主要透過問卷、訪談等方式，來蒐集初級資料。現在行銷資料科學則可透過物聯網或是網路爬蟲等方式，來記錄與抓取初級資料。至於次級資料的部分，企業則可透過購買次級資料或是下載開放資料的方式來獲得。

行銷人或企業蒐集完成自身所需的資料後，通常將資料儲存在 SQL 資料庫與 NoSQL 資料庫。接著，再依循自己的研究目標，藉由統計分析、多變量分析、機器學習、深度學習等工具，進一步做資料分析。最後，再透過圖、表、模型、系統…等方式，呈現出資料分析的結果。

從以上資料處理的程序中可發現，行銷研究與行銷資料科學之間雖然有所差異，但也可以透過整合，發揮出更大的行銷效益。值得一提的是，無論在行銷研究或行銷資料科學，行銷人想要比其他同行更深層的知識或洞見，必須帶點創意來看待手上的各類資料，初期可能先模仿其他人，或者看看行銷文獻上，已經可以構建出哪些研究主題，等到對各項變數都有了全盤的了解，就可以慢慢找出其間可能的關係。最後，再藉此發展不同的行銷活動和輔助行銷決策。

透過公開與內部資料，預測員工離職

整合行銷研究與資料科學的概念不只應用在行銷管理，也可以應用在人力資源管理。

在現代企業中，員工離職是相當正常的事，但企業也會希望員工離職是一件「可防可控」的事。如果有一套系統能夠預測公司員工何時會離職，讓人資和用人部門能夠預先因應或控制員工在特定期間的離職率，不知道該有多好？

美國喬治城大學（Georgetown University）教授布魯克斯・荷頓（Brooks Holtom）與英國華威商學院（Warwick Business School）教授大衛・艾倫

（David Allen），在 2019 年 9 月哈佛商業評論數位版中，發表了一篇文章「員工辭職神預測？（Better Ways to Predict Who's Going to Quit）」[8]。

這項研究對員工離職主題除了進行文獻探討外，並透過機器學習演算法，發展出個人「離職傾向指數」（Turnover Propensity Index）的預測模型，以預測哪些員工可能會離職。

荷頓與艾倫教授首先提到，過去研究判斷員工離職的兩大因素主要是：職離衝擊（Turnover Shock）和工作鑲嵌（Job Embeddedness）。離職衝擊是指員工會因為一些事件（如主管異動、結婚生子）而離職；工作鑲嵌則是指員工與組織之間的連結程度發生改變。一旦員工與組織關係不好，工作不符合興趣等，離職意願就會大幅提高。

他們兩人與一家人力資源公司合作，蒐集大量與職離衝擊及工作鑲嵌的內部與外部公開資料，其中包括公司的評等、股價、新聞等（許多股票網站就有這些資料），以及個人的教育背景、工作經歷、技能和位階等（雖然有些屬於個資，但目前許多人都願意在社群網站上公佈這些資料，例如在 Linkedin 上就可以看到），資料規模涵蓋全美各地各種行業共五十多萬人。

之後，荷頓與艾倫教授透過機器學習，並將個別員工依照「不可能」、「不太可能」、「較可能」、「最有可能」接受新工作機會分成四類，而每個人都會獲得一個「流動傾向指數」的評分。

接著，荷頓與艾倫教授的研究團隊寄發「事求人」的電子郵件給兩千位在職者樣本，發現「最有可能」接受新工作機會的族群，打開邀請信的比率（5.0%），是「不可能」（2.4%）的兩倍，同時點開連結的機會也更大。這代表預測模型能找出離職意願較高的員工。

其次，該研究發現，經過三個月後，樣本中的五十萬人裡，「最有可能」接受新工作機會的族群，離職的可能性高達 63%；而「較可能」的族群，離職的可能性則有 40%，如圖 2-15 所示。

8 此處〈員工辭職神預測？（Better Ways to Predict Who's Going to Quit）〉文章標題的翻譯，採用哈佛商業評論中文版蘇偉信的翻譯，以利讀者搜尋。

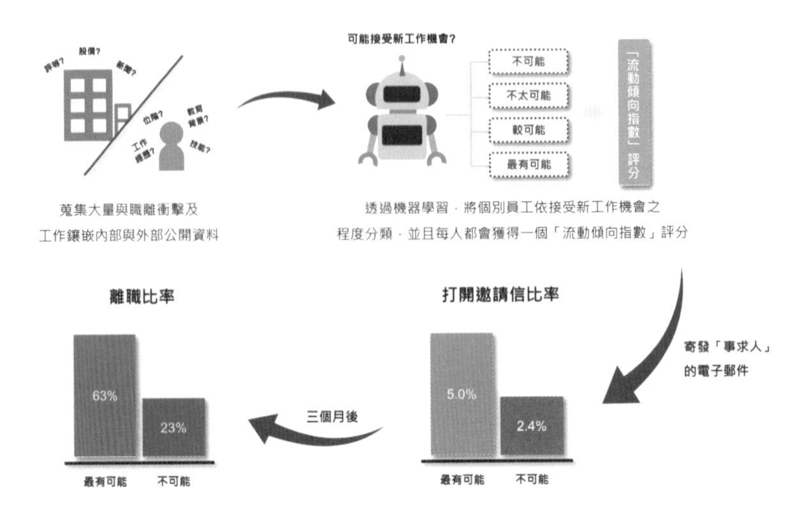

圖 2-15　員工離職預測模型的發展
繪圖者：彭煖蘋

值得一提的是，這個研究特別的地方有兩點：

1. 結合過去探討離職模型的文獻，找出影響員工離職的因素，並透過大數據分析，發展離職預測模型。
2. 所蒐集的資料為公開資料，而非只限於企業內部資料。

整個研究不僅整合不同的研究方法，並開創公開資料的新應用，無論對學術界與實務界來說，都產生不小的貢獻。

荷頓與艾倫教授的研究證實，企業能透過大數據裡的公開資料，發展離職預測指標，提早發覺可能離職的員工，並讓企業及早介入，利用加薪或調整職務方式，增加人才留任的機會。

行銷資料科學（MDS）取代行銷研究（MR）？

「行銷資料科學」進步越來越快，不僅可以和傳統的「行銷研究」相互整合，未來應該可以進一步取代行銷研究。簡單來説，行銷研究公司已準備透過行銷資料科學的資訊技術和人工智慧，來取代行銷研究。

我們再來看看日本一家 PLUG 公司（https://www.plug-inc.jp/）的實例，它是以消費者調查與包裝設計（Research & Design）為主要業務的市調公司。位在東京千代田區。

大家都知道日本的飲料界是高度競爭市場，過去，當一家飲料公司準備推出一款新的飲品，在進行瓶裝設計的確認工作時，都委託 PLUG 來協助進行市場調查，讓飲料商了解消費者對於各種瓶裝設計版本的認知，進而讓他們製做出最佳的瓶裝設計，如圖 2-16 所示。

圖 2-16　透過市場調查了解消費者對於各種瓶裝設計版本的認知
繪圖者：傅嬿珊

不過，以往為了完成這樣的程序，通常需要一段時間進行地毯式的市場調查，而且飲料商如果想針對自己所選擇的瓶裝設計稿，進一步優化時，可能還需要第二次、甚至是第三次的市場調查，非常費時耗工。

在 PLUG 公司的經營理念中，認為將企業的本質具體化並且能讓消費者有效識別，就是設計的力量，因此「視覺化」是產品開發的最大目標。尤其將想法視覺化，是一種強大的工具，可為開發團隊提供清晰的目標，並可查看消費者認知和設計者的目標間的差異。

PLUG 指出，先透過向消費者展示原型，可以蒐集許多改進想法。而從開發之初就參與其中的插件設計師就很快將其付諸實踐。原型包括 3D 產品、應用程序，海報，影片和許多其他形式。根據目的和產品快速視覺化，並在早期階段就將不同小錯誤排除，最終就可高度完美地完成設計。

在這樣的設定下，PLUG 公司從 2015 年開始就與東京大學合作，研發出「包裝設計 AI（Package Design AI）系統」。這個系統根據過去建立的 590 萬人和 5,900 種產品的調查資料，發展出預測模型，讓顧客只需上傳產品圖片就能評估各設計版本的結果。

與傳統市場消費者調查的作法相比，包裝設計 AI 系統，其實無需進行調查，即可預測包裝設計的良好程度，如圖 2-17 所示。

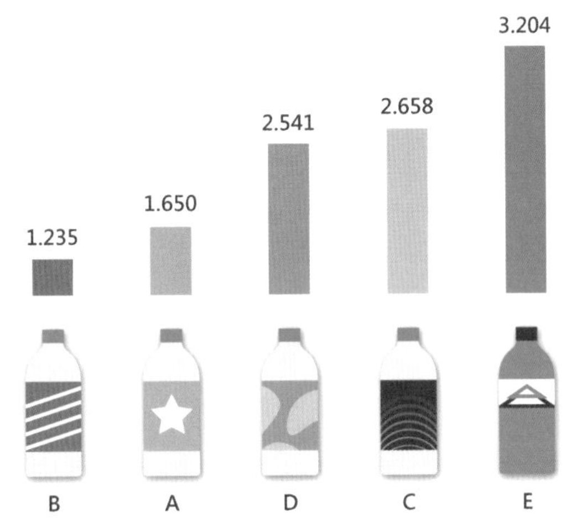

圖 2-17　透過包裝設計 AI 系統選擇瓶裝設計
繪圖者：傅嬿珊

資料來源：參考自日經 xTREND，譯者：葉韋利，《向 AI 贏家學習！：日本 26 家頂尖企業最強「深度學習」活用術，人工智慧創新專案致勝的關鍵思維》，臉譜出版社

在 PLUG 公司的系統，除了能對各種設計稿加以評比之外，還可以透過視覺化的方式，找出各種包裝設計稿中，有關消費者偏好的區塊，以利設計人員進行優化，如圖 2-18 所示。

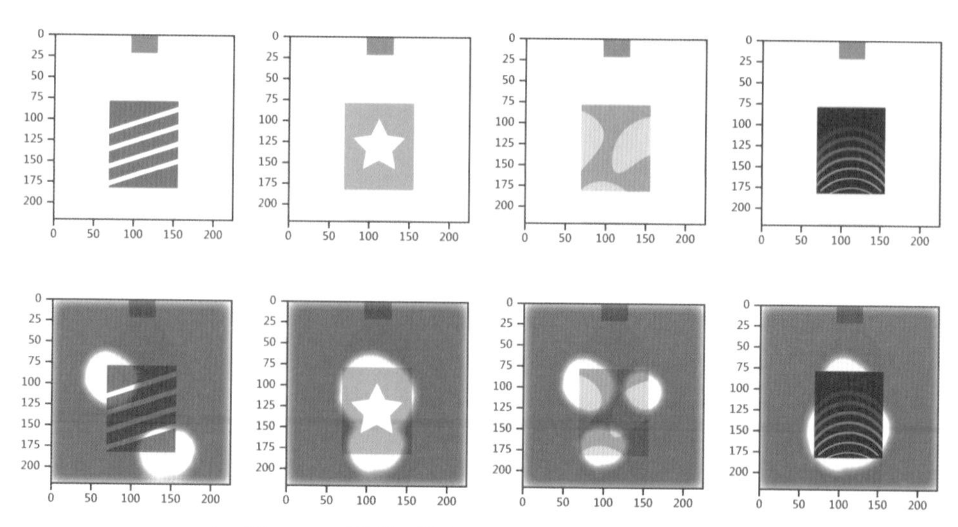

圖 2-18　透過視覺化方式呈現消費者的偏好區塊

繪圖者：傅嫵珊

資料來源：參考自日經 xTREND，譯者：葉韋利，《向 AI 贏家學習！：日本 26 家頂尖企業最強「深度學習」活用術，人工智慧創新專案致勝的關鍵思維》，臉譜出版社

此外，還可以進一步搭配屬性分析，判斷出隱藏在各種包裝設計稿背後，各個屬性之間分數的差異性。例如：簡單、美味、可愛…等，以確保該包裝所呈現出來的屬性，符合商品本身的定位，如圖 2-19 所示。

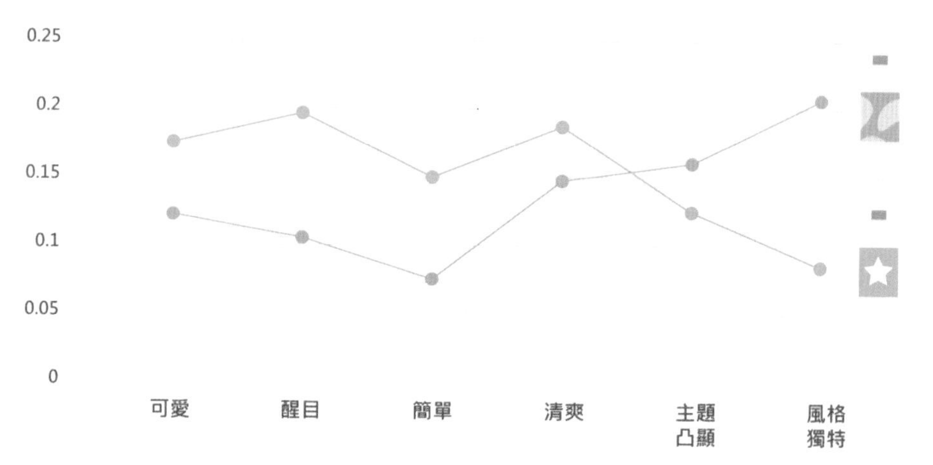

圖 2-19　包裝設計屬性分析

繪圖者：傅嫵珊

⋆ 資料來源：參考自日經 xTREND，譯者：葉韋利，《向 AI 贏家學習！：日本 26 家頂尖企業最強「深度學習」活用術，人工智慧創新專案致勝的關鍵思維》，臉譜出版社

以上 PLUG 公司的故事，就是透過行銷資料科學的技術，來取代行銷研究的案例。

PART 2

研究方法篇

假設驅動研究與資料驅動研究

☑ 假設驅動研究與資料驅動研究的差異

☑ 整合假設驅動研究與資料驅動研究

SECTION 3-1 假設驅動研究與資料驅動研究的差異

假設驅動研究（Hypothesis-Driven Research）與資料驅動研究（Data-Driven Research）

2019 年 4 月 9 日，新聞媒體上出現了一則報導「IBM AI 預測員工離職機率：正確率 95%，年省 9 億新台幣留才費！[1]」，正如標題所描述的，IBM 開發出一套系統，能精準地在員工還在職之時，預測他（她）何時離職，這樣 IBM 就能提前出手，挽留員工或者提前完成人力調度。根據 IBM 的估算，這套預測系統每年為公司省下大筆經費，成效卓越。

儘管在該篇文章中，並未詳細說明離職預測模型建置的原理，只強調是透過人工智慧 AI 的方式來進行。事實上，目前可預測員工離職的方法越來越多，但這一篇文章我們先不討論人資單位如何預測哪些員工可能離職。我們打算先以「如何降低離職率」為例，讓大家了解一下傳統社會科學常用的方法論（又稱「假設驅動研究（Hypothesis-Driven Research）」），以及大數據分析所使用的方法論（又稱「資料驅動研究（Data-Driven Research）」），有何不同。

首先我們回顧一下，以往要研究如何降低離職率，會如何進行？一開始，我們先試著站在巨人的肩膀上，回顧一下現有的文獻，看看針對這個議題，有哪些已經發表過的文獻可以參考。上網搜尋後可發現，過去 40 多年，不斷有學者提出離職模型，例如：Mobley（1979）、Steers Mowday（1979）、Price-Mueller（1981）…等。如圖 3-1、2、3 所示。

1 https://buzzorange.com/techorange/2019/04/09/ibm-use-ai-to-prediction-resign/

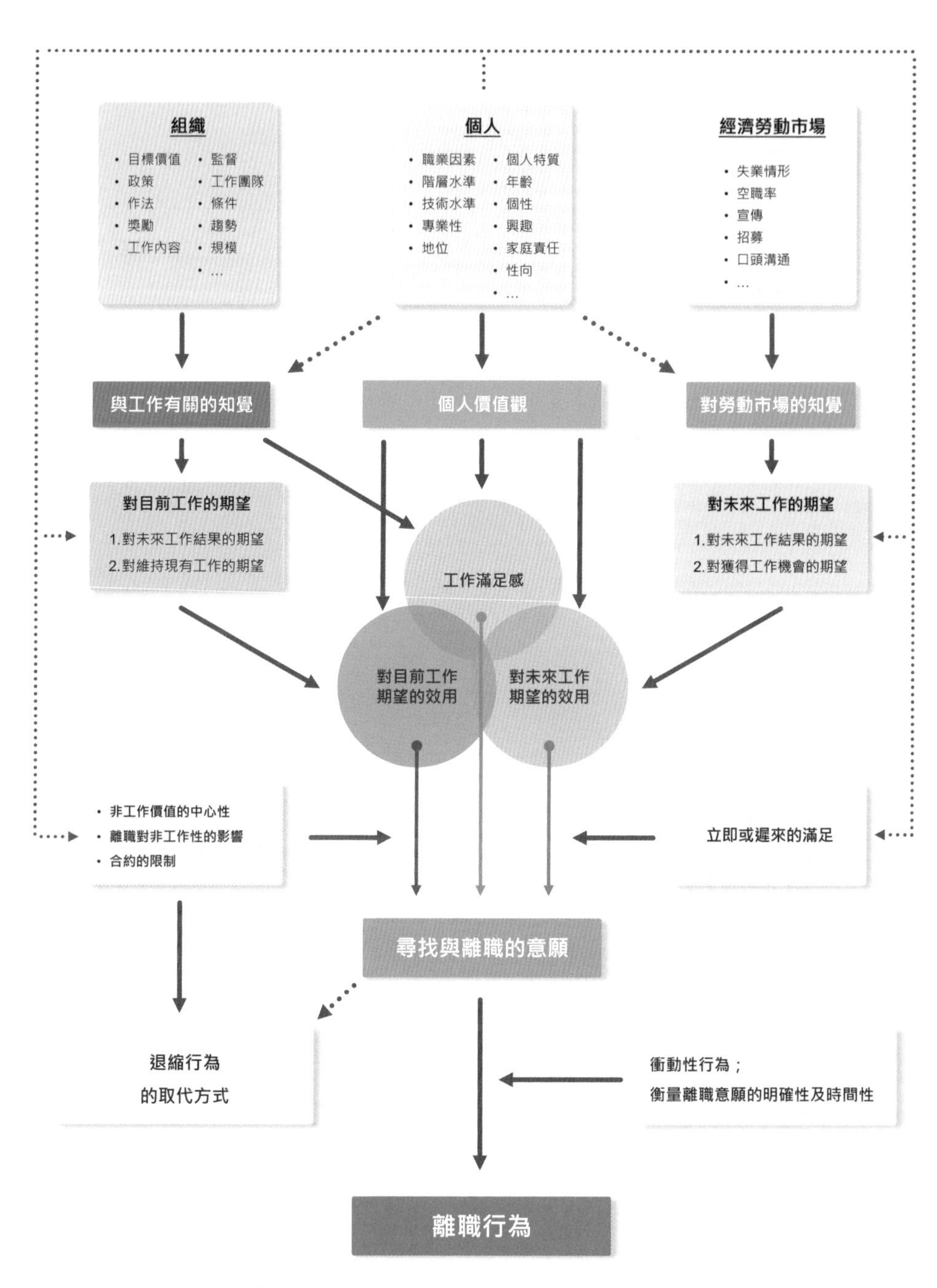

圖 3-1 Mobley（1979）等人之離職模型
繪圖者：彭煖蘋

★ 資料來源：Mobley, W. H., Griffeth, R. W., Hand, H. H., & Meglino, B. M. (1979). Review and conceptual analysis of the employee turnover process. Psychological Bulletin .86, 493-522.

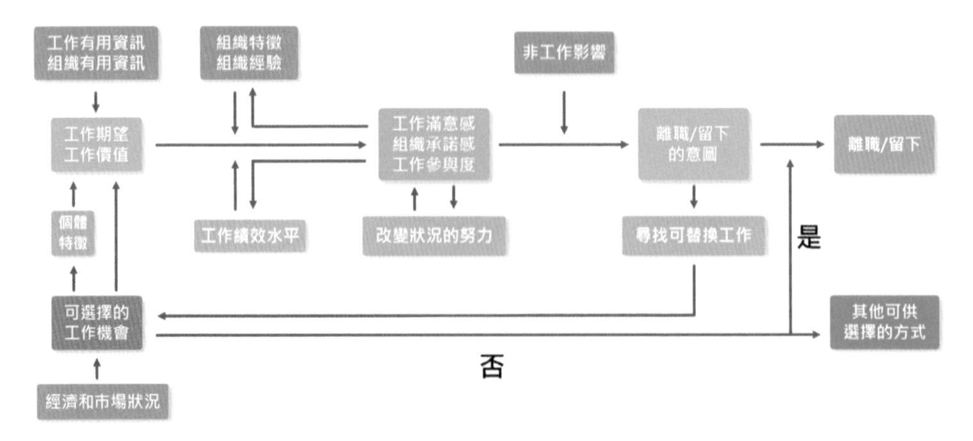

圖 3-2 Steers & Mowday（1979）之離職模型
繪圖者：彭煖蘋

★ 資料來源：Steers, Richard M. and Richard T. Mowday (1979), "Employee Turnover and Post-Decision Accommodation Processes," Graduate School of Management University of Oregon, Technical Report No. 22, November 1979.

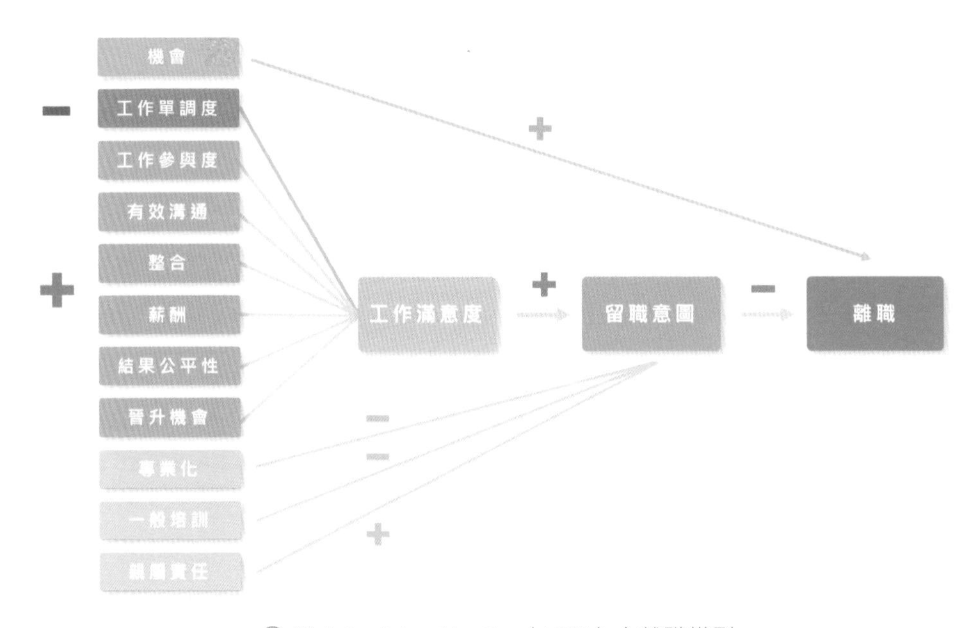

圖 3-3 Price-Mueller（1981）之離職模型
繪圖者：彭煖蘋

★ 資料來源：Price, James L. and Charles W. Mueller, (1981), " A Causal Model of Turnover for Nurses," The Academy of Management Journal, Vol. 24, No. 3 (Sep., 1981), pp. 543-565

從以上三個例子我們可以看到，學界在發展模型的過程中，通常要先進行文獻探討，臚列出造成離職的可能原因或動機（自變數），然後發展假設，再經由研究設計、抽樣設計、透過對樣本資料進行分析，驗證假設是否成立。而後續接手同一議題的學者則就自己的觀察，對之前研究者所發展出的模型，進行批判與補充，如此反覆循環。最終，這些模型透過各種假設的推論與驗證，並經後續學者們不斷地優化，漸漸將離職模型的全貌勾勒出來。而這些模型發展的過程，就是傳統社會科學常用的方法論，又稱為「假設驅動研究（Hypothesis-Driven Research）」。

至於什麼是「資料驅動研究（Data-Driven Research）」。2009 年 Google 於 Nature 發表了一篇文章[2]「Detecting influenza epidemics using search engine query data」，內容談到 Google 透過分析 5,000 萬個使用者常用的搜尋字串，同時比對 2003 年到 2008 年間季節性流感的傳播資料，進而發展出預測流感的模型。當時，為了對流感加以預測，Google 陸續建立了 4.5 億個不同的數學模型，作法上要比過去傳統的模型更加精準。而上述由資料得出預測模型的方法論，即為「資料驅動研究（Data-Driven Research）」。

回到「如何降低離職率」這個議題上，要降低員工離職率，最佳方式即設法預測同仁何時可能會離職，進而讓主管在同仁離職前，就能先行加以挽留，並藉此讓優秀同仁留下來。

同樣地，以「資料驅動研究」的概念為基礎，筆者藉由公司的人資資料，發展出離職預測模型。在發展模型的過程中，相關變數包括基本資料、人資資料、績效表現資料等共 41 項，內容如：部門、職位、性別、學歷、每日遲到分鐘數、遲到次數、請假、考績等，分析約 20 萬筆（項）記錄。並採用隨機森林（Random Forest）為工具進行分析。而為了衡量模型的預測效能，將資料隨機切分成 70% 的訓練資料集（Calibration Sample），以及 30% 的驗證資料集（Holdout Sample），做為模型檢驗。

2 https://www.nature.com/articles/nature07634

最後，預測模型發現最重要的變數依序為：考績、月平均遲到分鐘數、月遲到總分鐘數、年齡、星座、部門、年資…等，如圖 3-4 所示。

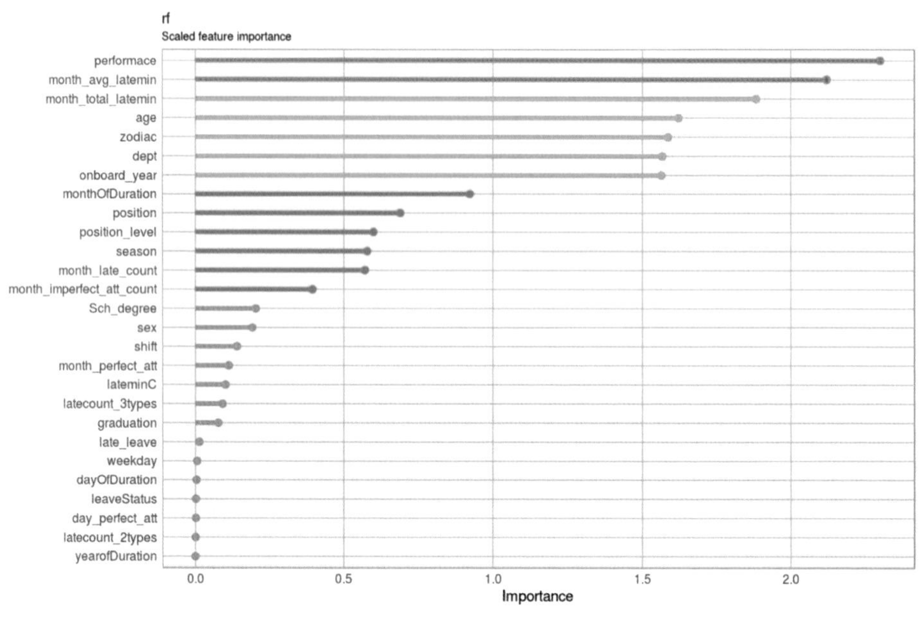

圖 3-4　運用隨機森林建立預測模型

根據預測模型，我們挑選出「考績」、「月遲到分鐘數」與「年齡」是公司整體離職的重要特徵變數，意即員工的離職與這三項因素有密切關連（關於這一部分，每家企業可能會有很大差異。一位曾經為台灣某家世界級企業做過類似專案的教授就曾分享，影響該公司離職率最大的變數竟然是「請假」）。

不過，這項發現，在「考績」與「年齡」上並沒有讓人有太大的驚喜，畢竟各行各業「考績」差、「年齡低」的員工離職率較高，本來就屬於常態。但是「月遲到分鐘數」的重要性竟然高過「年齡」等其他變數，可就值得進一步探討。先撇開學術研究不談，這樣的結果，對各單位的主管來說，除了可以讓主管發現個別員工可能離職的前兆（例如：月遲到分鐘數高的人），同時也可發現哪些員工已經接近自願性離職的邊緣（考績差、月遲到分鐘數高、年齡低的同仁）。

以上「資料驅動研究」乃是透過「資料庫知識探索（Knowledge Discovery in Database, 簡稱 KDD）」的方法來進行。在做法上，KDD 係透過訂定目標、建立目標資料集、資料清理與前置處理、資料轉換、選擇資料探勘方法、選擇資料探勘演算法、資料探勘（Data Mining）、解釋探勘模式和鞏固發現的知識等步驟找出預測模型。

從以上離職模型的探討中，我們可以發現，「假設驅動研究」著重在員工離職的心理動機，而「資料驅動研究」則以員工在職場上實際工作所呈現的資料，做為研究內容，而這也是兩者最大的差異所在。

盲人摸象——社會科學裡假設驅動研究（Hypothesis-Driven Research）的限制

話說，有幾位盲胞，在泰國摸了一頭大象。

摸到象鼻的人說：「大象像一根又粗又長的管子」

摸到象耳的人說：「大象像一把又寬又扁的扇子」

摸到象牙的人說：「大象像一根大蘿蔔」

摸到象身的人說：「大象就像又厚又大的牆」

摸到象腿的人說：「大象就像一根柱子」

摸到象尾巴的人說：「大象就像一條又細又長的繩子」

…，如圖 3-5 所示。

圖 3-5　盲人摸象
繪圖者：黃亭維

鏡頭拉回現代企業之內，您有沒有發現，這幾位盲胞，就好比公司裡不同部門的同仁，抑或是不同位階的主管與員工，甚或是產業裡不同的企業，國家中不同的產業，世界上不同的國家。

當每個人看到一個相同的問題時，很本能地，也很容易地由自己的觀點來分析，而忽略了從宏觀的角度來看待事情。事實上，影響事情發展最後結果的原因，非常可能來自於其他部門、其他公司、其他產業、甚至是其他國家。仔細回推影響結果的，可能是來自於不同時空裡，一項不為人知的原因所造成。

舉例來說，新冠肺炎期間，就流傳這樣的一則軼事，故事的起源是……要是當年沒有人吃了那隻帶有病毒的蝙蝠…，可能沒有今天數百萬人罹難的全球大疫情。因為這場流感疫情所發生的一切（包括您賦閑在家玩電玩遊戲，從菜鳥刷到了大神，再刷到索然無味；包括您帶著口罩出門搶所謂的有效藥「雙黃連口服液」結果藥沒買到，還損失了個口罩；包括幾年過去後，您的孩子問您，為什麼自己同班同學跟自己的生日，都在同一個月……），而這一切，可能都要從一隻蝙蝠說起…。

類似上述大大小小的故事，每天都在社會上發生。而社會科學，就是研究社會現象背後的一門學問。在進行社會科學的研究過程中，有很大的部分是採取「假設驅動研究」的做法。亦即針對研究問題與架構，發展研究假設，再透過資料的蒐集與分析，來驗證自己的假設是否正確。

假設驅動研究在本質上，會限制在特定情境中，最好能控制所有其他變數的影響，只探討某些變數之間的關係。這樣的過程，在自然科學（尤其是實驗室）裡，相對容易做到。然而，在社會科學裡，這樣的作法可能就會導致盲人摸象問題的出現。

實務上，要避免「盲人摸象」，我們應該要有更宏觀的思維。從系統觀點出發，要找出病因，得加強各子系統之間，以及不同層次子系統之間的互動。也就是加強個人與個人、部門與部門、企業與企業、產業與產業、國家與國家之間，跨單位的溝通，以及不同國家、產業、企業、部門裡，不同產業、企業、部門、與個人之間，跨層次的溝通。

值得注意的是，在互動的過程裡，縱使一開始是「盲人摸象」也沒有關係，只要每位盲胞能夠多溝通，並且放棄本位主義，就有機會還原出整隻大象的全貌。

至於在學術界，「資料驅動研究」的概念，隨著大數據分析的出現而興起，如何整合假設驅動研究與資料驅動研究，更可能是解決社會科學研究限制的一種方式。

假設驅動研究、資料驅動研究與歸納法、演繹法的關係

先前我們曾以「如何降低離職率」為例，說明「假設驅動研究」與「資料驅動研究」在概念上的差異。其實從歸納法（Induction Approach）與演繹法（Deduction Approach）角度來看，兩者的差異更是懸殊。

在研究方法中，有所謂的歸納法（Induction Approach）與演繹法（Deduction Approach）。歸納法是一種對自然或社會的特定現象進行觀察，並透過系統性的分析，匯集整理出具有意義的模式。

首先，歸納法係指從個體出發，針對每一個個體進行一系列特定目的觀察，之後發展或推論成一般性的模式，讓它代表既定事件的通則。舉例來說，假設內政部警政署統計最近三年的汽車肇事資料發現，駕駛人經常在開車時，因為使用行動電話，發生重大車禍，而這樣的案例過去三年已發生三十六例。從這個資料，我們「歸納」出一個結論：開車使用行動電話是危險的，以上這種推論方式就是典型的歸納法。

不過，這些結果並無法解釋為什麼這種情況會存在。而如果進一步檢視，才可能是因滑手機晃神，或者為了撿掉到副駕駛座底下的手機，以致衝上安全島或是人行道，進而導致汽車自撞或衝撞行人。

至於「演繹法」的概念，則是從整體概念出發，來建立獨特性，亦即將普遍的法則運用到特定的案例上。以前述開車使用行動電話為例，如果使用最基本的三段論證來證，大概就是如下所示：

大前提：開車使用行動電話是危險的行為。

小前提：我開車時，也在使用行動電話。

結論是：我的行為是危險的行為。

上面這個案例就是演繹法。不過，即使演繹上感覺合理，但實際上是否合理，需執行前提的驗證。如果開車使用手機並非危險的行為，那麼往下的推論，自然就不會成立。

再舉一個科學上的實例，俄國科學家門得列夫（Dmitry Ivanovich Mendeleyev）於 1869 年發現週期表，並以演繹法推論（或是預言）仍有三種元素尚未被發現。1875 年法國科學家布瓦博德朗（Lecoq de Boisbaudran），研究閃鋅礦時發現了「鎵（Ga）」，並宣稱其比重為 4.7。門得列夫發現鎵與自己所發現之亞鋁相同，但其比重依據推論應該是在 5.9~6.0 之間（雖然門得列夫沒有親眼看過鎵，僅從他手邊的證據加以推斷），結果布瓦博德朗重新測得鎵的比重為 5.94。後來，到了 1879 年，瑞典科學家尼爾遜（Lars Fredrik Nilson）又發現了「鈧（Sc）」；到了 1886 年，法國化學家文克勒（Clemens Alexander Winkler）再發現了「鍺」（Ge），門德列夫的三項預言，均被應驗。

那到底，假設驅動研究、資料驅動研究，與歸納法、演繹法有何關聯？

事實上，假設驅動研究對所欲研究的主題，會有預先的假設，而資料驅動研究則對所欲研究的主題，並未提出假設。如果從「二分法」的角度來看，假設驅動研究屬於演繹法，透過一連串的推理與觀察，發展出各種不同能被驗證的假設；資料驅動研究則屬於歸納法，透過知識探索的程序，企圖發現隱藏在資料背後的現象與真理。

至於在發現問題、解決問題的過程中，假設驅動研究或是資料驅動研究，哪一種比較有用？「假設驅動研究」派的學者認為，如果沒有了假設，人們可能會不知道去哪裡尋找有趣的發現。「資料驅動研究」者則主張，沒有了假設，人們就不會受限於既定的思維，進而有機會產生突破性的見解，如圖 3-6 所示。

假設驅動研究
沒有了假設，人們可能會不知道去哪裡尋找有趣的發現。

演繹法：
透過推理與觀察，發展可被驗證的假設。

資料驅動研究
沒有假設，人們不會受限於既定的思維，進而可能產生突破性的見解。

歸納法：
透過知識探索挖掘資料背後的真理。

圖 3-6　假設驅動研究與資料驅動研究的差異
繪圖者：趙雪君

假設驅動研究與資料驅動研究的差異——從抽樣觀點

要了解「假設驅動研究」與「資料驅動研究」的差異，還可以從母體與樣本的角度來觀察。以往在從事社會研究時，受限於人力、物力、財力，往往無法對母體進行普查，因此才有抽樣技術的出現。透過抽樣技術，大幅減少蒐集資料的成本，並能透過對樣本進行分析，進而推論回母體。

然而，在進行資料驅動研究時，由於研究的對象龐大，規模已經很接近母體，或者根本就是母體（例如：網路上人們所留下的龐大足跡，或是公司資料庫裡所有顧客的交易資料），研究過程中已不需透過抽樣來進行分析，因此也不會受限於抽樣而產生誤差（如圖 3-7 所示）。

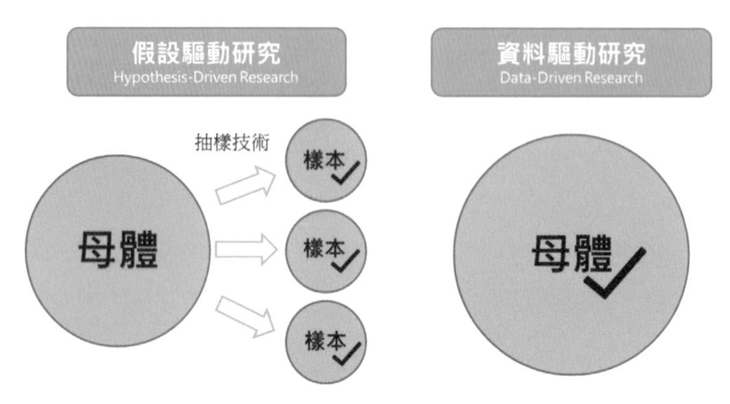

圖 3-7　從抽樣觀點看假設驅動研究與資料驅動研究之差異
繪圖者：王舒憶

不過，要提醒的是，如果單從母體與樣本的角度來看，資料驅動研究的優點似乎遠遠大於假設驅動研究。畢竟能對母體直接進行觀察，會比透過對樣本進行觀察再對母體進行推論，效果要來的好。但事實上，除非能在相同的條件下，例如在相同的題目和相同的母體等方面進行比較，否則這樣的說法，還是有其限制。

我們再以之前探討「如何降低離職率」的例子來進行說明。在相同的研究題目（亦即「如何降低離職率」），針對相同的母體（亦即同一家公司的所有員工，並假設該公司員工有 10 萬人）。假設驅動研究會發展研究架構與假設，並進行抽樣設計（假設受限於成本，只對 1,000 人進行抽樣），透過對員工進行問卷調查與訪談，再透過統計分析，發展離職模型。

資料驅動研究則分析該公司所有與離職相關的可能資料，包括：員工的基本資料、性向測驗、就職年數、考績、出缺勤、遲到、所處部門基本資料、輪調、學習…等記錄，再透過資料探勘或文字探勘，發展出對該公司的離職人員的預測模型。

從以上的例子，我們可以發現，「假設驅動研究」透過問卷，調查部分員工的知覺與想法。「資料驅動研究」則是從資料庫裡，直接撈取所有員工的基本資料與行為。所以，雖然假設驅動研究沒有對所有員工（亦即母體）進行普查，但假設驅動研究卻能調查出資料庫裡沒有的東西，像是造成離職者可能離職的動機（企業整體待遇不佳、昇遷制度失衡或主管領導能力等問題）。

根據以上的說明，我們可以了解到假設驅動研究與資料驅動研究各有其優缺點。在運用時，我們不應該將這兩種方法視為可以相互替代，相反的，應該把這兩種方法論，看成可以相輔相成。

假設驅動研究與資料驅動研究的差異——分析工具

先前我們曾經提過，有關假設驅動研究與資料驅動研究之間的差異，除了從樣本觀點來檢視之外，還可以從分析工具的差異來進行。這裡，先不論工具的好壞，行銷人必須要先知道有哪些工具可以使用，以及他們可以達成哪些目的，才方便選擇。

在「假設驅動」研究中，所蒐集的資料，主要都是從樣本受訪者所填答的問卷，以及訪談樣本所得到的逐字稿而來；量化的部分則大多會使用以下的分析工具：多變量分析（例如複迴歸分析（Multiple Regression Analysis）、主成分分析（Principal Components Analysis, PCA）、因素分析（Factor Analysis）、區別分析（Discriminant Analysis）、集群分析（Cluster Analysis）、多變量變異數分析（Multivariate Analysis of Variance, MANOVA）、結構方程模型（Structural Equation Modeling, SEM）…等。至於質化資料則會透過「內容分析法（Content Analysis）來進行分析。

很重要的一點是，要做行銷研究不一定每一種方法，全部都要學會。您可以針對自己的需求，一次學一種。比較好的學習的方式是，去旁聽某些權威老師的特定研究方法，因為實務上，每位老師也不太可能都熟悉每一種方法。

至於「資料驅動研究」中所蒐集的資料，主要則是來自於外部開放資料、網路社群資料、物聯網資料和企業內部資料庫的資料等。由於這些資料的資料量往往相當龐大，因此在分析時，會透過資料探勘與文字探勘的技術來落實。

例如：資料探勘裡的分類（Classification）、迴歸（Regression）、相似性比對（Similarity Matching）、聚類（Clustering）、共生分群（Co-occurrence Grouping）又稱關聯規則探索（Association Rule Discovery）、購物籃分析（Market-basket Analysis））、連結預測（Link Prediction）、資料精簡（Data Reduction）、因果建模（Causal Modeling）…等。以及文字探勘中的情感分析（Sentiment Analysis）、意見探勘（Opinion Mining）…等。

現在網路發達，「資料驅動研究」的程式教材與套件，在網路都可以找得到。英文好的人，甚至可以透過自學，取得這些內容。請千萬記得「勇於投資自己，永遠不會錯」，今天所投入的時間與經費看起來不小，但往後投資報酬率可能數以千百倍計。

值得一提的是，這些分析工具，未必不能「同時」使用在假設驅動研究與資料驅動研究中。例如以文字探勘技術為例，一旦訪談對象的逐字稿量非常大時，一樣可以透過文字探勘方式來進行分析，以避免研究者在進行內容分析時，遺漏背後的重要概念或是產生過大的主觀判斷。

同時，在量化分析工具的部分，多變量分析中的區別分析（Discriminant Analysis）就與資料探勘中的分類（Classification）也很類似；多變量分析中的集群分析（Cluster Analysis）也與資料探勘中的聚類（Clustering）相同，如圖 3-8 所示。

因此，假設驅動研究與資料驅動研究之間的差異，重點還是在方法論（Methodology）上的不同。

	假設驅動研究 Hypothesis-Driven Research	資料驅動研究 Data-Driven Research
資料來源	樣本所填答問卷、訪談樣本所得到的逐字稿	外部開放資料、網路社群資料、物聯網資料、企業內部資料庫的資料等
分析工具	• 量化：多變量分析、主成分分析、因素分析、區別分析、集群分析、多變量變異數分析、結構方程模型等 • 質化：內容分析法	• 資料探勘技術：分類、迴歸、相似性比對、聚類、共生分群、連結預測、資料精簡、因果建模等 • 文字探勘技術：情感分析、意見探勘等
相似點	• 區別分析（discriminant analysis）與分類（classification）類似 • 集群分析（cluster Analysis）與聚類（clustering）相同	
混淆觀念	未必不能同時使用。如：當訪談對象的逐字稿量非常大時，就可透過文字探勘進行分析，避免研究者分析時，遺漏背後重要概念或產生過大主觀判斷	

圖 3-8 假設驅動研究與資料驅動研究
繪圖者：彭煖蘋

行銷研究與行銷資料科學的差異——研究方法與工具

身為一個行銷人，一定要知道我們為何要做「行銷研究」。原因很簡單，因為我們身處在一個變動劇烈的商業環境當中。

一年前，有誰會知道新冠肺炎疫情會重創全球的商業環境，多少家企業在疫情無情的襲擊下，早已灰飛煙滅。又有誰會知道，有些原本依靠「宅經濟」出身的企業，不僅在疫情爆發後一枝獨秀，甚至出現光速成長。我們只能說，商業環境的規則很複雜，因為您永遠不知道商業環境會如何變化。也可以說，商業環境的規則很簡單，因為您只要知道消費者的需求是什麼，就有機會能存活下來。

過去一百多年來，行銷人已經藉由「行銷研究」洞悉不少商業環境的秘密。行銷研究讓企業決策者知曉環境變化，也讓他們容易製訂管理決策，行銷研究更為企業決策者提供資訊，讓他們知道哪些因素會造成消費者行為的變化。同時，受到內、外在環境不斷變動的影響，某些消費者的行為還是持續隱藏、持續改變。但是現在在「資料科學」的協助下，大量的消費者活動和行為，都可以有效記錄下來，成為下個階段的行銷利器。

舉例來說，疫情期間，消費者因為封鎖和社交距離不敢出外用餐，許多人改叫外送點餐方式度過一天中的一餐或兩餐，而這樣的改變，也讓外送平台業者累積了大量的資料。未來，不管疫情還要持續多久，這些寶貴的消費者資料都是平台業者利用「行銷資料科學」站穩發展腳步的基石。

過去我們談了許多行銷研究與行銷資料科學的差異，從方法論的觀點來看，「行銷研究」主要集中在「假設驅動研究」，因為這類研究對所要研究的主題會有許多假設，例如，行銷人可能會發展出以下假設：「大賣場採取防疫指揮中心「社交距離」的規定，會負面影響商場的業績」。然後行銷人就蒐集證據，驗證這樣的假設是否成立。

至於「資料驅動研究」對所想研究的主題並未提出假設，而是從各國的國情報告和消費者在賣場的實際消費資料，比對實施「社交距離」前後日期的業績，然後設法找到問題的解答。

再強調一次，從「二分法」的角度來看，「假設驅動研究」屬於演繹法，透過一連串的推理與觀察，發展各種不同能被驗證的假設。「資料驅動研究」則屬於歸納法，透過知識探索的程序，企圖發現隱藏在資料背後的現象與真理。

至於在研究方法方面，常見的行銷研究的方法包括，現場觀察法、問卷調查法、實驗設計等；行銷資料科學的方法包括，進行分類、預測和關聯分析等。

再就資料蒐集、分析、呈現的工具來看。行銷研究透過各種問卷、訪談蒐集資料，常用的分析工具包括統計學與多變量分析，並且透過簡單的圖表呈現。行銷資料科學蒐集資料的工具則包括：網路爬蟲、物聯網、資料庫…等。資料分析主要透過機器學習、深度學習的方式，最後再透過資料視覺化的方式來呈現，如圖 3-9 所示。

		行銷研究	行銷資料科學
方法論		多為假設驅動	多為資料驅動
方法		觀察法、調查法、實驗設計...	分類、預測、關聯...
工具	資料蒐集	問卷、訪談...	爬蟲、物聯網、資料庫...
	資料分析	統計學、多變量	機器學習、深度學習
	資料呈現	一般圖表	資料視覺化

圖 3-9 行銷研究與行銷資料科學之差異
繪圖者：彭煖蘋

至於在發現與解決行銷問題的過程中，如果要問「假設驅動研究」或是「資料驅動研究」，哪一種比較有用？

「假設驅動研究」派的學者認為，如果沒有了假設，人們可能會不知道去哪裡尋找有趣的發現；反之，「資料驅動研究」派的學者則主張，資料驅動係指從消費者行為，及其與企業的互動過程中所蒐集的大量數據，進行分析與預測，進而產出的洞察與策略。而企業除了要了解自己現有的資料、未來可取得的資料，以及如何分析和應用這些資料，才能更有效執行行銷活動。而擺脫了這些假設，行銷人就不會受既定思維所限制，進而有機會產生突破性的見解。

歷經 120 年左右的演變，從行銷研究到行銷資料科學，行銷已經出現巨大的變貌。新一代的行銷人，只要願意，則可坐擁這兩類行銷利器，現在就讓我們帶著這兩項武器，一起探訪消費者的內心世界。

SECTION 3-2 整合假設驅動研究與資料驅動研究

整合假設驅動與資料驅動研究方法

我們先前提過，「資料驅動」和「假設驅動」研究，都始於一個有趣的研究問題，接著透過先驗知識和先前的研究成果，來發展這個研究問題的一般理論。由於「資料驅動」和「假設驅動」的前提差異很大，美國明尼蘇達大學獸醫系教授莫莉・麥庫（Molly E. McCue）與伊利諾伊大學獸醫系助理教授安妮特・麥考伊（Annette M. McCoy）[3] 提出一個整合假設驅動（Hypothesis-Driven）與資料驅動（Data-Driven）研究方法的概念圖，讓大家區別其中的異同（如圖 3-10 所示）。

首先，研究之初，研究人員必須努力「確認問題」（需要回答的問題），並就研究問題提出一般性假設（如圖 3-10A）。

接著，左側的「假設驅動研究」和右側的「資料驅動研究」開始有所不同（圖 3-10B）。假設驅動研究人員通常會進行探索性實驗，然後訂定出具體的假設（圖 3-10C，左側）；至於在右側的資料驅動的研究中，通常會蒐集與研究問題相關的所有可能資料，這些資料涉及許多參數，並且具有大量的觀測值。研究人員必須能確保這些資料，不但足量，而且包含所有可能會影響研究結果的相關變數資料。

同樣重要的是，兩者在收集資料的方式上，都應盡量減少「偏誤」和「潛在混淆因素」的來源。

3 McCue, Molly E., Annette M. McCoy, 2017, Frontiers in Veterinary Science, November, Volume 4, Article 194.

在得出關於變數之間關係的假設之前，「資料驅動研究」透過若干步驟來探索資料。首先，資料經過嚴格的品質控制，排除了品質差與不相關的資料，並在必要時，對缺漏的資料進行估算（以估計值進行填充）。

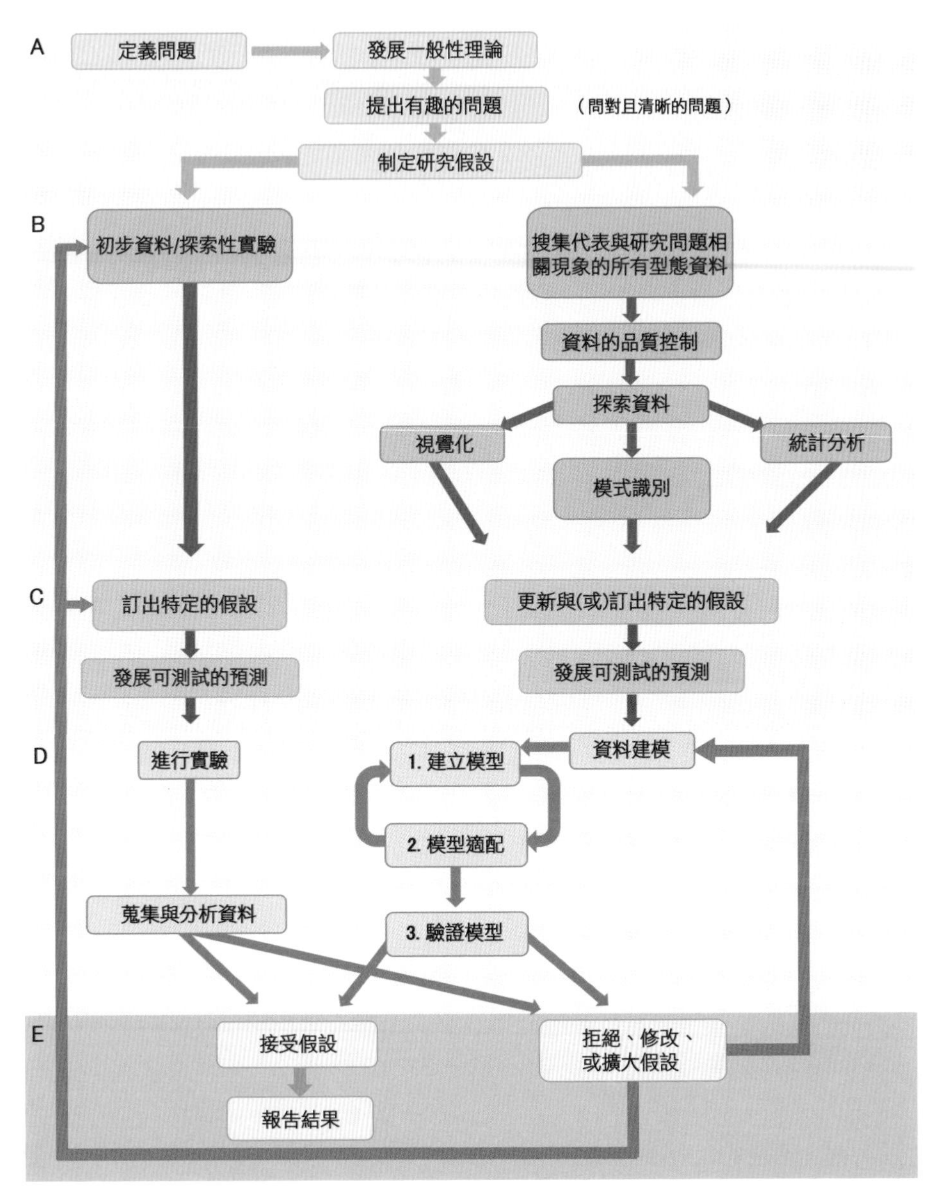

圖 3-10　整合假設驅動與資料驅動研究方法
繪圖者：盧曉慧

同時，透過散佈圖，箱形圖，直方圖等將資料視覺化，呈現資料背後的重要趨勢。其次，透過監督式學習和非監督式學習來探索資料背後的模式。最後，透過統計方法來理解變數之間的關係，以識別關鍵的預測輸入。在這個方法中，必要時可對變數進行轉換，使用「降維技術」讓建立模型更加可行（圖 3-10B，右側）。

經過資料探索之後，資料科學家針對變數之間的關係提出了更具體的假設，包括關於因果關係的假設（圖 3-10C，右側）。

在研究過程的下一階段，假設驅動與資料驅動的研究人員（在實驗或準實驗研究中），都將透過實驗（假設驅動的科學）或通過對資料進行計算建模（資料驅動）來對假設進行測試（圖 3-10D）。

資料模型聚焦在將結果（y）與大量的輸入變數（x）之間的依存關係。

同時，資料驅動的建模，主要透過機器學習演算法，類型主要包括分類模型與預測模型。

至於作法上，在建立預測模型的過程中，會先從完整的資料集裡，擷取一部分當作訓練資料，發展出模型後，再透過剩下的測試資料進行模型的測試。值得一提的是，模型的建立與測試，是個反覆的過程，在此過程中，會從模型裡添加或刪除變數，直到獲得最佳的模型擬合為止（圖 3-10D，右側）。

假設驅動與資料驅動研究過程的最後一步，即是驗證假設被接受或被拒絕。如果假設被拒絕，則資料驅動研究者通常會返回使用相同的資料，重複建模以測試新的假設。而假設驅動的研究者則會返回先前的實驗，以測試新的或修訂的假設（圖 3-10E）。

以上的整合假設驅動與資料驅動研究方法，雖然是由自然科學的學者所提出，但背後的本質，一樣適合應用到社會科學身上。

多重檢核（Triangulation）法

在碩士班階段，許多同學常會為了究竟要寫「質化論文」或是「量化論文」傷透腦筋，寫量化論文擔心自己統計不好，寫質化論文又煩惱樣本數量和代表性不夠，都會遭到指導教授或口試委員的嚴重「挑戰」。事實上，質化或量化從中擇一是碩班生的選項，然而近來採用多重檢核（Triangulation）或是與其相提並論的質化、量化混合方法取向（Mixed Methods Approach）的研究越來越多，未來說不定還會成為主流。

數學上，有所謂的「三角測量或三角定位（Triangulation）」法，這種方法的大意是，在已知 AB 兩點之間的距離，並且測出 A、B 兩點與欲測量對象之間所形成的角度 α 與 β，就能透過數學計算，得知 d 的距離。換言之，如果依照圖 3-11 所示，也就是知道 A、B 兩點和 α 與 β 之後，就可以算出您在岸上與船隻的大約距離。

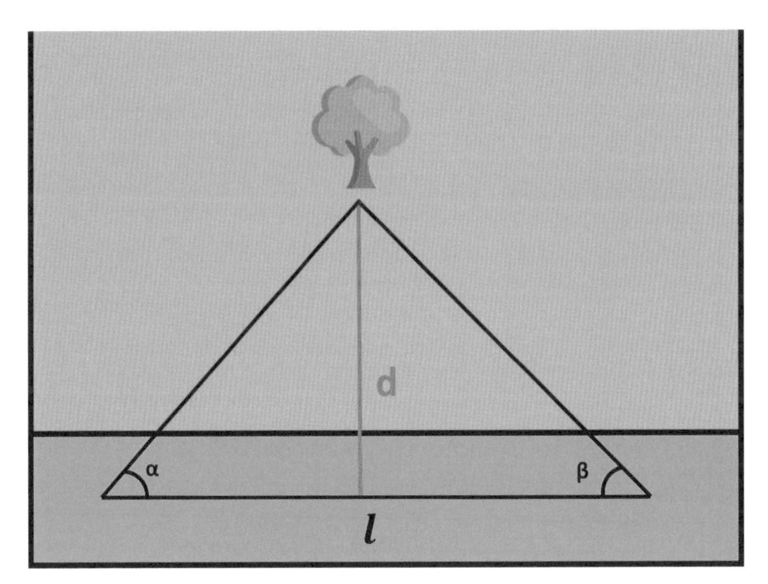

$$d = l\frac{\sin\alpha\sin\beta}{\sin(\alpha+\beta)}$$

圖 3-11　三角測量

繪圖者：曾琦心

利用「三角測量」法可以追溯到公元前六百多年，希臘哲學家泰勒斯藉由測量自己及金字塔的影子長度，以及自己的身高，並運用「截線定理」來測出金字塔的高度。經過這麼多年歷史的演進，三角測量已被廣泛運用在航海、土地測量甚至是武器、天文等各種領域，「觀察者可以藉由不同參考點位置和角度，知道自身與目標物的距離」。

事實上，將這種「三角測量」的概念應用到研究中，演變成不同研究方法（例如質化與量化）的結合，同時透過不同的研究方法相互印證與確認，讓研究結論可信度，大幅提高。

以質化研究的訪談為例，以往在調查企業社會責任中，可能會偏重於顧客與企業兩方的說法，但現在通常會加進「利害關係人（可能是股東和環保團體）」的角度，由這三方的觀點，建構出企業社會責任（CSR）完整構面。這種研究方法就稱為質化研究的三角測量或定位。

再往前延伸一步，許多研究在進行之初，其中會涉及哪些變數，研究者雖然已經大膽假設，但可能完全搞不清楚，要將其化成可以測量的變數，更是難上加難，因此很多教授的建議是，先以三角測量法做質化訪談，找出變數後再做量化研究。而這種試圖結合質化與量化測量的方法，即所謂的「多重檢核（Triangulation）法」。

值得一提的是，Triangulation 法在台灣社會科學的領域，翻譯的名詞很多，常見的有三角驗證法、三角檢定法、三角交叉法、三角檢證法、三角校正法等，本文則採用宋曜廷、潘佩妤於教育科學研究期刊中，所發表的《混合研究在教育研究的應用》[4] 一文中的定義。我們把它稱做多種檢核。

事實上，多重檢核（Triangulation）法最早由鄧金（Denzin）（1978）[5] 所提出，鄧金認為，採用多重檢核進行研究，能夠避免產生偏誤。鄧金並提出四種多重檢核的方法：

4 宋曜廷、潘佩妤（2010），混合研究在教育研究的應用，教育科學研究期刊，第五十五卷，第四期，55(4)，97-130。

5 Denzin, N. K. (1978). The research act: A theoretical introduction to sociological method (2nd ed.). New York: McGraw-Hill.

1. 資料的多重檢核（Data Ttriangulation）：同一研究中使用多種資料來源。例如研究中可透過問卷、訪談、錄影、觀察、次級資料…等多元性的資料，降低研究者的偏見，提高研究的信度與效度。
2. 研究者的多重檢核（Investigator Triangulation）：多位研究者進行相同研究。
3. 理論的多重檢核（Theory Triangulation）：透過多種理論解釋研究結果。
4. 方法的多重檢核（Methodological Triangulation）：使用多種方法研究相同問題。

對於正在學習行銷研究與行銷資料科學的人而言，多重檢核（Triangulation）法提供我們一種新思維，意即如何透過多重資料、多重研究方法；多重理論、多重研究人員，來整合行銷與行銷資料科學，進而真正協助企業解決行銷問題，進而創造價值，而這是企業研究中，一個可以努力的方向。

盲人摸象？——探究消費者行為

回到本章一開始「盲人摸象」的故事，看完了本章的說明，您能體會這段源自於《大般涅槃經》的故事，真正的寓意是什麼嗎？

「盲人摸象」基本上說的是，事實往往由於各人的視角和探測工具不同，而給予不同的解釋。現在，如果把「大象」代換成行銷人最在意的「消費者行為」，又會產生出多少不同的變貌呢？

一直以來，行銷人在進行消費者行為研究時，都會採用許多不同「工具」來試圖了解消費者行為。有些行銷人會用問卷調查；有些會用深度訪談；有人會舉辦焦點群體會議；還有人會用網路爬蟲。然而，這些工具各有其適用性，蒐集到的消費者資料也不盡相同。除非行銷人已有很明確的「研究目的與範疇」，否則如果只想透過某一項特定工具，就意圖解釋真正的消費者行為，背後就會存在很大的風險，就像上面盲人摸象的故事一般，如圖 3-12 所示。

盲人摸象

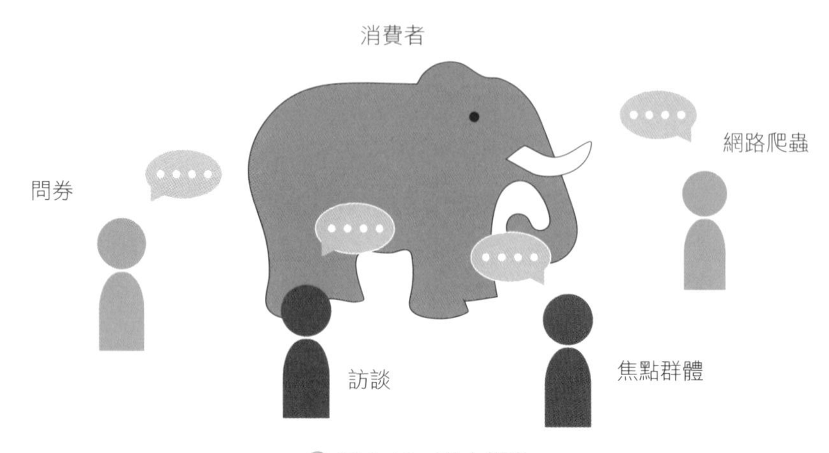

圖 3-12　盲人摸象
繪圖者：黃亭維

有人說，想要真正了解消費者的心理與行為，行銷人應該走向第一線去，到消費現場的實地踏查消費者的購買行為，因此過去從街頭訪談、新品試用到電話抽樣的市場調查，行銷人做了不少努力。但問題是，消費者還是有其不願意顯露的一面。而網際網路出現後，雖然因為匿名的特性，揭露出消費者隱藏在心裡的一部分，但也因為消費者心理與行為的多變，行銷人能夠真正掌握的，其實不多。

所以，對於從事行銷管理研究與業務的我們，不能執著於自己所學、所認知的部分，應該多接觸多學習各種工具，整合行銷研究與行銷資料科學，甚或是其他研究方法，並了解這些工具之間的差異與適用情境，避免以偏概全，才能進一步還原出消費者行為的樣貌。

研究的類型與資料科學分析的類型

☑ 研究與資料科學分析的類型

☑ 相關與因果

SECTION
4-1 研究與資料科學分析的類型

搞懂您的研究類型——探索性、描述性、相關性與解釋性研究

很多初踏入「研究」領域的研究生，只知道自己做的是量化或質化研究，卻不清楚自己著手的研究是什麼類型，事實上，知道自己的研究類型有助於對研究問題的掌握，以及能達成什麼樣的研究目的，弄懂這個問題就像知道自己究竟開的是什麼轎車、跑車、推土機或者是坦克。

學者對研究的類型區分有很多種，但大致上的內容包括：探索性（Exploration Research）、描述性（Description Research）、相關性（Relation Research）與解釋性研究（Explanation Research）。簡述如下：

1. **探索性研究（Exploration Research）**

   顧名思義，探索性研究常使用於探索新的議題，甚至是新的領域。過去幾十年來，在行銷學領域裡，新的概念不斷地出現，例如：從「顧客滿意」、「服務品質」、到「顧客體驗」、「顧客旅程」，這些概念的出現，都是經由探索性研究而生成。

   一開始，探索性研究通常傾向使用「歸納法」的方式，因為一開始並沒有一個完整的理論可以協助您演繹，研究者必須先透過一些特殊的個案收集資料，進而歸納出一般性的通則。

   探索性研究在研究設計上，通常使用質性調查法，透過觀察、深度訪談個案的方式來對研究議題進行探索。

2. **描述性研究（Description Research）**

   描述性研究通常是對所想要觀察的事件進行描述。

在行銷實務中，許多政府或商業調查報告都是屬於描述性研究。舉例來說，無論是文化部每年對出版產業的調查，或是《CIO IT 經理人》雜誌每年對各產業的資訊經理所進行的調查報告，都屬於描述性研究。它們大都在敘述行業裡的現況，例如台灣地區目前有多少家出版社，去年共出版了多少本書之類的內容。

這一類的研究通常比較像是報告式的整理，大多僅是進行資料的蒐集，並加以彙總與解釋，並未對變數之間的關係進行探討。

3. 相關性研究（Relation Research）

相關性研究在確定兩變數間或兩個以上的變數之間，是否有某種關係存在。例如：我們想瞭解「顧客滿意度」與「顧客忠誠度」之間，有何種關係存在？此種關係可能是線性關係，可能是曲線關係。

相關性研究看似簡單，但要做好並不容易。以上述要瞭解「顧客滿意度」與「顧客忠誠度」之間的關係，要先確定「顧客滿意度」與「顧客忠誠度」的操作型定義為何？是否限定產業？是否限制體驗的產品或服務類型？再者，對於發展兩者之間關係的假設，是正相關、負相關、或是無相關，甚至是背後還有其他干擾因素（例如：轉換成本）存在。這些在進行研究時，都需要一一加以釐清，如圖 4-1 所示。

非競爭性區域

- 受管制的壟斷或替代品少
- 主導品牌資產
- 轉換成本高
- 強大的忠誠度計劃
- 專有技術

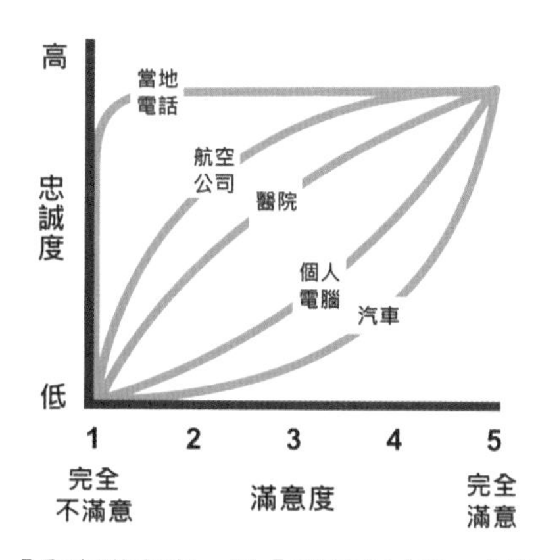

競爭激烈區域

- 商品化或差異性低
- 消費者不感興趣
- 替代品多
- 轉換成本低

圖 4-1 「顧客滿意度」與「顧客忠誠度」之間的關係
繪圖者：彭煖蘋

★ 資料來源：Thomas O. JonesW. Earl Sasser, Jr., “Why Satisfied Customers Defect.” Harvard Business Review (November 1995).

4. **解釋性研究（Explanation Research）**

解釋性研究，在於解釋為什麼一種特定的關係會形成。有別於相關性的研究，相關性研究只是在瞭解兩個變數之間的關係，然而解釋性研究，必須去瞭解這兩個變數的關係是如何發生的。例如：研究者想了解「服務品質」是如何影響「顧客滿意度」。然而，解釋性研究通常涉及到因果關係的驗證，連帶地也增加了研究的難度。

最後，以上的研究類型，彼此之間並非各自獨立，相反的，某些研究甚至同時包含了四種研究。舉例來說：當網路精準行銷的新議題出現後，我們即可就這個議題進行「網路精準行銷」的探索性研究。同時，在此研究中，我們需要針對什麼是「網路精準行銷」進行描述性研究；我們要針對企業在推動「網路精準行銷」的過程裡，它的「關鍵成功因素」和「成功的網路精準行銷」之間的關係，進行相關性研究；更進一步，我們要去瞭解為什麼這些「網路精準行銷的關鍵成功因素」，會影響到企業在推行「網路精準行銷」時專案的成功，而這就屬於解釋性研究了。

橫斷研究與縱貫研究

從時間觀點來看，研究可以區分成橫斷研究（Cross-sectional Research）與縱貫研究（Longitudinal Research）兩大類，時間的因素攸關研究的「類推性（Generalization）」，究竟研究所產生的研究結果，只能代表研究的當下，還是可以向前、後類推呢？

在處理研究的時間議題上，「橫斷面研究」意指可以在同一個時間裡，蒐集並分析不同受試者資料的一種研究（Cooper, 2003）[1]。例如：年齡變數，我們在某一個時間區間內，針對不同年齡的受試者，進行問卷發放，以瞭解這些不同年齡層的人對於一些事情的看法，這樣的研究方式稱為橫斷面的研究。

1 Cooper, D. R., & Schindler, P. S. (2003). Business research methods (8th ed). New York: McGraw-Hill.

一般來說，在最理想的情況下，一個碩士班研究生所做的調查，從開始到完成通常得耗費三個月到六個月的時間，儘管調查時間的跨距，已長達九十到一百八十天，但是從研究時間的角度來看，它僅屬於某一個時間點對母體或現象樣本描述的「橫斷研究」。

再舉一個例子，像是新聞媒體會做總統候選人的民意調查，他們發佈結果的當天，都只是在某一個時間點由選舉人口對總統候選人的看法，無法完全類推到投票日的最後結果。同樣的，探索性和描述性的研究都屬於「橫斷研究」、解釋性的研究也屬之。

至於「縱貫研究」是一種跨越長時間的觀察研究（Cooper, 2003），短則數個月，長的話可達 5-10 年甚至更長的研究期間。更重的是，這類研究方式會針對同一研究樣本，進行 2~3 次以上不同的詢問。由於涉及時間與成本的考量，加上不容易設計與執行，所以縱貫面研究相對較少，並且都是由大型研究或學術機構來處理。

舉例來說，哈佛大學有項研究進行至今已經超過 75 年，從 1938 年開始，該研究持續追蹤 724 位研究對象，每一年哈佛的研究團隊都會對研究對象進行訪談，了解他們的生活、健康、工作等狀況。該研究發現，良好的人際關係，讓人們快樂與健康。

從圖形的角度來看（如圖 4-2 所示），Time 軸代表的是不同的時間點，橫斷面研究就是針對某一個時間點的研究；而縱貫面的研究則是屬於不同時間點的研究。透過這個圖形，我們可以更加瞭解橫貫面與縱貫面的差異。

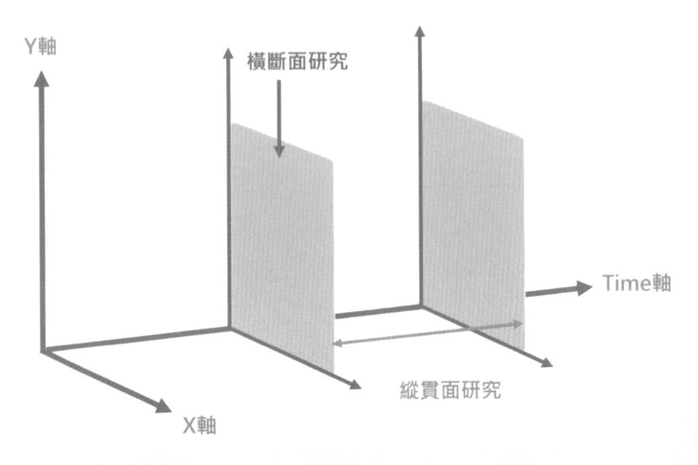

圖 4-2　橫斷面與縱貫面研究
繪圖者：陳靖宜

不知道大家有沒有發現，「橫斷面研究」很像是高速公路的測速照相，記錄著當車輛超速時的瞬間。而縱貫面研究，就好比「ETC」記錄車輛上高速公路後，首次與最後一次被 ETC 偵測到時間點。

值得一提的是，由於碩士階段的時間因素，導致絕大多數碩士同學的論文，皆是屬於橫斷面的研究，通常會只針對同一批研究對象，進行一次的問卷發放；而大部分的期刊論文中，也以橫斷面研究所佔的比例居多。

最後，根據周文賢（2002）[2] 在《多變量分析》一書中所提，在碩士生階段，大多數同學的論文多以橫斷面為主，所使用的統計工具，包括：多元尺度分析、集群分析、因素分析、共變數分析、ANOVA 分析與迴歸分析等。在博士生階段，除了上述的工具外，還要學習共變數模式、LISREL、路徑分析等工具。若要執行縱貫面的研究，還必須學習諸如時間序列等的工具。以上的說明，同時點出橫斷面與縱貫面研究，在使用工具上的差別。

2　周文賢，2002 年。多變量統計分析：SAS/STAT 使用方法，初版。台北：智勝文化。

資料科學的五種分析方式

關於資料科學的商業分析（Business Analytics）方式，顧能（Gartner）顧問公司提出了四種類型：「描述性分析（Descriptive Analytics）」、「診斷性分析（Diagnostic Analytics）」、「預測性分析（Predictive Analytics）」、與「指示性分析（Prescriptive Analytics）[3]」。而國際數據分析研究所（International Institute for Analytics）的共同創辦人湯馬斯・戴文波特（Thomas H. Davenport）教授則再補上「自動化分析（Automating Analytics）」的概念，總結出五種分析方式[4]的概念。本書將其整合整理如圖 4-3 所示。

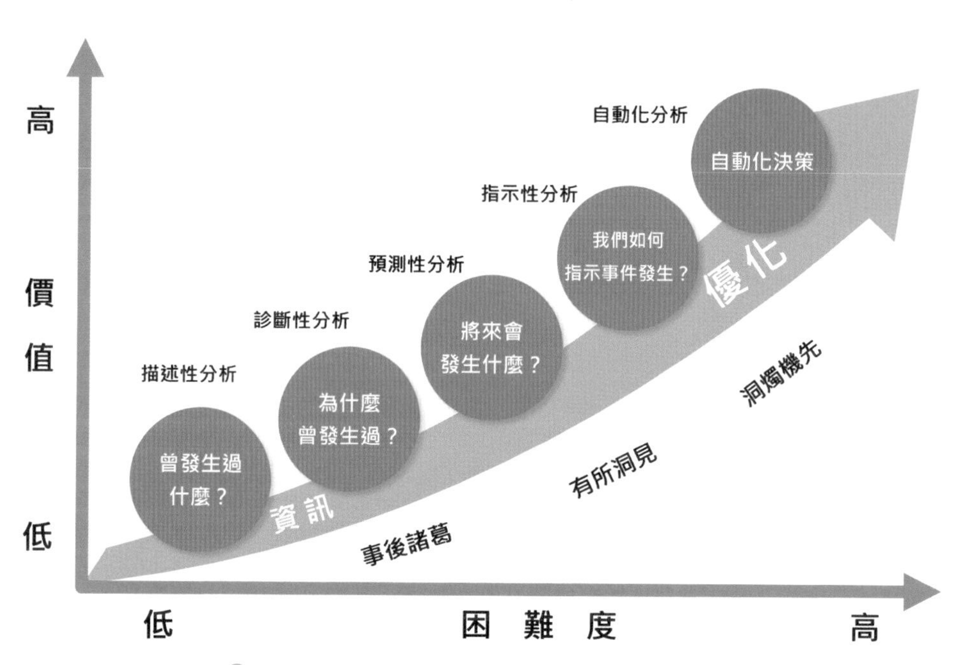

圖 4-3　Gartner 統計分析類型繪圖者：彭媛蘋

★ 資料來源：修改自 Gartner

1. 描述性分析（Descriptive Analytics）

描述性分析又稱「敘述性分析」，能解釋已經發生的事情。

3　「指示性分析」又稱「規範性分析」、「建議性分析」。

4　參考資料：https://deloitte.wsj.com/cmo/2017/01/05/5-types-of-analytics-of-things/

這種分析方式，在行銷研究與行銷資料科學裡非常普遍。舉凡對所蒐集到資料（例如，消費者市場調查問卷、公司資料庫裡的銷售資料、透過網路爬蟲所爬下來競爭情報等），進行敘述性統計的描述，都屬於描述性分析。

2. **診斷性分析（Diagnostic Analytics）**

描述性分析能找出「發生了什麼？（What happened）」，而「診斷性分析」能分析出「為何會發生？（Why did it happen）」。

許多行銷研究公司所製作的產業調查報告，就是屬於描述性分析與診斷性分析。調查報告中，除了詳細敘述該產業的重要項目，如：市場規模、廠商家數、價值鏈分佈、競爭狀況、產品種類…等（即描述性分析）。有些產業報告還會進一步診斷出該產業所面臨的機會或威脅，或是該產業會持續成長（或衰退）的可能原因，此即診斷性分析。

3. **預測性分析（Predictive Analytics）**

預測性分析除了能與診斷性分析一樣，知道事情為何會發生，還能夠知道這樣的趨勢是否會持續發展，並且透過預測模型的建立，了解接下來將會發生什麼事情。

許多行銷研究公司所接的企業專案，就是屬於診斷性分析與預測性分析。以某行銷研究公司承接的一個專案為例，目標就在透過「行銷漏斗」分析，協助企業官網找出各階段中，影響顧客轉換率的變數，並且根據這些變數，發展出預測模型，以提升轉換率。

4. **指示性分析（Prescriptive Analytics）**

指示性分析能在預測性分析的基礎上，指導企業該如何執行，以達到更好的成效。

舉例來說，零售商可以透過行銷資料科學的技術，並根據所發展的預測模型，讓在收銀櫃台結帳的消費者，收到最適合自己的商品折價券，以提升折價券行銷方案的有效性。

5. 自動化分析（Automating Analytics）

根據戴文波特教授所言，「自動化分析」是藉由物聯網產生的大量數據，配合人工智慧進行自動化的決策，此時人類決策的比例將大幅減少。

例如，無人駕駛的自駕車就是一個典型的案例。而無人駕駛背後的技術，會結合「資料產品（Data Product）的概念」，它是奠基於「資料」與「機器學習」所生成的產品或服務[5]），以達到自動化決策的目的。

從以上五種資料科學的分析方式，我們可以發現，行銷研究的主要範疇在「研究分析」（以描述性分析、診斷性分析、預測性分析為主），而行銷資料科學的範疇，除了「研究分析」外，還包括「資料產品」的發展（包括指示性分析，甚至是自動化分析）。

研究類型與資料科學分析類型的比較與說明

前面提到，研究的類型包括：探索性、描述性、相關性與解釋性研究四大類；資料科學分析則囊括：描述性分析、診斷性分析、預測性分析、指示性分析、自動化分析五種。

將研究的類型與資料科學分析的類型進行比較，可發現探索性、描述性、相關性與解釋性研究，可以直接對應到描述性分析、診斷性分析、與預測性分析，而這些分析都是以分析、闡明研究發現為主。

至於要做到指示性分析與自動化分析，除了要有研究分析的基礎，在落實上，甚至需要系統來協助，如圖 4-4 所示。

5 此為線上教育課程平台 Coursera 的資料科學資深總監艾蜜莉・G・桑茲（Emily G. Sands）的定義。

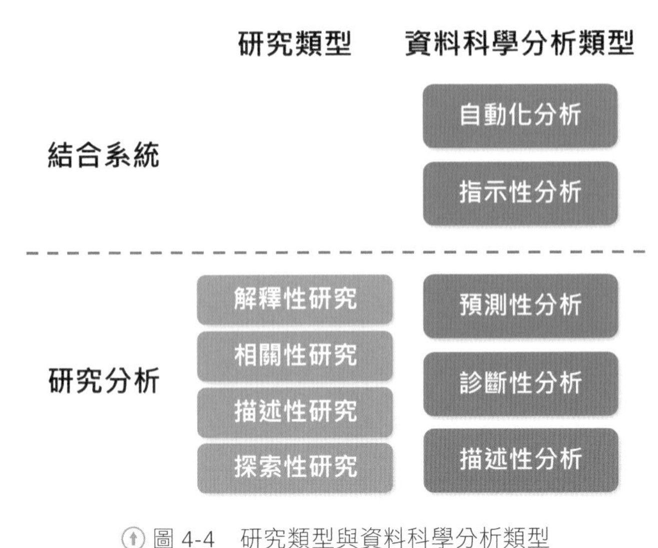

圖 4-4　研究類型與資料科學分析類型

舉例來說，某零售業想提供個人化的折價券服務（指示性分析），除了要發展出個人化的推薦預測模型，還必須開發出推薦系統，以落實個人化的優惠服務。

跳脫直方圖與圓餅圖的敘述性統計

行銷人以往在執行行銷研究時，常會使用敘述性統計來描繪資料大致的分佈情況。不過，實務上，許多真實資料可能非常龐大，不容易描述或一語道盡。背後的原因，可能來自於資料本身的複雜，或資料分析的不易，抑或是資料呈現的不足等。現在，資料科學的出現，有望彌補這份不足。

實務上，敘述性統計常利用次數、相對次數、累積次數、累積相對次數…等分配方式，繪製直方圖、圓餅圖、折線圖 .. 等圖表方法來進行資料的描繪，讓雜亂無章的原始資料化繁為簡，達到「簡明易懂」。

現在拜資料科學之賜，目前呈現資料的方式越來越多元，同時也越生動。舉例來說，假設台灣地區的某個產業中，有類似「聚落」型態的組織的形成，而這些企業又多以「交叉投資」的方式存在。研究者想要知道他們大概是如何分佈的，您可以想像，如果要用文字或圖表，要使用多少篇幅才能說明清楚？

王連成等人[6]即透過社會網絡分析（Social Network Analysis）工具，針對台灣地區大約 62 萬筆的公司登記資料，計算兩家公司之間的共同董事會成員，以及相互持股的比率，研究出台灣企業之間的「交叉持股」行為。

依據他們的研究發現，各種產業中，關係企業群體所占比例最高的是漁業（佔 19.2%）、最低的是食品業（佔 1.7%）。圖 4-5 顯示台灣漁業與食品業的資本關係網絡。在圖形中，獨立的點背後代表的是非關係企業的個體，相互連結的點則代表是關係企業的群體。從圖 4-5 中可發現，漁業存在著三個較大的集團，以及數個較小的集團。食品業則大部分皆為獨立的企業。

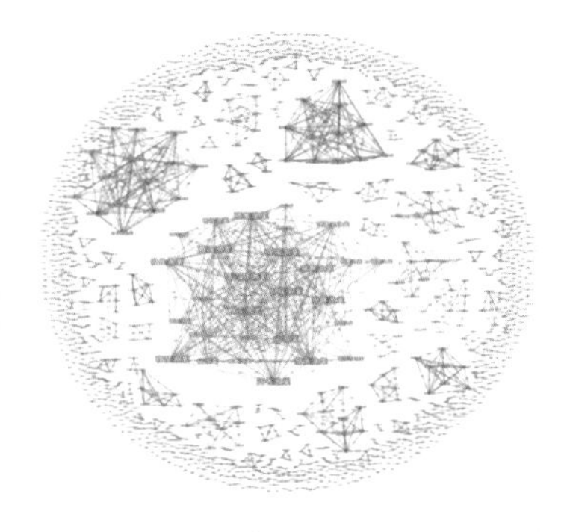

⬆ 圖 4-5　資本關係網路

★ 資料來源：王連成、張博城、劉吉軒、甯格致。應用社會網路分析於企業交叉持股探討。In Proceedings of Conference on Technologies and Applications of Artificial Intelligence（TAAI 2015）, Domestic Track, Tainan, Taiwan, November 20-22, 2015, pp. 160-165.

在圖 4-5 中，我們可以發現不同產業之間的資本關係網路，呈現很大的差異。接下來即可進一步探討背後的原因，並發展假設，再予以驗證。這樣的做法，也是結合行銷研究與資料科學的一個案例。

6　資料來源：王連成、張博城、劉吉軒、甯格致。應用社會網路分析於企業交叉持股探討。In Proceedings of Conference on Technologies and Applications of Artificial Intelligence (TAAI 2015), Domestic Track, Tainan, Taiwan, November 20-22, 2015, pp. 160-165.

SECTION
4-2 相關與因果

相關性——風吹草低見牛羊

南北朝「樂府詩集」中的《敕勒歌》中有一句「風吹草低見牛羊」的句子，剛好可以用來說明在做研究時，告訴我們很容易設定出「隨意而不當的假設（Hypothesis）」，並且掉進統計「相關性」的迷思裡。

話說，有一對夫妻，先生是氣象學家、太太是動物學者，二人到墾丁進行研究，先生對落山風的風速進行詳細的量測，妻子對墾丁草原上的牛羊數量進行詳細的計算。兩人的數據經過分析得到高度的相關，因此推論，「風速」與「牛羊」數量之間有正向的關係，換句話說，風速愈大時，草原上的牛羊數會愈多。

許多人在聽完這個案例後，大多只會莞爾一笑，說是哪個學者這麼不食人間煙火，但是真正在做研究或做決策時，大家卻很容易掉到這樣的陷阱裡。

「風速」與「牛羊數」，兩個變數之間看似「有關」，但事實上卻是，草原上的牛羊數是固定的，與風速「無關」，如圖 4-6 所示。

圖 4-6　「風速」與「牛羊數」看似「有關」但「無關」
繪圖者：鄭雅馨

另一種相關性的問題則正好相反，兩個變數之間看似「無關」，但事實上確是「有關」。例如：在前面的文章中提到過「雀巢即溶咖啡」的案例，當雀巢經過嚴謹的研究，推出「雀巢即溶咖啡」後卻賣不出去，我們往往直覺地認為，「業績」好壞，一定跟「產品」、「價格」、「促銷」或是「通路」有關，於是就想辦法改變包裝、降價、多打廣告或是透過其他通路去賣。結果卻是業績的好壞，與即溶咖啡的「使用者形象」有關（被認為是懶惰、不會規劃家計而且是浪費的家庭主婦）。看似「無關」的兩個變數之間，事實上卻是「有關」。只是未做研究之前，我們並不知道。

為了要打破「相關性」的迷思，行銷人必須透過嚴謹分析，避免將「無關」的事誤認成「有關」。同時，透過宏觀思考，避免將「有關」誤認為「無關」。

在管理學理論與實務中，「相關分析」（Correlation Analysis），是經常應用到的工具與概念，但實際應用時，則要避免犯了以上的錯誤。

世界夜間光點與 GDP 的關係——相關性研究

學過經濟學的同學應該都知道，由各國政府官方所公佈的 GDP，通常只能呈現國家經濟的部分面貌，因為這些數據無法完全揭露像是攤販、賭博、毒品，甚至是賣淫等地下、暗黑經濟活動。過去為了能夠更真實呈現一個國家的經濟狀況，許多研究者企圖利用不同的方式來衡量，像是一顆麥當勞「大麥克漢堡」在各國的不同售價，女生迷您裙長短與經濟指標的連動性等。後來，也有人想到利用衛星照片上，各國陸地上在夜間光點的變化，來推測國家的 GDP，畢竟夜間活動也和國民經濟能力有很大的關連性。

有趣的是，此舉也讓原本兩件看似風馬牛不相及的事，將不同資訊結合在一起後，產生出「哇！」令人為之一歎的交集。

研究人員之所以會這樣認定，是因為無論消費或投資活動都需要燈光。弗農・亨德森（J. Vernon Henderson）等三位學者[7]蒐集了美國空軍氣象衛星，於 1992-2003 年所拍攝的各國夜間光點照片，再將光點的數量及密度變化，與各國的 GDP 做比較，發現兩者之間確實有關。透過這種方式，三位學者估計，有不少國家所提出的官方數據，確實與該國實際經濟數據差距頗大。

最後，三人在論文中提到，這種利用光點推算 GDP 的方式，雖然未必適用於資料可靠度較高的國家，但對於連官方統計資料都沒有的國家或地區，這種方法著實提供很大的助益，如圖 4-7 所示。

圖 4-7　世界夜間光點與 GDP 的關係
繪圖者：鄭雅馨

其實，這個故事說到這裡，有兩件事情必須注意，一是如何培養自己具備洞察力，將兩件看似無關，但其實卻有關連的能力加以連結。反之，則是避免將無關的兩件事情，硬是牽扯在一起。

對於這兩個問題，背後有一個共通的答案，那就是隱藏在其背後的「邏輯」。只要我們能夠將兩件事情背後可能發生的原因，找出來並做合理交代，這樣就有機會證明彼此的相關性。

至於尋找邏輯的方式，可以來自於「直覺」或是「科學」。其中，有關直覺的部份，如果覺得課堂上所教過的決策方法太難，我們可以透過閱讀各類小說來練習。閱讀小說讓我們有機會瀏覽到，許多看似不可思議，但背後卻有著充分邏輯支持的劇情描述。藉由這樣的練習，我們就有機會在閱

7　J. Vernon Henderson & Adam Storeygard & David N. Weil, 2012. "Measuring Economic Growth from Outer Space," American Economic Review, American Economic Association, vol. 102(2), pages 994-1028, April

讀其他小說時，開始預測劇情。甚至在未來，自己還可以設計劇情，讓結果再怎麼峰迴路轉的劇情，背後都有了清楚的邏輯。

至於科學的部份，學習「研究方法」則是一個很好的切入方式。例如在行銷研究裡經常提到的「嬰兒尿布與啤酒」案例，這兩種看似無關的產品，透過統計學的應用，竟然發現兩者背後有著高度的關連性。主要的原因來自於，許多有嬰幼兒的家庭主婦，會請先生在下班後，順便去買尿布，然而先生到了超市，通常會順手帶著啤酒回家。因此賣場在擺設產品時，會刻意將尿布與啤酒擺在相鄰的地方，藉此拉高啤酒的銷售量。背後的簡單邏輯因此出現（雖然後來這個故事證明只是個傳說，但背後的技術卻是真實的）。

事實上，無論透過直覺或是科學，原本看似風馬牛不相及的兩件事情，經過仔細思考或是研究之後，也許真的就產生「風吹草低見牛羊」，發現「風速」與「牛羊數量」之間確實有了相關性。

搜尋「洗手」有助疫情掌控

一直以來，大家都說養成「勤洗手」的好習慣，有助於減少疾病的傳染，但這項說法是真的嗎？最近一項利用大數據的研究，證實了洗手確實發揮功效，至於「戴口罩」則可能因為干擾變數多，還有待繼續追蹤。

台灣國家衛生研究院的團隊林煜軒等人，2020 年 4 月在《大腦、行為和免疫（Brain, Behavior, and Immunity）》期刊上，發表一篇名為〈Google searches for the keywords of “wash hands” predict the speed of national spread of COVID-19 outbreak among 21 countries〉的文章。該篇文章中提到，利用 Google 搜尋「洗手」這個關鍵字，可以預測新冠肺炎（COVID-19）疫情在 21 個國家 / 地區的傳播速度。進一步來說，也就是一個國家的人民，在 Google 搜尋「洗手」的頻率增加了，竟然對之後疫情的控制，出現顯著的影響。

林煜軒是國家衛生研究院群體健康科學研究所的醫師，他和團隊針對 21 個國家進行分析，研究發現，從 2020 年 1 月 19 日至 2 月 18 日，Google 搜尋「洗手」的次數明顯增加（如圖 4-8 所示），並與 2 月 19 日至 3 月 10 日 COVID-19 的傳播速度降低有顯著相關。這項研究結果證實，強化民眾對洗手的認知，與防止 COVID-19 疾病的傳播，有顯著的正相關。

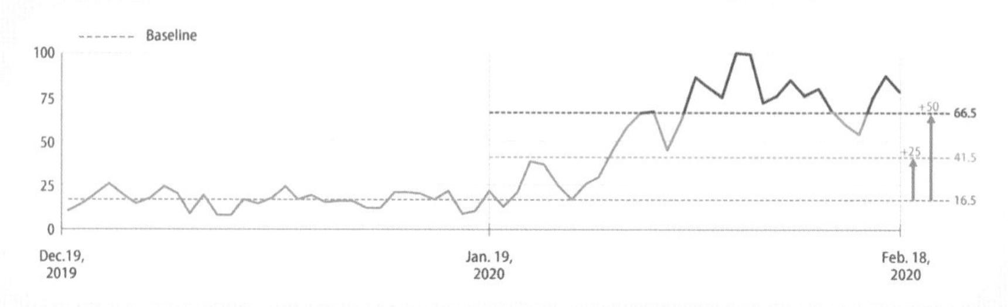

圖 4-8　Google 搜尋「洗手」的次數

* 資料來源：Lin,Yu-Hsuan, Chun-Hao Liu, Yu-Chuan Chiu, " Google searches for the keywords of "wash hands" predict the speed of national spread of COVID-19 outbreak among 21 countries," Brain, Behavior, and Immunity, Available online 10 April 2020. https://www.sciencedirect.com/science/article/pii/S0889159120304748#!

這項研究以 Google trend 的數字來代表搜尋熱度，數值 100 代表最高值，研究並定義某天的 Google trend 數值大於 25，表示有相當的搜尋熱度。資料顯示從 1 月 19 日至 2 月 18 日這一個月裡，台灣、香港、泰國的人民，在 Google 上搜尋「洗手」的 Google trend 數值大於 25 的天數，超過了 20 天，而這三個國家和地區的確診人數，明顯較低（如圖 4-9 所示）。

相反的，圖 4-9 左上角的伊朗、義大利、與南韓，搜尋「洗手」的 Google trend 數值大於 25 的天數較少，而之後的確診數也明顯較多。

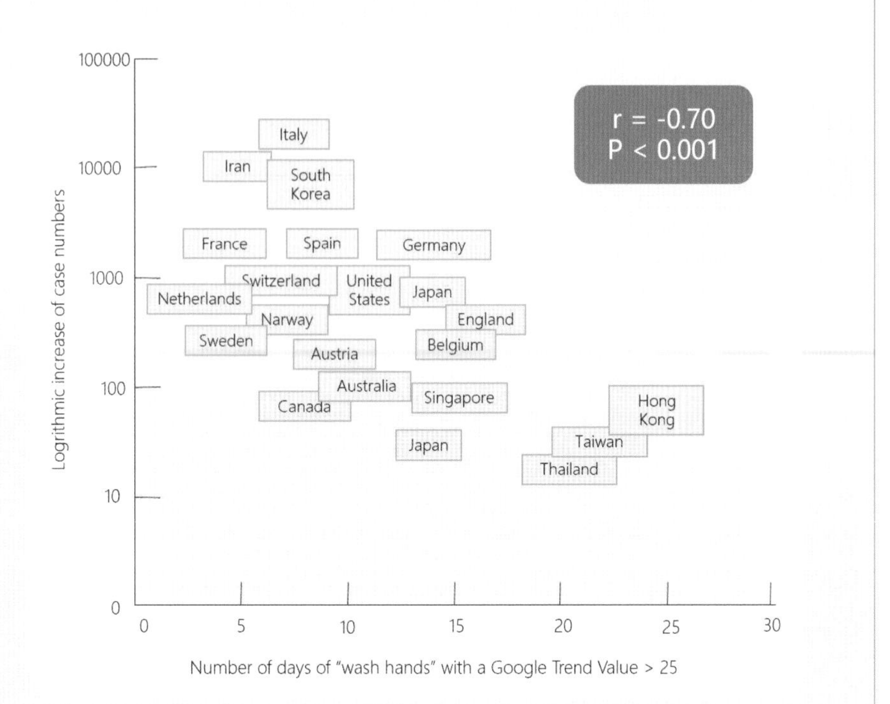

圖 4-9　各國 Google 搜尋「洗手」的數值與確診數

＊ 資料來源：Lin,Yu-Hsuan, Chun-Hao Liu, Yu-Chuan Chiu, " Google searches for the keywords of "wash hands" predict the speed of national spread of COVID-19 outbreak among 21 countries," Brain, Behavior, and Immunity, Available online 10 April 2020. https://www.sciencedirect.com/science/article/pii/S0889159120304748#!

值得一提的是，目前政府疫政單位強調正確洗手步驟口訣「內外夾攻大力丸」，確實有趣，並希望民眾使用肥皂至少要洗一分鐘，並落實「內外夾弓大立腕」的洗手方式，確實搓揉手掌、手背、指縫、指背與指節、大拇指及虎口、指尖、手腕，並以清水將手沖乾淨。而這樣的洗手方式，在新冠肺炎爆發之初，確實是很特別的衛生教育。林煜軒等人認為，當一個國家的民眾，主動搜尋「洗手」的頻率變高，也就代表一般人重視洗手的程度也越高，這對整個國家的防疫，有著極大的助益。

最後，該研究同步驗證搜尋「口罩」與疫情的相關性，結果發現並無顯著相關。林煜軒等人猜測，背後的干擾因素可能較為複雜（例如口罩銷售受到政府管制），有待後續的研究加以釐清。

因果關係

在學術上，因果關係指的是自變數（Independent Variable，IV）引起應變數（Dependent Variable，DV）的改變。而兩者之間的關係，通常也是研究人員最感興趣之處。此外，如果已知事情發生的順序，則自變數一定要先於應變數。舉例來說，「當水加熱到 100 度 C 時，就會沸騰」，就是很明確的因果關係。

通常在實務上，我們經常觀察到「相關」，卻很難觀察到「因果」。因為因果常必須是用要推論的，藉此形成假說，再進一步構成研究。不過，由於推論過程中可能會出錯，所以研究者要想辦法降低推論發生錯誤的機率。

A、B 之間因果關係要成立，一般會透過以下方式來證明，如圖 4-10 所示。

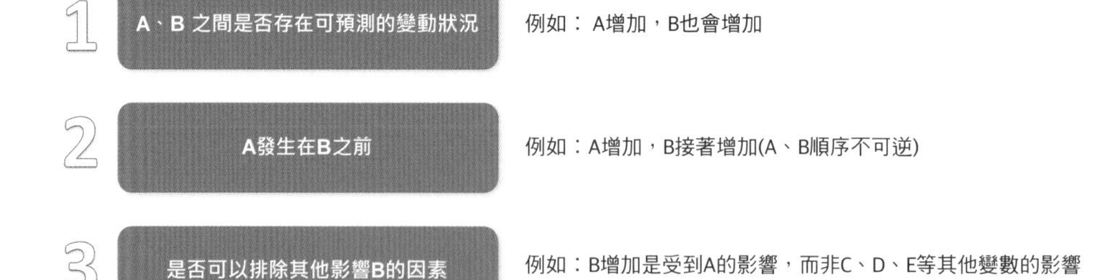

圖 4-10　因果關係
繪圖者：鄭雅馨

1. A、B 之間是否存在可預測的變動狀況（例如：A 增加，B 也會增加），反之亦然
2. A 發生在 B 之前（例如：A 先增加，B 接著增加）
3. 是否可以排除其他影響 B 的因素（例如：B 增加是受到 A 的影響，而非 C、D、E 等其他變數的影響）

在推論因果關係時，我們一般會透過實驗設計來進行（回想一下「雀巢即溶咖啡」的案例）。實驗設計必須要控制自變數以外的因素（例如：C、D、E），再透過隨機分派，我們就可以確認 A、B 之間是否存在因果關係。

不過，在現實的生活裡，情況並非這麼簡單，因為許多法則背後都有前提或限制條件，就像「當水加熱到 100 度 C 就會沸騰」這句話，到了生活中，應該改成，「在海平面上，當純水加熱到 100 度 C 就會沸騰」。意思是，一旦高度改變了，因為壓力會改變，接下來，純水可能不到（或超過）100 度 C 就（才）會沸騰。

在社會科學中，因為人類行為的複雜性（有時物理的變化反而單純），導致前提跟著變的複雜。因此，在推論因果關係時也變的更加困難。

再舉例一個例子，當市場需求超過供給，造成產能不足時，我們通常會趕快增加產能；一旦業績出了問題，我們直覺的反應通常是以多多促銷來因應。然而，這樣的推導結果太主觀也太武斷，因為大家太注重眼前顯而易見的因果關係，可能忽略了背後真正的因果關係（由系統觀點來看，子系統裡的因果，常常並非真正的因果）。例如：需求超過供給的真正原因，有沒有可能起因於下游廠商誤判消費者的需求。反之，業績不好的真正原因，並非推銷員不努力或方法不對，而是來自於消費者需求已經悄悄地改變。

了解因果關係的推論，有助於我們見樹又見林。

吸菸是否會導致肺癌？

加州大學洛杉磯分校電腦科學教授朱迪亞・珀爾（Judea Pearl）在其所著的《因果革命：人工智慧的大未來（The Book of Why: The New Science of Cause and Effect）[8]》一書當中，分享了一個「因果關係」的經典研究，那就是「吸菸是否會導致肺癌？」這個問題的答案現在當然是肯定的，但半個世紀前，其實是爭論不休。

贊成吸菸不會致癌的人認為，許多老菸槍吸了一堆毒氣，從未得到肺癌，反而是一些不吸菸的人年紀輕輕就罹患肺癌。背後的原因，可能來自於遺傳，也可能是生活中接觸到其他致癌物。而醫界即使想要透過「隨機對照試驗（Randomized Controlled Trial，RCT）」來從事吸菸研究並不可行，也不符合道德。畢竟我們無法隨機挑出一些人，讓他們抽了幾十年的菸，只為了確認他們是否會罹患肺癌。

肺癌和香菸消費量的關係如圖 4-11 所示，黃色曲線是美國人均香菸消費量，藍色曲線是肺癌及支氣管癌死亡率，從圖中可發現，兩條曲線有高度相似性，而肺癌及支氣管癌死亡率曲線，比人均香菸消費量曲線延遲了大約 30 年。然而，這種圖形所呈現的證據其實是間接的，並不能證明其間有因果關係。珀爾教授提醒，拿時間序列資料對映因果關係的界定，其實是一種很糟糕的證據。

珀爾教授提醒，20 世紀的前 50 年，汽車銷售數量快速成長、汽車廢氣排放量也大幅增加，再加上發展工業所造成的空氣污染…，這些原因，也可能造成肺癌的產生。

1948 年，英國科學家多爾（Sir Richard Doll）和希爾（Sir Austin Bradford Hill）曾對吸菸是否致癌的問題進行研究，他們知道隨機對照試驗並不適用，因此，他們將已確診為癌症的病人，與健康志願者分組進行比較研究，並請研究人員，在不知道病患背景的前提下，訪談病患，以了解其生活樣態。研究結果發現，649 名肺癌患者中，有 647 人都是吸菸者。

8 Judea Pearl 著，甘錫安翻譯，《因果革命：人工智慧的大未來（The Book of Why: The New Science of Cause and Effect）》，行路出版社出版。

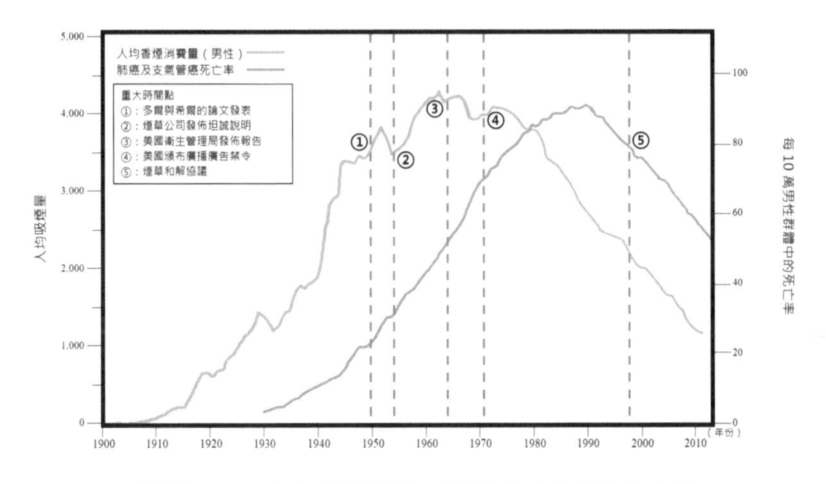

圖 4-11　人均香菸消費量與肺癌及支氣管癌死亡率
繪圖者：王舒憶

★ 資料來源：Maayan Harel 繪製，資料取自美國癌症協會、美國疾病管制中心、美國衛生總署辦公室。引用自 Judea Pearl 著，甘錫安翻譯，《因果革命：人工智慧的大未來（The Book of Why: The New Science of Cause and Effect）》，行路出版社出版。

多爾和希爾將病患與健康志願者進行比較研究的做法，稱為「病例對照研究」（Case-Control Study）。相對於時間序列資料，這種方法有助於研究人員控制其他變數。

不過，病例對照研究也有一些缺失。畢竟這種方法是請病患進行自行「回顧」，是在病人已知患有癌症的此前提下，回顧過去生活來找出原因。而這可能會產生「回憶偏誤」，因為被訪談者清楚知道自己是否有罹患癌症，而這件事往往影響他們的「回憶」。同時，研究資料呈現的是癌症患者為吸菸者的機率，而非吸菸者罹患癌症的機率。另外，癌症患者無法代表整體樣本，所以也會有「選擇偏誤」的問題。

後來，多爾和希爾於 1951 年進行另一項吸菸是否致癌的研究，他們對 59,600 名英國醫生進行問卷調查，並回收 40,564 份有效問卷（由於當時女性多不吸菸，所以選擇調查 34,439 名男性醫生）。之後，持續進行長期的追蹤。5 年後，多爾和希爾發表了第一份研究結果，提出不吸菸者的肺癌死亡率為 0.07，吸菸者為 0.9，重度吸菸者為 1.66。亦即，在這些接受追蹤調查的醫生當中，重度吸菸者罹患肺癌死亡的機率，是不吸菸者的 24 倍。

同一時期，美國癌症協會所發表的類似的研究報告中，吸菸者死於肺癌的機率是不吸菸者的 29 倍，重度吸菸者死於肺癌的機率是不吸菸者的 90 倍。此外，那些曾經吸菸但後來戒菸的人士，罹患癌症的風險減少了一半。

之後，多爾、希爾與比托三人（1971 年之後由多爾和比托（Richard Peto）接手）持續進行追蹤，每 10 年發表研究結果。2004 年，多爾在《英國醫學雜誌（British Medical Journal）》發表了最後一篇吸菸研究的文章，該文章距離首篇文章發表已有 50 年。在該篇文章中，當初參與調查的 40,000 多名醫生，死亡 25,000 多名，其中有 1,052 人死於肺癌。其中，這些肺癌病患中，非吸菸者罹患肺癌的機率是 0.17，吸菸後戒菸者是 0.68，吸菸者為 2.49，重度吸菸者 4.17。吸菸者罹患肺癌的機率是非吸菸者的 14~24 倍。

上述研究，仍未能將吸菸者與其他條件相同的不吸菸者進行比較，但事實上，這種比較是否可行確實值得懷疑。畢竟，吸菸者與不吸菸者在許多方面可能有所不同（例如生活習慣、是否飲酒等），而這些行為可能會對健康造成不良影響。

總之，要驗證「因果關係」，有時並沒有那麼簡單。

相關與因果

有句俗話說「真相只有一個」，然而在現實生活中，有些事情的真相其實不是很容易釐清，要確定一件事的因果關係，更是不簡單，因為現實環境與我們所處的世界太過複雜，同時往往都有干擾因素（Confounding Factors）存在，真相只有一個的說法，往往引發爭議。

在商業世界中也是一樣。一件商品之所以會受到喜愛，有時的確是因為它的品質佳、功能好，但很多東西卻常常莫名其妙的爆紅，原因只在它可能受到名人一時的加持。其中究竟只是相關，還是具有因果關係。往往必須深入探究，才會知道。

所謂「相關」，意指兩項變數之間，存在著某一種關係。統計學中使用「相關係數」來解釋變數之間關係的密切程度；至於「因果」則指兩項變數之間，存在著一種必然的相互依存關係。在這種情況下，「相關性研究（Relation Research）」主要在確認兩變數間或兩個以上的變數之間，是否有某種關係存在；至於「解釋性研究（Explanation Research）」則在於瞭解並嘗試說明這兩個變數的關係，是如何發生的。因此，解釋性研究通常涉因果關係的驗證。

在進行數據分析時，我們必須要注意以下的問題：

1. **偽相關（Spurious Correlation）**

在 tylervigen.com 的網站上[9]，介紹了一些有趣的偽相關個案。以下簡單引用並說明。

2000 年到 2009 年，全美擺放在街頭的電動玩具的總收入（Total revenue generated by arcades）與在美國獲得電腦科學博士學位的人數（Computer science doctorates awarded in the US），相關係數高達 0.9851，如圖 4-12 來看，兩條曲線幾近重合，但其實兩者一點關係都沒有。

1999 到 2009 年掉進游泳池淹死的人數（Number of people who drowned by falling into a pool），與尼可拉斯・凱吉演出電影的數目（Films Nicolas Cage appeared in），相關係數高達 0.66，如圖 4-13。表面上看來，只要他某一年電影演的多，當年慘遭溺斃的人數也就多，衰運連連，但其實兩者也是偽相關。

9 資料來源：http://tylervigen.com/spurious-correlations、The Link Between Chocolate and the Nobel Prize (Messerli, F. The New England Journal of Medicine, published online Oct. 10, 2012)

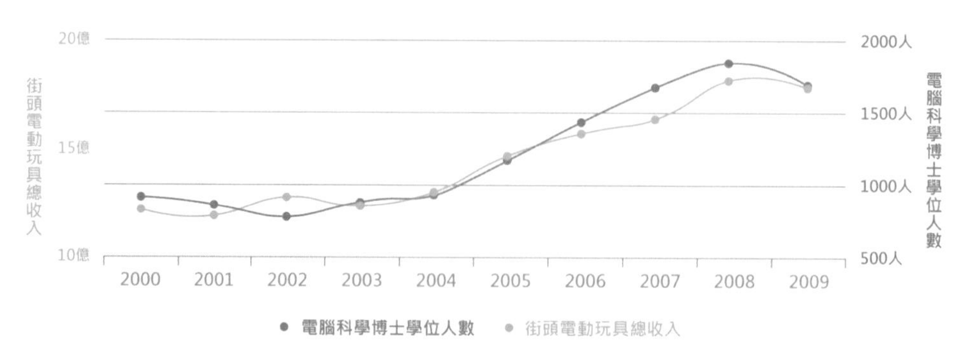

圖 4-12　全美街頭電動玩具的總收入，
與獲得電腦科學博士學位人數相關圖
繪圖者：傅嫵珊

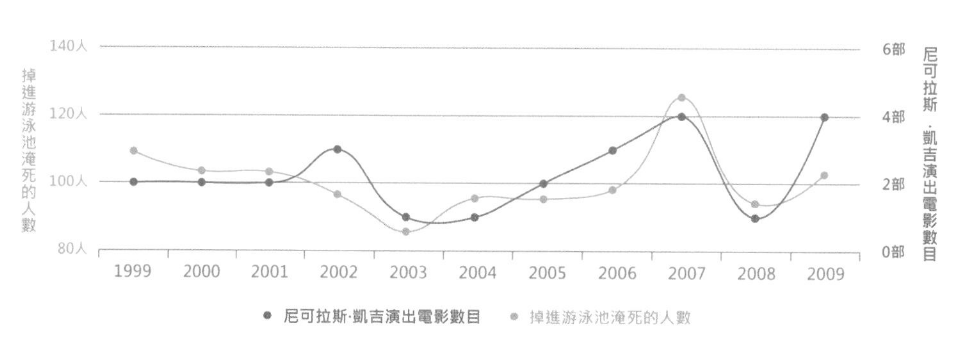

圖 4-13　游泳池溺斃人數與影星尼可拉斯・凱吉
演出電影數目相關圖
繪圖者：傅嫵珊

2. 相關不等於因果

兩項變數之間如果有因果關係，背後一定「相關」。但當兩項變數之間有顯著的相關時，未必表示兩者一定有因果關係。

「相關性」取代了「因果關係」？

《連線》（Wired）雜誌主編克里斯・安德森（Chris Anderson）曾經說過[10]，大數據分析為理解這個世界提供了一種全新的方式。相關性取代了因果關係，因為即使沒有關聯模型、統合理論、或唯物機械論，科學依然可以向前邁進（Correlation supersedes causation, and science can advance even without coherent models, unified theories, or really any mechanistic explanation at all.）。

不過，義大利科學家薩羅・蘇奇（Sauro Succi）博士和倫敦大學學院（UCL）名譽教授彼得・科維尼（Peter V. Coveney）[11]卻反駁，認為這根本是阿基米德支點的「資料驅動」版本，也就是「給我足夠的資料（給我一個支點），我可以移動全世界」。他們質疑，難道通過 AI 演算法在資料海洋中進行搜索，就可以使我們不用去學習世界是如何運轉，以及體驗從中所獲得的樂趣？

蘇奇與科維尼指出，大數據分析有四項主要的觀點：

1. 資料爆炸性成長。
2. 透過大數據分析建立模型，比傳統透過理論建立模型更快且更有啟發性。
3. 大數據分析適用於任何學科。
4. 大數據分析涉及商業與政治領域的即時回饋。

以上四點，對自然科學和社會科學確實具有破壞性的潛力。

然而，他們也發現大數據分析一樣有它的限制。他們強調，相關性並不意味著因果關係，縱使有非常高的相關係數（接近 1），它們可能是錯誤相關（False Correlations, FC），而非真實相關（True Correlations, TC），也就是有真正的因果關係。

舉例來說，如果有個學者發現，2000 年到 2009 年間，美國緬因州的離婚率（見圖 4-14，紅線部分），與該州州民的人造奶油平均消費量（下圖黑線部分），呈

10 資料來源：https://www.wired.com/2008/06/pb-theory/
11 資料來源：Succi S, Coveney PV. 2019 Big data: the end of the scientific method? Phil. Trans. R. Soc. A 377: 20180145. http://dx.doi.org/10.1098/rsta.2018.0145

正相關，且相關係數高達 99.26%。但如果因此推論：離婚後的男女特別愛吃人造奶油，肯定會鬧出大笑話。

圖 4-14　美國緬因州的離婚率與該州州民的人造奶油平均消費量
繪圖者：王舒憶

＊ 資料來源：http://tylervigen.com/spurious-correlations

毫無疑問地，上面的例子是錯誤相關（FC），但當真的要區分真實相關（TC）和錯誤相關（FC）時，有時還真的不容易。

奧克蘭大學計算機科學系克里斯蒂安・凱盧德（Cristian S. Calude）教授和巴黎高等師範學院跨學科研究中心朱塞佩・隆戈（Giuseppe Longo）教授，2017 年於 Foundations of Science 發表了一篇文章《大數據偽相關的洪流（The Deluge of Spurious Correlations in Big Data）》[12]。凱盧德與隆戈證明，當資料量越大時，真實相關（TC）/ 錯誤相關（FC）比，會急劇地下降，亦即當資料量越大，得到錯誤相關（FC）的機會也就越大。

所以，相關性是否真正能取代因果關係，這一點還有很大的討論空間。

12　資料來源：Calude, C.S., Longo, G. The Deluge of Spurious Correlations in Big Data. Found Sci 22, 595–612 (2017). https://doi.org/10.1007/s10699-016-9489-4

行銷研究程序與行銷資料科學程序

☑ 行銷研究設計程序

☑ 行銷資料科學程序

SECTION
5-1 行銷研究設計程序

行銷研究程序

行銷人最重要的工作在於回應目標消費者的需求，並從中尋找可能的獲利機會，但因市場的變數太多太複雜，因此需要不斷透過「行銷研究（Marketing Research）」以了解消費者的偏好，掌控可能會影響銷售與獲利的各種資訊，進而制定出最佳的行銷計畫，因此有學者指出「行銷研究」是行銷策略的基石。

在行銷研究發展已逾百年的歷史過程中，行銷研究理論與工具，都已經獲得大幅的進步，從事行銷研究並不是一件太難的事。對有意執行行銷研究的人來說，也有既定步驟可以遵循。

行銷研究常見的五大步驟如下：一、界定研究問題與研究目標；二、發展研究計畫；三、搜集與分析資料；四、研究結果的呈現；五、管理之意涵與決策，如下圖 5-1 所示。

圖 5-1　行銷研究程序
繪圖者：周晏汝

值得注意的是，凡事「豫則立，不豫則廢」，無論是初入行者或資深行銷人，只要遵循這些程序並確實執行，就會得到比較可靠的研究結果。以下，我們將以實際案例，來說明行銷研究程序。

一、界定研究問題與研究目標

首先，是「界定研究問題與研究目標」。企業在定義行銷研究的問題與目標時，請把握一個原則，那就是「小題大作」。您可能會很訝異，因為按照傳統的說法，「小題大作」無非是把小事當成大事來處理或故意誇張渲染的手法。但是，這裡的小題大作並非「無理取鬧」，而是指研究題目與範疇的大小，往往會決定研究的複雜度。

一般來說，當研究的範疇越大，背後涉及的變數越多，而要在確保高品質研究成果的前提下，研究設計相對會越複雜。而此處的「小題」是指從小題目下手，「大作」則是把它做的深入。舉例來說，我們到木柵動物園非洲動物區時，常會看到大象，如果您把研究題目定為想研究一隻大象，這個題目就嫌太大了些。

反之，如果在動物園裡看到大象拍動牠的耳朵來驅趕蒼蠅，現在，把題目改成研究大象的耳朵呢？這個題目還是稍嫌大了些。必須再向下縮小，一旦題目縮小到研究「大象耳朵上的毛髮與蒼蠅腳之間的關係」，此時，這個研究題目的範疇可能就比較恰當。

您可能會覺得很奇怪，研究象耳上的毛髮與蒼蠅腳之間的關係，究竟有何意義，這些研究人員是不是瘋了，他們怎麼會「目光如豆」。那如果告訴您，動物研究員的研究目的是，一旦能夠瞭解象耳上的毛髮方向、濃密度或者長度，是否能讓蒼蠅的腳不易附著在皮膚上，這樣就有機會協助大象更有效率地驅趕蒼蠅，進而降低大象生病的機率。那您還會不會認為這個研究沒有意義？

再舉一個真實案例。瑞士的一位工程師喬治・梅斯倬（George de Mestral, 1907 ~ 1990），在穿越帶有芒刺的小樹叢後，發現褲子沾上了許多芒刺。在拔掉芒刺的過程中，他突發奇想，用顯微鏡觀察這些芒刺，結果發現芒刺上有數以千計的微小鉤子。後來，梅斯倬也根據這樣的發現，最終發明了非常實用的「魔鬼氈」。

現在，對應到行銷研究，當我們想研究一個企業（正如動物園那隻大象），這個題目太大了；縮小到想研究企業的品牌（好像大象的耳朵），這個題目還是太大；但是當我們想研究企業「品牌知名度」，對顧客「購買意願」的影響，這個題目範疇是不是就恰當許多。

以下便以某公司的「知名度調查」研究進行說明（這個研究取材自台科大企管系林孟彥教授所執行過專案）。

A 公司是一家知名的品牌電腦公司，主要產品有印表機、NB、桌上型電腦…等。該公司想瞭解大學生與研究生對台灣印表機市場的看法，並了解這些年輕族群對於該品牌印表機的「認知」。希望透過此調查結果，有助於公司的策略行銷規劃。

此處，您可以看到這個行銷研究已從「知名品牌電腦公司」，向下縮小到其系列產中的「印表機」，研究對象也減縮到大學生和研究生，同時也暫時先不研究他們的購買意願，而是研究「認知程度」。一再聚焦的結果，就可以讓這家電腦公司知道，可以針對這個族群，訂定何種行銷策略。這種從「大處著眼、小處著手」正是行銷研究主題設定的重要目標。

二、發展研究計畫

在界定完成行銷研究的問題與目標之後，研究程序的第二階段是「發展研究計畫」。一般的研究計畫內容包括研究背景、研究問題及目的、文獻探討與研究架構、研究方法與限制、預期成果、研究經費與時程、參考文獻等。再強調一次，將這些內容寫下來的「文字化」工作非常重要，因為它攸關行銷研究的成敗。

擬出研究計畫之後，一個好研究員便會開始設想要使用何種研究方法以達成研究目的，因此「研究方法」是發展研究計畫的重點。常見的研究方法包括觀察法、調查法、焦點群體訪談、實驗法…等。

這裡有一個很重要的概念是，研究方法並不一定要全部學會，才能開始進行研究，大學的碩博士生和企業行銷人，都要有「邊學邊做」的心態，因為研究方法不斷在更新，只要研究方法正確、並儘可能將大小錯誤設法排除，結果就不會太離譜，否則要您把統計學、實驗法和最新的資料探勘都要學到「專精」，才能開始做研究，那何時才能有一個完整的成果出現。

回到 A 公司個案，到底 A 公司該如何進行一項行銷研究案？

一般接受過行銷研究訓練的行銷人，會認知到這是一個透過「調查法」所進行的研究。而調查工具，通常會採用「問卷調查」來執行。在發展問卷內容時，會根據企業的需求，列出問卷大綱，例如：知名度、競爭者狀況、校園活動、填卷者資料…等。接著，就可以根據大綱發展出問卷的初稿，如圖 5-2 所示。

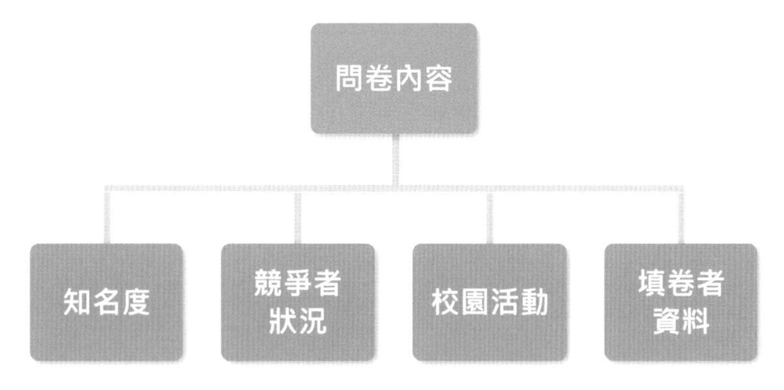

圖 5-2 知名度調查綱要
繪圖者：彭煖蘋

不過，在實際執行研究案的過程中，研究者馬上會遭遇到一個問題，那就是單單是對「知名度」這個名詞，每個人的定義或認知可能有所不同。

例如，透過對學校大學生、研究生與 EMBA 學生對印表機的調查，發現大家對「知名度」的認知差異就頗大。有些大學生認為，知名度是「消費者想到某產品時，第一個想到的公司或品牌」，有些研究生認為知名度是「不需提示，便能讓一般人答對公司的 Logo」；而 EMBA 學生因為已就業多年，對資訊產品見多識廣，因此有人認為，知名度就是「選購產品時的第一順位」…。在詢問了上百位的不同學生後，才發現有時連「知名度」都不容易定義。顯然如果問卷題目的發展，只透過研究者自身的認知，勢必產生很大的問題。

那麼究竟該如何定義「知名度」呢？答案是，透過文獻探討，蒐集與知名度相關的期刊論文，看看過去學者是如何定義知名度以及如何衡量知名度。以下便是「知名度」的參考架構，如圖 5-3 所示。在這張圖中，知名度就包含「知曉」和「形象」兩個概念，而研究者則必須依此，做出單純符合自己研究使用的「操作型定義」，看看要偏重在哪一個概念。然後，如果在文獻中已有前人使用過的現成量表，就可以考慮直接引用；如果找不到可以使用的相關量表，就需進一步透過嚴謹的方式，發展出新的量表。

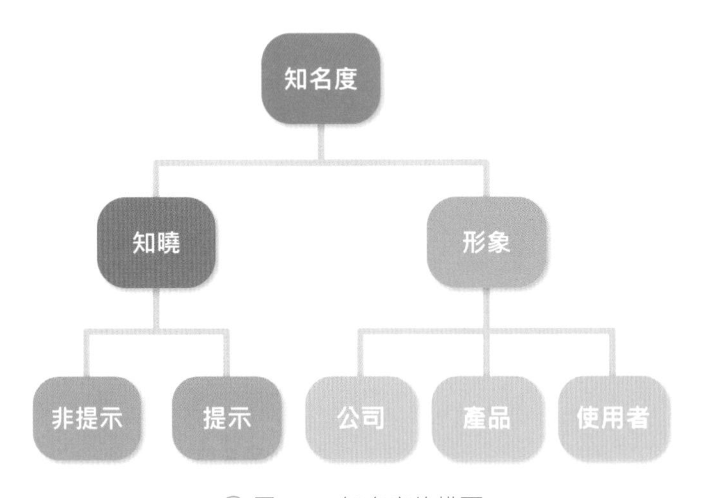

圖 5-3　知名度的構面
繪圖者：彭煖蘋

三、蒐集與分析資料

行銷研究程序中的第三步，開始邁入蒐集與分析資料的階段。也就是研究者與樣本來源進入第一次接觸，以及解讀資料結果的階段。在此階段，行銷人必須要先確認資料的來源、蒐集資料的工具以及分析的方法。

首先，在資料來源部分，有些樣本的取得非常容易，有些卻是頗有難度。無論您是行銷相關科系學生或者是企業的行銷人，在做任何一項研究之前，自己就要先對樣本的取得，有些基本概念和把握。例如，以 A 電腦公司的印表機「知名度」調查研究為例，母體是全台灣的大學生與研究生（碩博士和 EMBA）。第一步先確認研究的母體有多少人，然後要抽取（或者訪談）多少人，然後在哪裡可以接觸到他們。

舉例來說，如果您只是要訪談大學生和碩博士生，就可以在校門口試著「攔截」並訪談他們，或者在台灣學生常用的 PTT，或特定的論壇中發佈公告徵求合格的自願者，然後「誘之以利」，請他們填答某些問卷，發放一些獎勵品；而如果目標是 EMBA 的在職專班學生，則可能得透過人際關係，先接觸到這些 EMBA 聯誼會的成員或幹部，然後「動之以情」以賣交情的方式，請他們來填答。

至於蒐集資料的工具，如果用的是調查問卷，以 A 公司的印表機產品為例，必須透過問卷方式收集資料，並透過抽樣，最後收集到由北到南共 13 所大學、34 系所，585 份的有效問卷。但如果您做的研究是針對企業高階主管對「供應鏈」認知或意見，可千萬別傻傻地將問卷一下子就寄到各公司的總經理辦公室，因為這些問卷可能還沒有送到總經理手上，就會被他們的祕書給攔截下來，然後一股腦兒丟到垃圾桶去。因為這些高階主管的時間往往非常寶貴，不太可能幫您填寫這些東西。比較妥當的作法是，先透過各種人際管道確認他們有填答的可能之後，再將問卷郵寄給他們，否則會做很多白工，平白浪費許多郵資而已。

至於在問卷的設計上，由於「知名度」是一種很類似「向量」的概念，還記得國高中老師對「向量」的定義嗎？向量包含「大小」與「方向」兩個構面；而「知名度」可由「知曉」與「形象」兩個構面來量測。以下是問卷設計的範例，如圖 5-4 所示。

非提示知曉

－ Q1. 若不論產業別，也不論國內或國外企業，當有人提到「形象良好的公司」時，在下列公司中，您會選那三家？

□1 SONY新力　□2 IBM　□3 統一　□4 花旗銀行
□5 宏碁　□6 飛利浦　□7 A公司　□8 麥當勞
□9 台積電　□10 台塑　□11 其他________

公司形象

－ 當有人提到A公司時，您會不會想到下列各項特質？

Q13. 高科技公司　□1 會　□2 不會
Q14. 產品品質優良　□1 會　□2 不會
Q15. 售後服務佳　□1 會　□2 不會

圖 5-4　問卷設計範例

至於分析的方法，在將從外界的消費者填答的問卷答案，一一輸入電腦後，可以利用統計軟體進行分析。一般來說，主要的統計方法為次數分配與交叉分析，之後與行銷部門確認各報表的意涵，並呈現與研究主題最相關的報表。

現在，這些步驟和方法，都有專書可以參考，有意進行行銷研究的人可以到各個圖書館或線上書城去查詢，相信可以少走很多冤枉路。

四、研究結果的呈現

行銷研究的第四階段，是「研究結果之呈現」。在學術圈中，常以寫成海報或論文型式，接受學術社群裡同儕的檢驗，然後在研討會或期刊中發表；在企業裡，研究結果通常會以「現場簡報」結合「書面報告」來呈現，然後接受各個部門主管和老板的挑戰。

當然，在此之前，書面作業的「研究結果之呈現」，就是研究者要設法將研究成果以文字、數字和圖表方式展現出來。以學術期刊來說，受限於版面，常常得濃縮再濃縮，但切記「一圖抵千言」的明訓，如果能用圖表就不要用文字；現在大數據工具對成果「視覺化」的協助，非常多元且豐富，行銷人可以多加利用。

此外，幾乎每個商學領域畢業的大學生，從小專題開始，就會接受到口頭報告的訓練，而這類口頭發表其實也是研究成果展現的方式之一，目的在於訓練研究者如何將成果以語言表達，並在有限的時間內呈現出來，因此如果您在商學院看到很多同學穿得西裝筆挺，戰戰兢兢地唸唸有詞，可能就是當天有研討會或口頭報告要進行。

至於研究報告的對象，會依行銷研究問題、目的，以及所涉及之決策的利害關係人為主。在學術圈，許多大學都會定期和不定期舉辦研討會，除了邀請各相關領域的研究生和教授來參與發表論文之外，也會邀與談人來講評。至於在企業端，往往是企業負責人帶同各部門高階主管共同參與，因此每一個行銷研究者往往都全力投入，因為它可能影響公司未來短中長期的經營策略。

再回到 A 電腦公司印表機「知名度」調查的成果來看，目前已決定在該年度十一月進行簡報，參與者為全台灣協理級以上幹部共十二位。報告時間原訂一個半小時，後來延長至約三小時。而總經理在評論時提到，這項報告的時間點很好，有利於新一年度營運計畫書的調整與優化。

舉其中一例來說，圖 5-5 為大學生與研究生得知 A 公司訊息的來源，以及對各種行銷活動是否有好印象的程度。從圖中可發現，目前大學生與研究生對 A 公司在校園活動與演講的認知度不高，但是對企業舉辦校園活動與演講的印象，是所有行銷活動中最高的。因此，A 公司在新的年度，可以考慮持續加強對校園活動與演講的投入。

值得注意的是，行銷研究無論是在學術和實務兩端，目的都在於發掘「缺口」，也就是企業未能發現或照顧到消費者的可能需求，因此在研究結果的呈現上，都需力求將這些不足之處呈現出來。

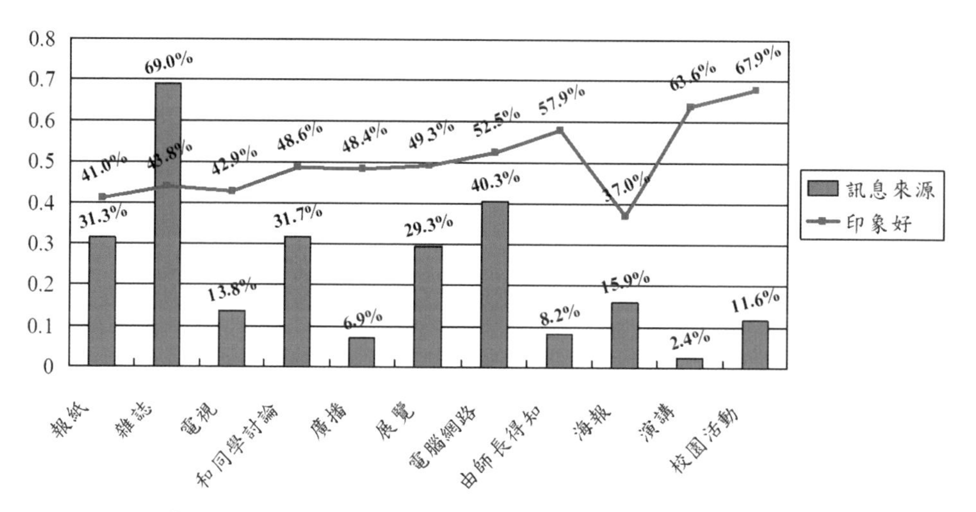

圖 5-5 大學生與研究生得知 A 公司及其行銷活動來源一覽

五、管理的意涵與決策

行銷研究程序的最後一個階段是「管理之意涵與決策」。一旦行銷研究報告呈現之後，行銷人員要進一步提出「管理意涵」，亦即這份報告，如果對映到企業實際的經營管理上，究竟能產生什麼樣的價值？它能夠協助企業做好什麼樣的決策？

我們再以 A 公司的「知名度」調查研究為例。在調查過程中，A 公司無意中發現，在校園舉辦演講對企業知名度的提升，有大幅且具體的幫助，於是認養了某大學管理學院的一門課。而這門課程透過業界師資演講的方式，將公司的經營管理作法與經驗，分享給大學生與研究生，由於實務和理論兼具，最終並且獲得師生的一致好評。

現在，A 公司的行銷研究案，即將到此結束，但我們應該反思，這樣的調查真的有用嗎？畢竟，最終的結果，還是得反映在「營業額」或是「市場佔有率」等行銷指標上。

雖然第一年的問題 A 公司沒有答案，但後來，該公司又進行了第二年的知名度調查，如圖 5-6。在相同的研究程序之下，A 公司在整體電腦產業的「形象良好公司」排序上，由第四名向前進步到第三名。

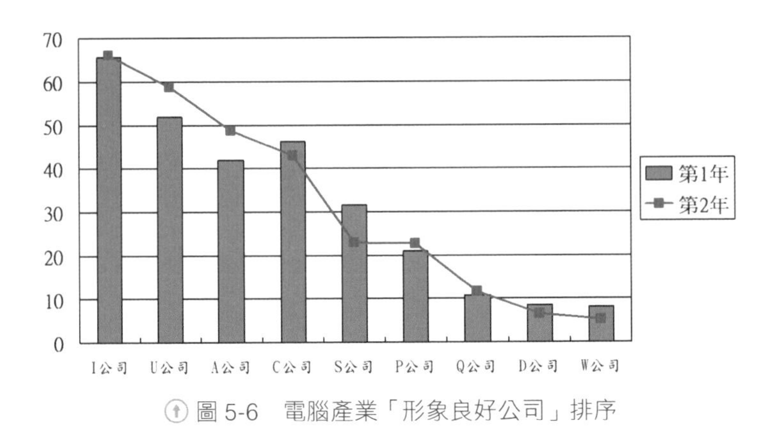

圖 5-6　電腦產業「形象良好公司」排序

更重要的是，A 公司在印表機業「形象良好公司」的排序上，不僅維持第一名，而且分數增幅最大，如圖 5-7。如此一來，A 公司也發現，朝著學生族群發展印表機行銷策略，應該是一條正確的途徑。

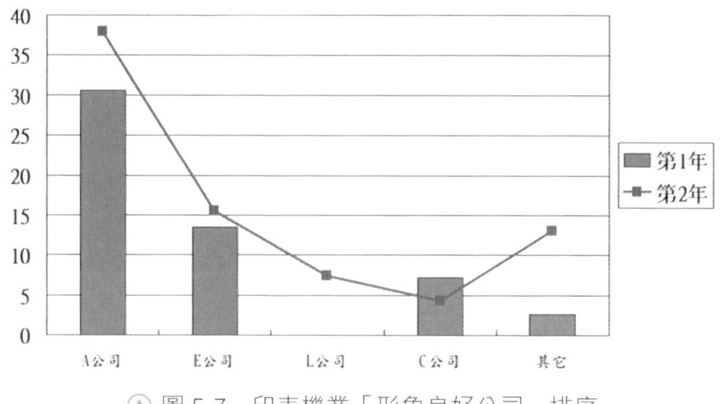

圖 5-7 印表機業「形象良好公司」排序

此外，在競爭者分析方面，如圖 5-8，A 公司的競爭對手在過去兩年，似乎差異不大，但研究卻也發現，新興的 O 公司開始在市場上竄起，他們一定有某些產品獲得青睞，而 A 公司可能過去忽略或沒有餘力做到，這是消費者需求上的「警訊」。

因此，在「管理意涵」上，研究者就必須載明，從決策上，A 公司應該立即針對這樣的發展態勢做出回應，例如也發展類似產品進攻市場，以避免 O 公司這個競爭對手的勢力日益「坐大」。

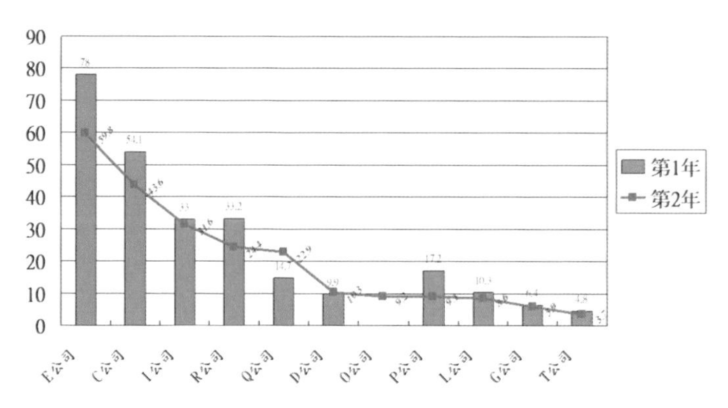

圖 5-8 產業中競爭對手公司業績排序表

從以上 A 公司知名度的研究，我們看到行銷研究的成果，以及對企業經營策略的影響。同時也見證了從「資料→資訊→知識→決策」的轉換過程。

行銷研究能協助行銷人與主管，跳脫凡是只憑「經驗」與「直覺」的框架，同時從社會科學與數據分析的角度來提升決策的品質。

更重要的是，如果行銷研究最終能導致經營策略成功，行銷人不僅能讓公司獲利，還可以為自己的部門爭取到更多的研究經費，而所謂的「經營績效」正是如此而來。

SECTION
5-2 行銷資料科學程序

KDD、SEMMA、CRISP-DM 的比較

行銷研究進入大數據時代，對擁有龐大資料庫的企業來說，也帶來了全新的行銷挑戰。因為企業可以利用先進的探勘技術，從現有的資料庫中，發展出有效的行銷方案。目前在對資料庫進行資料探勘時，學界和企業分別提出了不同的方法，比較常見的包括：KDD、SEMMA、CRISP-DM、5A、AOSP-SM…等。

以下我們簡單就應用最廣泛的 KDD、SEMMA、CRISP-DM 三項進行說明，如圖 5-9 所示。

資料庫知識探索 KDD	資料探勘方法論 SEMMA	跨行業資料探勘過程標準 CRISP-DM
Pre KDD	------------	商業理解 Business understanding
篩選 Selection	抽樣 Sample	資料理解 Data Understanding
前置處理 Pre processing	探索 Explore	
轉換 Transformation	修改 Modify	資料準備 Data preparation
資料探勘 Data mining	建模 Model	建模 Modeling
解釋 / 評估 Interpretation / Evaluation	評估 Assessment	評估 Evaluation
Post KDD	------------	發布 Deployment

圖 5-9 KDD、SEMMA 與 CRISP-DM 之比較
繪圖者：彭煖蘋

★ 資料來源：Ana Azevedo and Manuel Filipe Santos, (2008), "KDD, SEMMA and CRISP-DM: A parallel overview," IADIS European Conference Data Mining.

一、KDD

KDD 是資料庫知識探索（Knowledge Discovery in Database）的簡稱，這個過程可以想像成，從一堆雜亂無章的資料中，經過篩選、整理與分析，進而從這些資料中，探索出有用的執行方案與知識。這就好像從資料寶山中，挖掘到寶藏的一系列過程。

隨著大數據分析的出現，KDD 的概念，已經廣泛應用到科學、行銷、投資、製造，甚至是犯罪偵防和調查等的領域。透過 KDD 的探索，我們可以從大量的原始數據中，找到有用的資訊。它的主要步驟包括：篩選（Selection）、前置處理（Pre processing）、轉換（Transformation）、資料探勘（Data Mining）與解釋 / 評估（Interpretation / Evaluation）等。詳細的內容將於下一篇文章中進行說明。

二、SEMMA

在資料庫知識探索（KDD）工具中，SEMMA 算是後起之秀，它是由著名的統計軟體公司 SAS 所開發出來。SEMMA 是由抽樣（Sample）、探索（Explore）、修改（Modify）、建模（Model）和評估（Assessment）的五個英文字的縮寫而成。SEMMA 偏重在資料探勘的建模過程。

基本上，SEMMA 的概念就是從欲建模的資料集中抽樣（Sample），到初探變數之間的可能關係（Explore），再到選擇變數、修改變數等（Modify），接著開始建立模型（Model），最後評量模型的有效性（Assessment）。

三、CRISP-DM

CRISP-DM 是跨行業資料探勘過程標準（Cross-industry Standard Process for Data Mining）的簡稱。最早是由歐盟機構 SIG（CRISP-DM Special Interest Group）組織所開發。CRISP-DM 包括以下階段：

1. 商業理解（Business Understanding）：根據商業需求，釐清問題、目標、與計劃。

2. 資料理解（Data Understanding）：對資料進行蒐集、識別與熟悉。

3. 資料準備（Data Preparation）：對資料進行清理。

4. 建模（Modeling）：建立模型。

5. 評估（Evaluation）：檢查模型，確保所建立的模型達成預設目標。

6. 發布（Deployment）：從資料中發掘知識，創造價值。

值得注意的是，這六階段的順序並非一成不變，使用者必須經常前後做不同的調整。端視不同階段或是特定階段的產出（Output），是否為下個階段必要的輸入（Input）。

比較特別的是，CRISP-DM 強調，資料探勘不只是資料分析和統計建模，更不只是資料整理或是資料呈現。它擁有跨行業的特性，是一個從理解業務需求、尋求解決方案，到接受實務檢驗的完整過程。

資料庫知識探索

「資料庫知識探索（Knowledge Discovery in Database, 簡稱 KDD）」顧名思義，是從資料庫中，探索出有用知識的程序。隨著大數據的出現，KDD 的概念廣泛應用於科學、行銷、投資、製造，甚至是詐欺犯罪調查等不同的領域。透過 KDD 的探索，我們可以從大量的原始數據中，找到有用的資訊。

根據學者法雅德（Fayyad）等人的觀點[1]，KDD 與資料採礦或稱探勘（Data Mining）有所不同。KDD 是指整個從數據中發現有用知識的程序。而資料探勘只是 KDD 程序中的一個特定步驟，如圖 5-10 所示。

1 Fayyad, Usama, Gregory Piatetsky-Shapiro, and Padhraic Smyth (1996), " From Data Mining to Knowledge Discovery in Databases, " AI Magazine, Volume 17, Number 3. pp. 37-54.

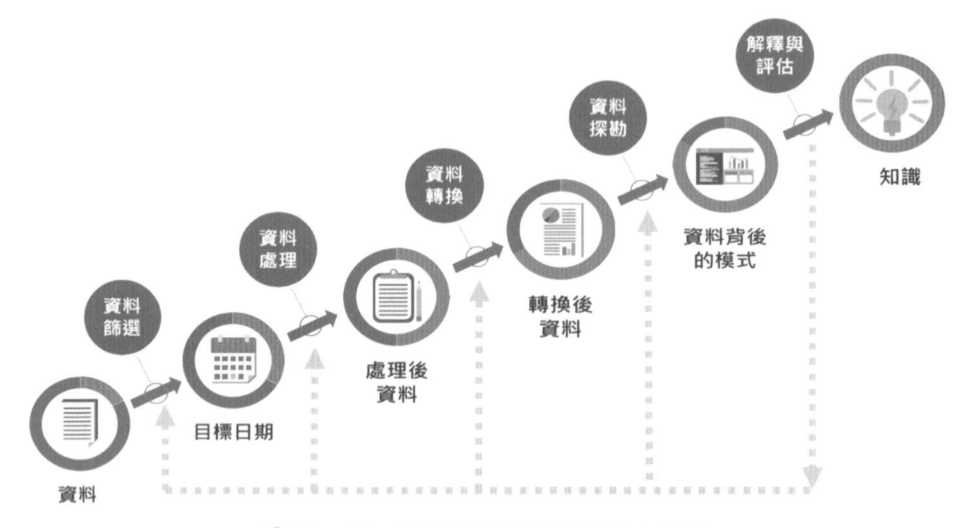

圖 5-10　資料庫知識探索（KDD）程序
繪圖者：廖庭儀、趙雪君

＊ 資料來源：Fayyad, Usama, Gregory Piatetsky-Shapiro, and Padhraic Smyth (1996), " From Data Mining to Knowledge Discovery in Databases, " AI Magazine, Volume 17, Number 3. pp. 37-54.

法雅德（Fayyad）等人以另兩名學者布拉赫曼（Brachman）和阿南德（Anand）（1996）[2] 的概念為基礎，發展出 KDD 程序的基本步驟：

步驟 1：訂定目標（Identifying the goal）

從消費者觀點（The Customer's Viewpoint），確認此次資料探索的目標。蒐集資料的範圍涵括各種相關的實務應用領域（Application Domain），以及所該具備的技術知識。

步驟 2：建立目標資料集（Creating a target data set）

選擇一個我們有興趣或想更深入探索的資料集來執行運算分析。

2　Brachman, Ronald J. and Tej Anand（1996）, "The process of knowledge discovery in databases," Advances in knowledge discovery and data mining, American Association for Artificial Intelligence Menlo Park, CA, USA ©1996, pp. 37-57.

步驟 3：資料清理與前置處理（Data cleaning and preprocessing）

對所選定的資料集做資料清理（Data Cleaning）與前置處理（Data Preprocessing）。刪除資料中的雜訊（Noise），例如離群值（Outliers）、重複記錄、不正確的屬性值等，同時對資料不足的欄位進行填補（填補方法通常會以平均值，或是高度類似的範例值加以替代）。當資料越完整，對下一步的分析越有利。

步驟 4：資料轉換（Data transformation）

資料轉換主要在進行資料減縮與投射（Data Reduction and Projection），操作上，使用降維（Dimensionality Reduction）技術，來減少所考慮變數的有效數目。

（以下步驟 5-7，皆為資料採礦（data mining）的程序。）

步驟 5：選擇資料探勘方法（Choosing the data mining method）

例如：分類（Classification）、分群（Clustering）、關聯（Association）等分析方法。

步驟 6：選擇資料探勘演算法（Choosing the data mining algorithms）

選擇一個或多個適當的資料探勘的演算法（例如：Decision Tree、Naïve Bayes、Logistic Regression、Random Forest、SVM、Neural Network、K-means、Apriori…等）。這些過程必須決定哪些模型與參數是否適當，以及再次確定所選的資料探勘方法與 KDD 過程的衡量指標是否一致（例如：相較於模型的預測能力，使用者可能對模型的建立更感興趣）。

步驟 7：資料探勘（Data mining）

選定資料模式（Patterns）呈現的形式，如：決策樹圖、迴歸分析圖、聚類分析圖…等。讓最終使用者了解前述各步驟所獲得的資料探勘結果。

步驟 8：解釋探勘模式（Interpreting mined patterns）

對最終選定的資料探勘模式加以解釋。過程中，可能需要返回步驟一至七中的任何一個步驟並且重複執行。

步驟 9：鞏固發現的知識（Acting on the discovered knowledge）

運用 KDD 最終發現的知識結果並採取行動。同時，檢視該知識結果與過去的觀點是否一致。

最後，KDD 程序強調步驟之間的交互影響，並反覆運行其中的步驟。

行銷定價新型態：即時動態定價策略與實作[3]

首先，我們依循「資料庫知識探索（KDD）」程序進行實作，以線上銷售平台的銷售資料結合機器學習模型進行預測，引導讀者們瞭解具體分析的過程與效果。

此次分析所使用的資料來自日本知名的網路二手交易平台「Mercari」。該平台提供一個開放的交易環境，讓使用者可以自由地在平台上販售、選購各式各樣地產品。該 app 僅在日本、美國就擁有了超過 5,500 萬次的下載數量，潛力十分驚人。

接下來我們將依據 KDD 的九大步驟，開始進行資料分析。

歡迎查看本連結取得本章節 python 程式碼資訊

https://bit.ly/mdsmr_ch5_py

3 本篇文章由鍾皓軒、徐子皓、陳政廷所撰寫。

步驟 1：決定目標（Identifying the goal）

在平台中，商品的價格皆由賣方自由決定，所以讀者可以想像一下，有一位賣家想要出清自家庫存球鞋，並將商品基本資訊填寫完成。如：

1. 商品名稱：輕量避震籃球鞋
2. 商品狀態：8 成新
3. 商品敘述：高級名牌球鞋！限時優惠！
4. 商品分類：球鞋
5. 商品品牌：好棒棒牌
6. 運費狀況：賣家付款

接著，正當賣家還在為自己的球鞋訂價傷腦筋時？如果這時，交易平台上突然跳出一則系統訊息：「根據市場行情與買家心目中理想價格預測，本款球鞋建議售價 10 ~ 15 美元之間！」，如圖 5-11 所示。

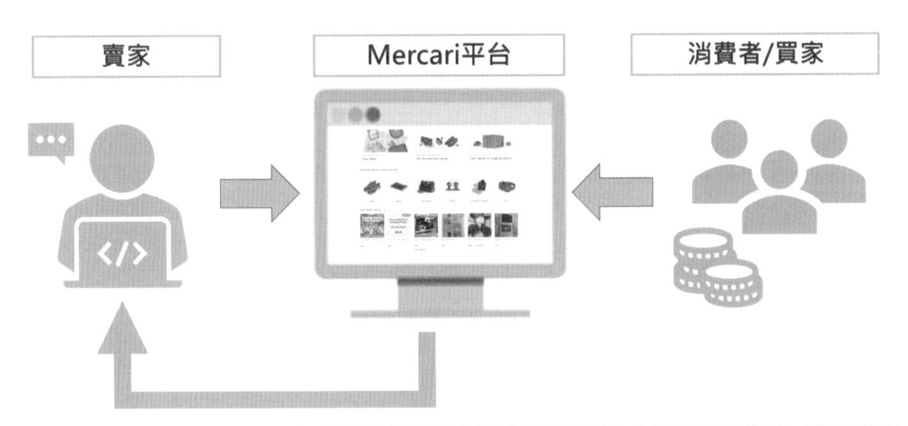

圖 5-11　Mercari 網拍平台、買家與賣家的情境

此時，賣家可能會受到系統訊息的影響，不斷地想著：「這一批球鞋已經接近生命週期的尾端，不如趕快出清，就用系統建議價格賣掉好了。」接著，就依系統建議，打上定價，並且順利賣出，如圖 5-12 所示。

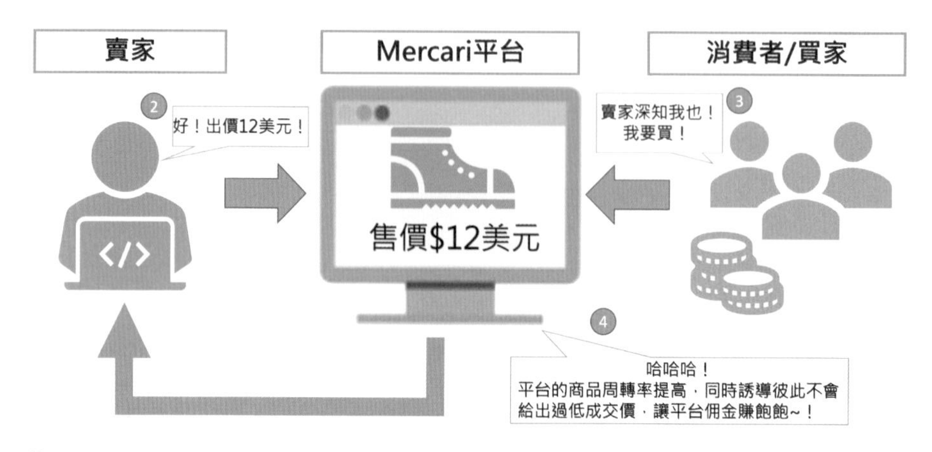

圖 5-12　動態定價的目標情境示意圖

現在，請各位回想一下，這個「動態定價」機制背後，究竟隱含什麼樣的功能？可以讓拍賣平台達成何種目標？

- 目標 1：以往的拍賣價格經常由網拍平台片面決定，時常造成最終售價與賣家出現大幅心理落差。而此種作法則有所不同，賣家在輸入商品相關資訊時，網拍平台就給予一個買家心目中的建議動態定價，並讓賣家可以掌握標價的最終決定權，如圖 5-12 中的數字 1 所示。

- 目標 2：電商平台提供賣家商品建議價格，可以有效縮短賣家對定價猶豫的時間，提昇上架的速度，同時讓買家更快成交，如圖 5-12 中的數字 2 與 3 所示。

- 目標 3：網拍平台掌握不同商品的動態定價，依據時間週期調整商品供需，利用**機器學習模型**並搭配**損失函數**，來誘導賣家訂出「不割喉式競爭」的價格，讓買家可以快速在網拍平台上成交，如圖 5-12 中的數字 4 所示。

步驟 2 ：建立目標資料集（Creating a target data set）

選擇一個我們有興趣，或想深入探索的資料集來執行運算和分析。

在此使用爬蟲技術，將下述的多個拍賣項目爬取下來，如圖 5-13 所示。

主要爬取的特徵欄位

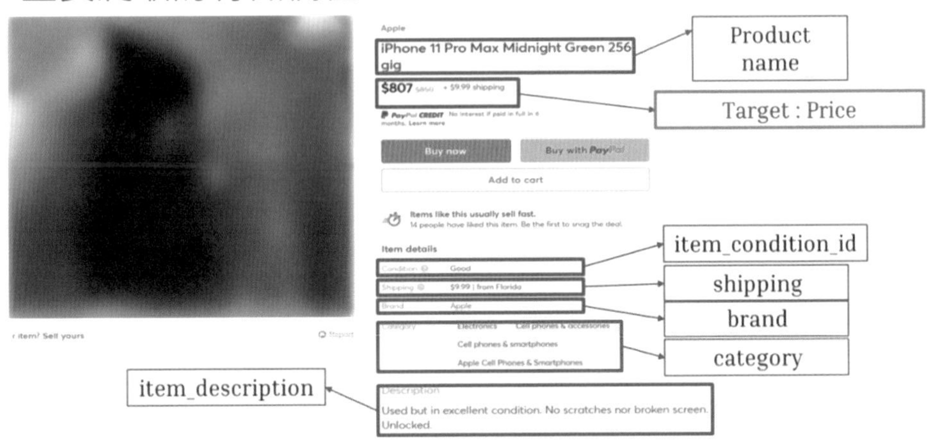

⬆ 圖 5-13　Mercari 網拍平台畫面

★ 資料來源：Mercari

讀者可以看到畫面中有「結構化」資料，如：Price 與 Shipping 為數值形式的資料；以及「非結構化」資料，如：brand、category 等文字形式資料。這意味著我們在後續執行預測任務時，會與以往僅有數值形態的傳統銷售資料之處理與建模方法，有所不同。

同時，我們也呈現整理過後的「特徵欄位」一覽表給讀者們，如表 5-1 所示。

表 5-1　特徵欄位一覽表

特徵欄位一覽表

特徵欄位	形態	欄位敘述
name	字串	商品名稱
item_condition_id	字串	賣家提供的商品狀況
category_name	字串	商品分類
brand_name	字串	商品品牌
shipping	整數	為二元變數，1代表是賣家付錢，0代表買家付錢
item_description	字串	賣家對商品的敘述
price	數值	每一物品的下標價格，以美元計價，也是廠商要可以對賣家做價錢自動建議的變數。在此，我們爬取的商品以「已售出」的價格為主。

此外，本案爬取的商品以「已售出」為主，原因在於已售出代表買賣雙方同意的成交價格。若以此建立模型，會比較接近賣家心中的理想價格，以此提高商品成交的效率，並正面影響網拍平台、賣家的最終利潤。

本案資料筆數，約有 148 萬筆交易資料，圖 5-14 為八個欄位的資料集預覽圖：

	train_id	name	item_condition_id	category_name	brand_name	price	shipping	item_description
0	16705	Hot wheels f&f nissan skyline gt-r	1	Vintage & Collectibles/Toy/Car	Hot Wheels	6.0	1	Soft corners
1	1243613	Summer haze callahans	3	Women/Athletic Apparel/Shorts	Lilly Pulitzer	20.0	0	Size 0
2	225004	American Apparel Long Sleeve Bodysuit M	1	Women/Tops & Blouses/Tank, Cami	American Apparel	10.0	1	American Apparel Cotton Spandex Jersey Contras...
3	583451	Hand Turned Pens	1	Other/Office supplies/Writing	NaN	50.0	1	Reserved for Gail
4	983127	Nike sports bra	3	Women/Athletic Apparel/Sports Bras	Nike	10.0	0	Neon sports bra. Wear a handful of time, but I...

圖 5-14　資料集預覽圖

步驟 3：資料清理與前置處理（Data cleaning and preprocessing）

對所選定的資料集進行資料清理（data cleaning）與前置處理（data preprocessing）。刪除資料中的雜訊（noise），例如離群值（outliers）、重複記錄、不正確的屬性值等。同時，對資料不足的欄位進行填補（填補方法通常以平均值或高度類似的範例值加以替代）。請記得，資料越完整，對下一步的分析越有利。

由於本案例交易資料的處理方法相當繁瑣，因此特別再歸納成目標變數處理、遺失值處理與類別資料處理，三大重點。

1. 目標變數的資料處理——售價（Price）

由於若干資料的售價過高或過低，超出平台的訂價限制範圍，因此必須先將它們從分析資料中加以剔除。此外，注意到資料的「售價」有嚴重的右偏分佈情形，如圖 5-15 的左圖所示，它們會對於機器學習模型訓練後，不容易達成較佳的預測效果。因此，我們透過 log 轉換處理，讓它可更接近常態分佈，使機器學習模型所使用的損失函數較不會因極端值而受影響，如圖 5-15 的右圖所示，進而提升預測成效。

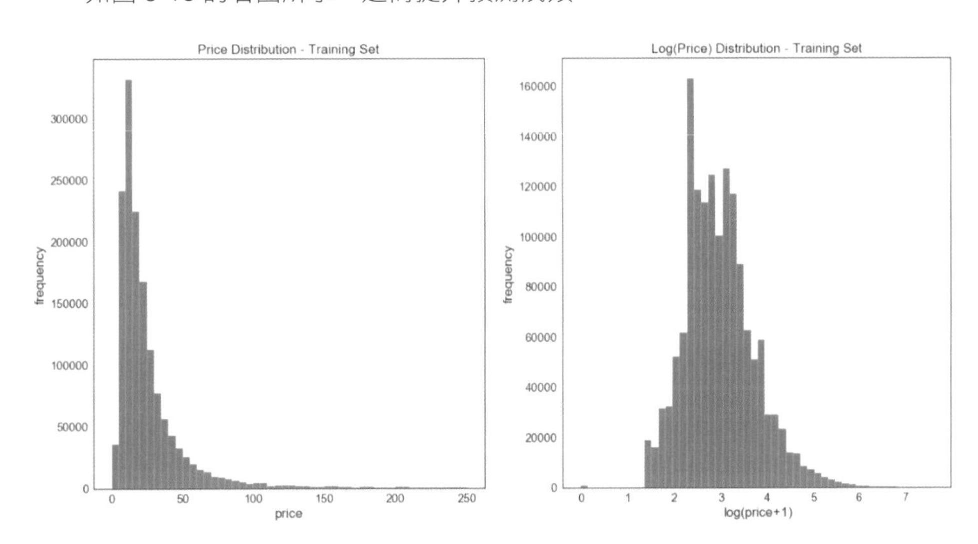

圖 5-15　經過 log transformation 後，可以發現呈現常態分佈，對於訓練收斂會比較適合

2. 遺失值處理——以品牌為例

在遺失值處理中，發現「品牌名稱」（brand_name）欄位中大約有 50 萬筆遺失，主要是有不少交易資料意外將品牌名稱放在「商品名稱」（name）欄位中。例如：有個品牌名稱 Yeti，許多賣家在商品名稱中還特別說明，但是在品牌名稱卻未標明，如圖 5-16 所示。因此我們將隱藏在「商品名稱」中的「品牌名稱」找出來，大約可找回 20% 的遺漏資料，共約 10 萬筆的品牌名稱。

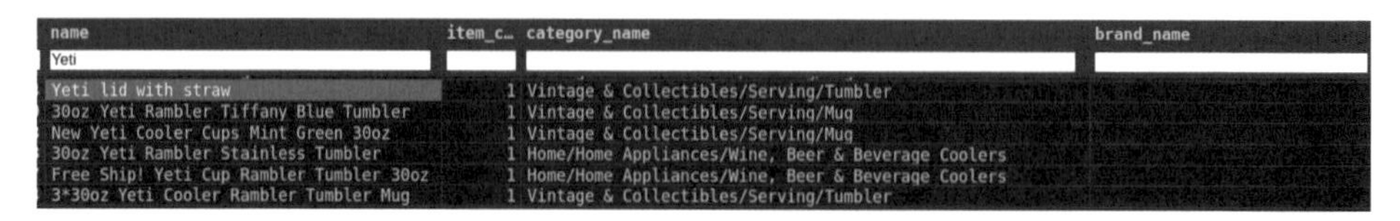

name	item_c...	category_name	brand_name
Yeti			
Yeti lid with straw	1	Vintage & Collectibles/Serving/Tumbler	
30oz Yeti Rambler Tiffany Blue Tumbler	1	Vintage & Collectibles/Serving/Mug	
New Yeti Cooler Cups Mint Green 30oz	1	Vintage & Collectibles/Serving/Mug	
30oz Yeti Rambler Stainless Tumbler	1	Home/Home Appliances/Wine, Beer & Beverage Coolers	
Free Ship! Yeti Cup Rambler Tumbler 30oz	1	Home/Home Appliances/Wine, Beer & Beverage Coolers	
3*30oz Yeti Cooler Rambler Tumbler Mug	1	Vintage & Collectibles/Serving/Tumbler	

圖 5-16　品牌名稱與商品名稱的遺失值處理

由上述遺失值的處理經驗來看，一旦有遺失值必須處理，不妨利用「業內行銷／商務知識」，思考其他替代方案，以解決遺失值可能帶來的問題。

3. 類別資料處理——以商品分類為例

由於要放入機器學習預測模型的變數必須是「類別變數」，所以我們將商品分類等字串，轉換成數值型變數。常見的轉換方式有：

（1）標籤編碼（Label Encoding）：該方法將各類別轉換成數字，在實作中，最常見的就是李克特五點量表的轉換。

（2）獨熱編碼（One-Hot Encoding）：這代表將類別轉換成欄位格式，並且以 1（有該類別）與 0（沒有該類別）的形式表示。假設一個類別欄位具有三種特徵，舉例：台北、台南與高雄，則會多三個欄位來代表每一筆的資料是否具有這三個特徵，如圖 5-17 所示。

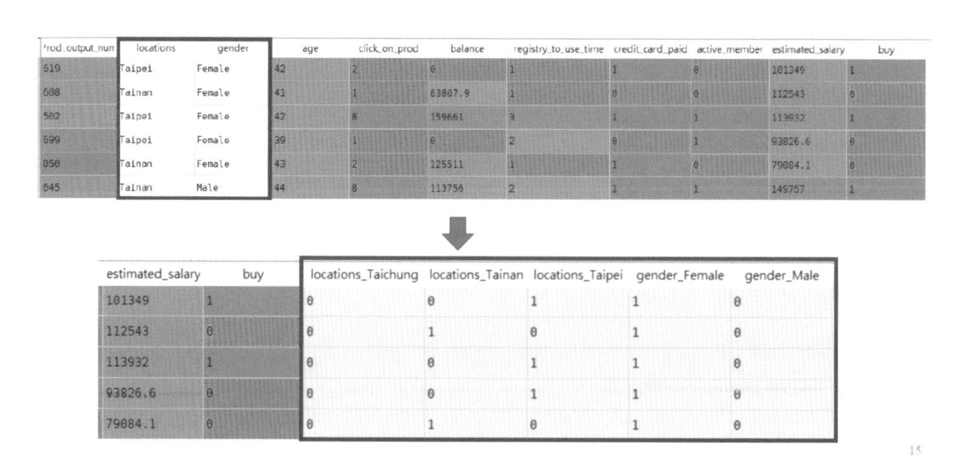

'rod_output_num	locations	gender	age	click_on_prod	balance	registry_to_use_time	credit_card_paid	active_member	estimated_salary	buy
619	Taipei	Female	42	2	0	1	1	0	101349	1
608	Tainan	Female	41	1	83807.9	1	0	0	112543	0
502	Taipei	Female	42	8	159661	3	1	1	113932	1
699	Taipei	Female	39	1	0	2	0	1	93826.6	0
850	Tainan	Female	43	2	125511	1	1	0	79084.1	0
645	Tainan	Male	44	8	113756	2	1	1	149757	1

estimated_salary	buy	locations_Taichung	locations_Tainan	locations_Taipei	gender_Female	gender_Male
101349	1	0	0	1	1	0
112543	0	0	1	0	1	0
113932	1	0	0	1	1	0
93826.6	0	0	0	1	1	0
79084.1	0	0	1	0	1	0

圖 5-17　獨熱編碼範例

在本案例中，使用標籤編碼來轉換 category_name 與 brand_name 兩個欄位，產出如程式碼 5-1 的 subcat0、subcat1 等數值形式。或許，已有眼尖的讀者發現，這兩個欄位均為非順序尺度的類別變數，理應採取獨熱編碼才對，但其實在此使用標籤編碼的目的，並非僅是將這幾個類別變數放入模型做單純訓練與預測，而是我們還要經過後續的步驟 4.——資料轉換（data transformation）所提的「詞向量」步驟，將其轉換為具有語義邏輯的數值。

此外，不使用「獨熱編碼」，而採「標籤編碼」與「詞向量」兩個步驟對 category_name 與 brand_name 轉換。原因在於，若使用獨熱編碼，則會將兩個欄位裡頭超過 2000 種的分類，拓展成超過 2000 個以上的「欄位」，如此可能造成欄位數過多、耗費過多預測模型的訓練時間。再者也可能造成維度災難（Curse of dimensionality），反而降低模型的預測能力。因此，才要使用詞向量來降低 category_name 與 brand_name 兩者的維度，同時增加特徵之間的語義邏輯。

程式碼 5-1

```
print ("Processing categorical data...")
le = LabelEncoder ()
# full_df.category = full_df.category_name
le.fit (full_df.category_name)
full_df['category'] = le.transform (full_df.category_name)

le.fit (]full_df.brand_name)
full_df.brand_name = le.transform (]full_df.brand_name)

le.fit (]full_df.subcat_0)
full_df.subcat_0 = le.transform (]full_df.subcat_0)

le.fit (]full_df.subcat_1)
full_df.subcat_1 = le.transform (]full_df.subcat_1)

le.fit (]full_df.subcat_2)
full_df.subcat_2 = le.transform (]full_df.subcat_2)

del le
```

產出

category_name	brand_name	price	shipping	item_description	desc_len	name_len	subcat_0	subcat_1	subcat_2	target	category
Vintage & Collectibles/Toy/Car	46910	6.0	1	Soft corners	2	6	9	105	154	1.945910	1117
Women/Athletic Apparel/Shorts	55465	20.0	0	Size 0	2	3	10	5	695	3.044522	1139
Women/Tops & Blouses/Tank, Cami	9639	10.0	1	American Apparel Cotton Spandex Jersey Contras...	24	6	10	104	767	2.397895	1261
Other/Office supplies/Writing	117795	50.0	1	Reserved for Gail	3	3	7	72	866	3.931826	878
Women/Athletic Apparel/Sports Bras	76424	10.0	0	Neon sports bra. Wear a handful of time, but I...	69	3	10	5	723	2.397895	1143

步驟 4：資料轉換（Data transformation）

資料轉換主要在進行資料減縮與投影（Data Reduction and Projection），在操作上則使用降維（Dimensionality Reduction）技術，減少變數的數量。

這裡，主要會有兩處資料需要轉換：

1. 非結構化資料處理——類神經模型的處理

類神經模型中，具有需要特別處理文字類型的詞向量隱藏層（Embedding layer），所以我們使用「詞向量技術（Word Embedding）」將字詞「邏輯」轉變成數值形態，將每個字詞嵌入一個個的向量空間，這對訓練的效益與預測準確度來說，扮演至關重要的角色。

舉例來說，如果有一個句子是：「鍾皓軒喜歡深度學習，而且人很帥，是萬人迷！」，按讚數為 100，當我們提到「鍾皓軒」這人的相似邏輯用詞，便可藉由詞向量模型，找出鍾皓軒這個人的相似詞為「深度學習」、「帥」、「萬人迷」。

另外一個句子為：「我覺得 Howard 愛好深度學習，而且人很帥，是萬人迷啊！」，其按讚數為 99。

這時候，模型就會找出鍾皓軒與 Howard 在「深度學習」、「帥」、「萬人迷」上具有邏輯相似性。於是模型就會告訴我們「鍾皓軒」與「Howard」相似性極高。一旦模型能判斷其兩句具有高相似程度時，則愈容易預測其背後代表的模式（此處的模式為按讚數）。

由此，name、item_desc、brand_name、item_condition 及步驟中所提及從 category_name 與 brand_name 轉換出來的 brand_name、subcat_0、subcat_1 與 subcat_2 都適用詞向量模式，進而協助類神經模型預測資料背後的模式（此處的模式為 Price）[4]。

至於具體的操作技巧，則是將「文字」以標籤編碼的方式轉換成「數值」，再以詞向量隱藏層與預測模型轉換每一個字詞的詞向量，預測資料背後的模式，如圖 5-18 所示。

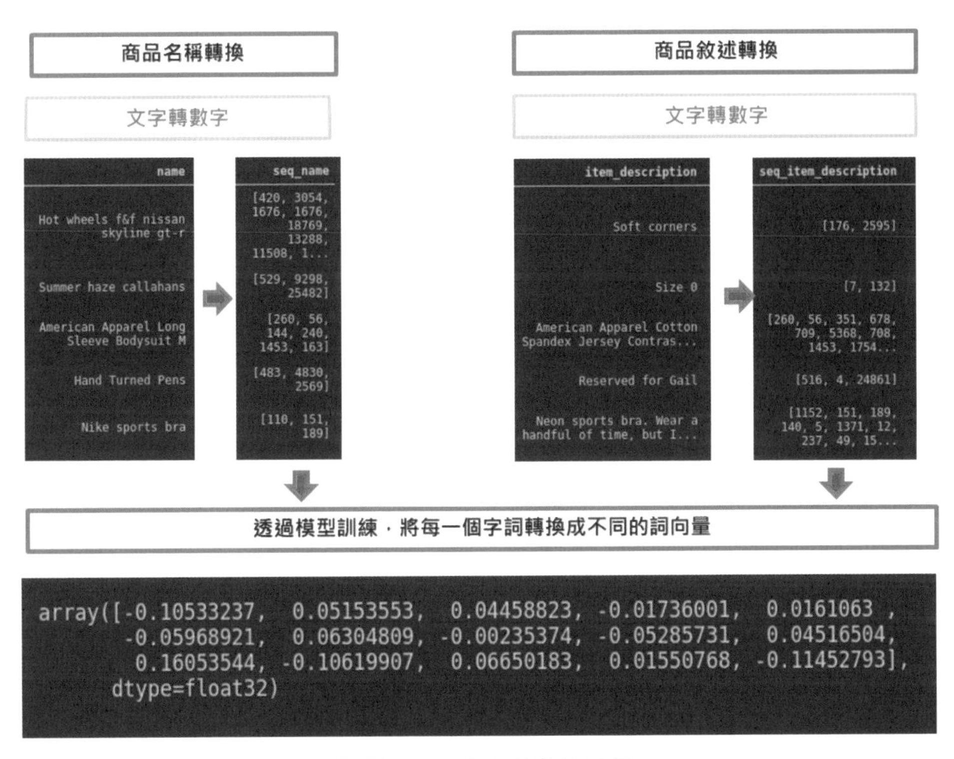

圖 5-18 詞向量轉換示例

4 如果想要瞭解更多詞向量的數學原理，歡迎搜尋參考本書作者之一鍾皓軒的部落格文章：詞向量在商業的應用 - 系列 1- 人類邏輯能量化？（附 Pytorch 模型與程式碼）http://bit.ly/py-word-embedding。

2. 非結構化資料處理——樹狀機器學習模型的處理

除了類神經模型外，一般的機器學習模型，如：Linear Regression、XGBoost 等，都要將非結構化的文字資料轉換成如同獨熱編碼的「結構化資料」，才能變成真正的模型訓練資料。

舉例來說，在 item_description 的欄位中是商品的描述，而商品描述往往非常的長。因此在自然語言處理中，我們時常得利用 TF-IDF 法先找到關鍵字，做為分析使用。TF-IDF 法的全名是 Term Frequency － Inverse Document Frequency，簡單來說，它一種篩選關鍵字技術，也是現今經常使用的文字加權技術，主要有以下兩類：

（1）字詞頻率（Term Frequency）：計算每篇文章字詞頻率，我們常以詞袋稱之（Bag of Words）。

（2）逆文件頻率（Inverse Document Frequency）：一個單字出現在文章數目的逆向次數，也就是說，如果該字密集出現，反而顯得不重要，例如：「您」、「我」、「他」、「了」、「吧」，這類不具有指標性的主詞或語氣詞，其加權數值就會低很多。要取 log 的原因在於隨著每個字詞的增加，其差異次數必是呈現「遞減式遞增」，讓遞增的差異會越來越小。如 10－9 與 1000－999 之差異，一個是 0.1，一個卻是 0.001 的差距，如圖 5-19 所示。

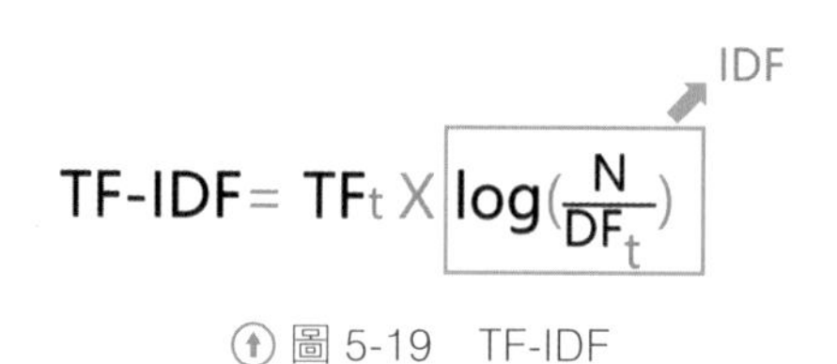

$$TF\text{-}IDF = TF_t \times \log\left(\frac{N}{DF_t}\right)$$

圖 5-19　TF-IDF

舉例來說，我們拿十篇文章當作樣本。

「鍾皓軒」這個字詞卻在同一篇文章中出現過 100 次，那「鍾皓軒」的 TF-IDF 就是 100（TF）* log（100/10）＝ 230。

「我」這個字詞在十篇文章中都曾出現，但僅出現過 10 次，那「我」字詞的 TF-IDF 就是 10（TF）* log（10/10）= 0。由此可見「鍾皓軒」相對於「我」來說，重要許多。

最後，再將所有非結構化變數轉變成稀疏結構化矩陣，以利模型分析。由於非結構化的變數要轉換成結構化資料，相關的維度通常高達成千上萬個，而且並不代表每一個欄位轉換後，都有「數值」存在，因此才稱作「稀疏結構化矩陣」。

舉例來說，如果將我們這次的所有資料都進行轉換，則可以看到 7 萬多的關鍵字欄位與 148 萬的字詞作為模型的輸入資料，如圖 5-20 所示。

```
<1481661x71253 sparse matrix of  type '<class  'numpy.float64'>'
        With 49064295 stored elements in Compressed Sparse Row format>
```

圖 5-20　詞向量轉換演示

步驟 5：選擇資料探勘方法（Choosing the data mining method）

配合所訂定目標來挑選資料探勘方法，例如：分類（classification）、分群（clustering）、關聯（Association）等分析方法。

由於主要目的在預測連續性數值的「售價」，因此採取監督式學習（supervised learning）之下的迴歸預測（regression）較為合適。

步驟 6：選擇資料探勘演算法（Choosing the data mining algorithms）

本步驟的目的在選擇一個或多個適當的資料探勘演算法，例如：決策樹（Decision Tree）、隨機森林（Random Forest）、支持向量機（SVM）、神經網路（Neural Network）、K 平均（K-means）或 Apriori 等。

在這些過程中，必須決定哪些模型與參數的選用是適當的，同時也要確認選定的資料探勘方法與整個 KDD 過程的衡量指標是否一致。

以下是本案的三種預測模型與獲選原因：

1. Elastic Net[5]

首先，由於分析變數極多，共有七萬多筆自變數，在一般線性迴歸模型使用的最小平方法忌諱的「共線性」很容易產生，會讓權重（Beta）變得非常不穩定。因此本模型定義 L1 及 L2 正規化。其中，L1 正規化能夠找出對 Y 具有影響的資料參數加權權重，對無影響的變數儘量降低到零的範圍，以降低龐大資料維度的稀疏性對預測效果的影響；L2 正規化則可調節多重共線性問題，以改善迴歸模型預測估計不準確的情形。本法將 L1 與 L2 加以結合，以期拉高最終預測能力。

其次，由於其為線性統計模型，所以在本案例中，可以當做其他非線性模型的基礎比較模型（Baseline Model），若其他非線性模型皆無法超越 Elastic Net 的預測效果，則代表本案使用線性模型即可，不必再用到較複雜的非線性模型。

2. Light GBM[6]

在樹狀模型部分，2017 年孟氏等學者提出一個 LightGBM 的方法，專門用來處理高維度且數據量大的資料，試圖兼顧訓練模型時的省時與精準度。此模型使用 Gradient-based One-Side Sampling 與 Exclusive Feature Bundling 方法，證實在大量數據上比 XGBoost 等方法，效果更佳且快上 20 倍，因此我們也採用同樣方法來進行訓練。

5 有意了解其數學方法與運作模式，可以參考論文：Zou, H. and Hastie, T. (2005). Regularization and variable selection via the elastic net. Journal of the Royal Statistical Society: Series B (Statistical Methodology), 67: 301-320. https://doi.org/10.1111/j.1467-9868.2005.00503.x

6 有意了解其數學方法與運作模式，可以參考論文：Guolin Ke, Qi Meng, Thomas Finley, Taifeng Wang, Wei Chen, Weidong Ma, Qiwei Ye, and Tie-Yan Liu. (2017). LightGBM: a highly efficient gradient boosting decision tree. In Proceedings of the 31st International Conference on Neural Information Processing Systems (NIPS'17). Curran Associates Inc., Red Hook, NY, USA, 3149–3157.

3. Word2vec Recurrent Neural Network（Word2vec RNN）[7]

本案例所提出的類神經模型，主要參考 Gal, Y., & Ghahramani, Z. 在 2016 年提出的 Embedding、Dropout 與 Recurrent Neural Networks 所結合的模型，因為它在情緒辨識分類任務（Sentiment Analysis）與語言建模（Language Modeling），比一般的 RNN 模型，達成較佳效果。但本方法較少運用在具自然語言處理資料架構的價格預測任務上，所以即對不同類別變數增加 Embedding layer，再結合 Klambauer（2017 年）提出的 Self-Normalizing Neural Networks（selu）激活函數，建構多層類神經隱藏層，希望藉此方式，超越前述的兩個經典方法。

4. 損失函數

最後，本案使用的損失函數為 RMSLE（Root Mean Square Logarithmic Error），使用此函數目的，在避免預測成果不會過低於原交易價格，避免賣家陷入割頸式競爭中，如下方程式所示。

$$\text{RMSLE} = \sqrt{\frac{1}{n}\sum_{i=1}^{n}(\log(p_i+1)-\log(a_i+1))^2}$$

⬆ 方程式　RMSLE（Root Mean Square Logarithmic Error）

舉例來說：

（1）案例 1

網拍平台預測值 = 售價 6 美元；真實值 = 售價 10 美元，其 RMSLE = 0.4520。

計算方程式：np.sqrt (np.mean (np.power (np.log1p (6) - np.log1p (10), 2))) = 0.4520。

7 有意了解我們參考的數學方法與運作模式，可以查看論文：Gal, Y., & Ghahramani, Z. (2016). A Theoretically Grounded Application of Dropout in Recurrent Neural Networks. NIPS. 與 Klambauer, G., Unterthiner, T., Mayr, A., & Hochreiter, S. (2017). Self-Normalizing Neural Networks. ArXiv, abs/1706.02515.

(2) 案例 2

網拍平台預測值 = 售價 14 美元;真實值 = 售價 10 美元,RMSLE = 0.3102。

計算方程式:np.sqrt (np.mean (np.power (np.log1p (14) - np.log1p (10), 2))) = 0.3102。

一旦發現當我的預測值,明顯低於真實值時,就會受到損失函數的懲罰(penalty),透過機器學習最常使用的「梯度下降法(Gradient Descent)」,便優先將售價 6 元的數值調高,以降低 RMSLE 的損失。同時就**「商業應用」**來說,代表網拍平台儘量提供不低於市場行情的建議售價給賣家參考,避免降價求售的可能性,同時減少網拍平台賺不到抽成費用的窘境。

步驟 7:資料探勘(Data mining)

選定資料模式(patterns)呈現形式,如:決策樹圖、迴歸分析圖、聚類分析圖等。讓最終使用者了解依照各步驟所獲得的資料探勘結果。

接下來,我們即對三個模型進行訓練、預測並使用 RMSLE 進行評測,其中以 RMSLE 愈小愈好。初步發現 ElasticNet 線性模型的測試效果最差,而 Word2vec RNN 模型效果最好,但是其 RMSLE 似乎與 LightGBM RMSLE,只有些微差異,如圖 5-21 所示。

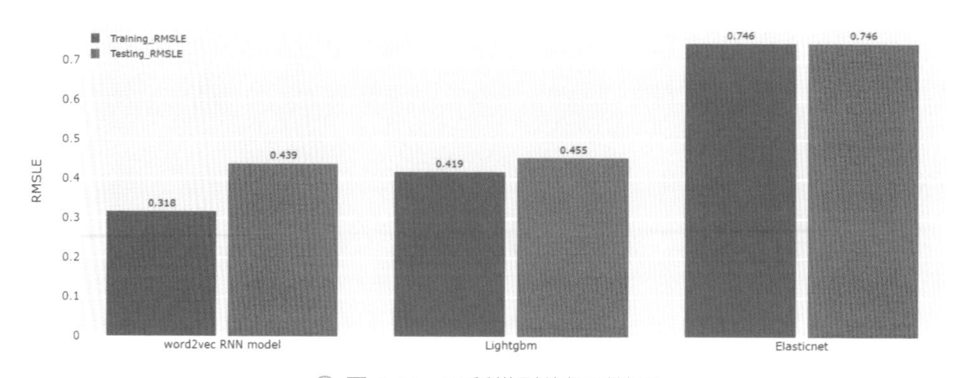

圖 5-21 三種模型的評測結果

但三者間真的有差異嗎？對此，則需借助統計檢定來協我們解決這個問題。

1. 查看統計檢定的資料集

進行統計檢定前，必須先檢視評測資料集的模樣，此處選用 Word2vec RNN 模型的資料集。表 5-2 顯示的每一列為 Word2vec RNN 模型對每一個商品的預測價格，因為我們目的在檢視預測出來與實際數值（兩者皆經過步驟 3 的 log 轉換）的差距，所以預測的價格（predictions）與實際的價錢（actual_values）均為採用步驟 3 中 log 轉換後的結果，但尚未經過 Exponential 反函數轉換，所以並非我們觀察到的正常價格。

表 5-2　Word2vec RNN 測試資料集的預測資料表

model	predictions	actual_values	abs_error
RNN model	3.563691139	3.465735903	0.097955236
RNN model	2.359055519	2.772588722	0.413533203
RNN model	3.289578676	3.295836866	0.00625819
RNN model	2.985712767	2.833213344	0.152499423
RNN model	4.054458618	3.931825633	0.122632985
RNN model	2.825821877	2.079441542	0.746380335
RNN model	2.65141511	3.17805383	0.526638721
RNN model	3.022268057	3.17805383	0.155785773
RNN model	3.926318884	4.110873864	0.18455498
RNN model	3.013457298	2.833213344	0.180243954
RNN model	4.115642548	4.317488114	0.201845566

表 5-2 中的 abs_error 為前面已經透過 log 轉換的 predictions 減掉 actual values 再加上絕對值所得到的結果，可以想像為對每一筆資料去計算他的 RMSLE。在此，我們簡稱其損失函數為「誤差」。

接下來，我們要進一步檢驗三個模型在誤差上，是否有差異。

2. 統計的事前檢定

表 5-2 為一連續性的數值，本案例具有三個模型預測資料表，因此可以預想，使用 ANOVA 去檢定三個模型間的誤差，是否有顯著差異，唯要使用 ANOVA，所用資料必須服從其三大假設，才可繼續進行。因此我們分別進行常態性、同質性與獨立性事前檢定，看此資料集是否符合 ANOVA 的檢定標準。

（1）常態性

資料必須服從常態分配，常見的檢定為 Kolmogorov-Smirnov、Shapiro-Wilk、Jarque-Bera…等。這裡根據三個資料集先取出所需之欄位後，使用 Shapiro 檢定來查看三者是否符合常態分配。

Shapiro 檢定的虛無假設為該資料符合常態，由產出結果可得知三者的 p-value 均趨近於 0，小於顯著水準 0.05，因此拒絕虛無假設，沒有顯著證據證明三個資料集服從常態分配，如程式碼 5-2 產出結果所示。

程式碼 5-2

```
lgb_test_abs=lgb["error_abs"]
Word2vec RNN_test_abs=Word2vec RNN["error_abs"]
ElasticNet_test_abs=ElasticNet["error_abs"]
#
from scipy import stats
print (stats.shapiro (lgb_test_abs))
print (stats.shapiro (Word2vec RNN_test_abs))
print (stats.shapiro (ElasticNet_test_abs))
```

產出

```
ShapiroResult (statistic=0.850741982460022, pvalue=0.0)
ShapiroResult (statistic=0.8422949314117432, pvalue=0.0)
ShapiroResult (statistic=0.885456919670105, pvalue=0.0)
```

（2）同質性

同質性代表著三個資料集具有相同的變異數，常見的同質性檢定有 Hartley、Bartlett、Levene 檢定，此處以 Levene 檢定為例，如程式碼 5-3 所示。

Levene 檢定的虛無假設為三者變異數相等，從結果可以得知 p-value 同樣趨近於 0，故拒絕虛無假設，沒有顯著證據證明三者變異數相等。

程式碼 5-3

```
stats.levene(lgb_test_abs, Word2vec RNN_test_abs, ElasticNet_test_abs)
```

產出

```
LeveneResult (statistic= 27195.133220990345, pvalue=0.0)
```

（3）獨立性

資料集間不會互相影響，也就是說 LightGBM、Word2Vec RNN 與 ElasticNet 模型的預測資料集彼此不會互相影響，因為都是獨立訓練與預測所產生的結果。

現在，ANOVA 可以告一段落，但難道就要在此打住嗎？其實就算無法使用 ANOVA，我們還可以運用另一項「無母數統計」方式來達到目的。

3. 無母數統計

一般經常使用的檢定均為 Z、T、ANOVA、卡方檢定，但其實還是有個檢定可以在無技可施時提供協助，就是「無母數統計」。

「無母數統計」的優點在於，不管是大樣本或是小樣本均適用，且不需假設資料集的母體分配，與其他檢定比起來較不受資料類型的限制，因此就算前面的常態性、同質性檢定無法通過，仍可使用，唯不做分配假設可能損失該分配提供的重要資訊，因此檢定力與其他相比則偏弱。

此外，無母數統計所用之資料尺度為順序類型，因此只能算出該資料之中位數，與比例尺度所得之平均數不同，這一點務必注意。

中位數檢定分成非常多種方法，像是「單一母體」或是「兩成對母體」的 Sign 檢定、「兩獨立母體」的 Mann-Whitney U 檢定、「多獨立母體 Kruskal-Wallis」檢定，而本篇使用「Kruskal-Walllis 檢定」來檢定三個資料集的中位數是否相等。

首先，我們要先建立適合使用該檢定的資料集，如程式碼 5-4 所示。

程式碼 5-4

```
import pandas as pd
data_abs=pd.DataFrame ({"Word2vec RNN":Word2vec
RNN_test_abs,"lgb":lgb_test_abs,"ElasticNet":ElasticNet_test_abs})
data_abs = data_abs.melt (var_name='groups', value_name='values')
data_abs
```

產出

	groups	values
0	rnn	0.097955
1	rnn	0.413533
2	rnn	0.006258
3	rnn	0.152499
4	rnn	0.122633
...	...	...
888997	elasticnet	2.106814
888998	elasticnet	0.272732
888999	elasticnet	0.272732
889000	elasticnet	0.147569
889001	elasticnet	0.732790

889002 rows × 2 columns

接著我們就可以操作 Kruskal-Wallis 的中位數檢定，參見程式碼 5-5 所示。

ddof1 為自由度、H 為檢定統計量、p-unc 為 p-value，Kruskal-Wallis 檢定的虛無假設為三者中位數相等，我們可從 p-value 趨近於 0 得到其小於顯著水準 0.05，有顯著證據支持 LightGBM、Word2Vec RNN、ElasticNet 三個模型資料集的中位數不相等。

程式碼 5-5

```
from pingouin import kruskal
kruskal (data=data_abs, dv='values', between='groups')
```

產出

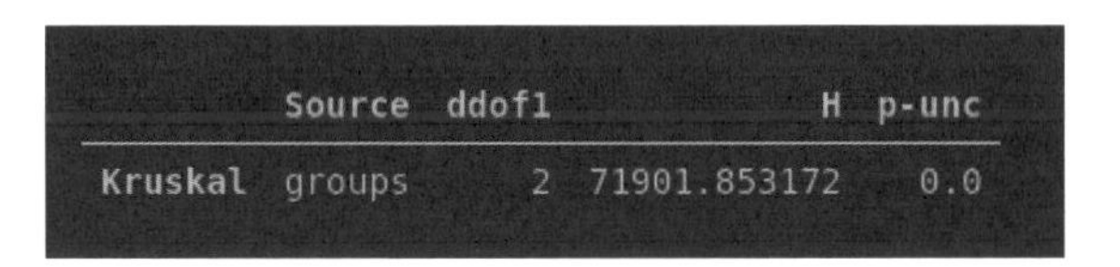

	Source	ddof1	H	p-unc
Kruskal	groups	2	71901.853172	0.0

現在既然我們得知了這個結論，便可進一步執行「事後比較」，以得知三個模型在兩兩比較時，每一組的誤差大小是否具有顯著的差異。舉例而言：若皆具有顯著差異，則可以找尋誤差最小的模型當做可能的預測模型；若有兩模型，誤差無顯著差異，且恰巧兩模型都是誤差效果佳，則可以挑選一個訓練上節省時間成本的模型，而這些都得透過「事後比較」得知。

4. 事後比較

與一般的事後比較不同，此處操作的是搭配 Dunn's test 無母數統計的事後比較，可以發現三個模型誤差結果（p 值）均具有顯著差異，如程式碼 5-6 所示。

程式碼 5-6

```
import scikit_posthocs as sp
sp.posthoc_dunn (data_abs,"values","groups","bonferroni")
```

產出

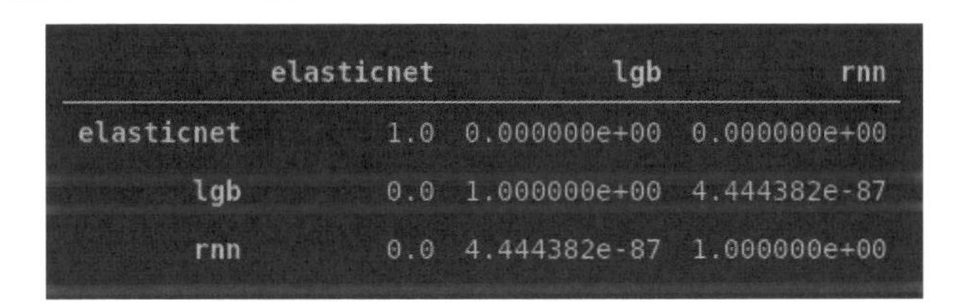

	elasticnet	lgb	rnn
elasticnet	1.0	0.000000e+00	0.000000e+00
lgb	0.0	1.000000e+00	4.444382e-87
rnn	0.0	4.444382e-87	1.000000e+00

從程式碼 5-6 可知，有足夠的證據證明 Word2vec RNN 和 LightGBM 的中位數間具差異，同時也有證據證明 ElasticNet 分別與前述兩者的中位數之間具有差異，至於中位數誰大誰小，則須分別查看才能知曉，如見程式碼 5-7 所示。

程式碼 5-7

```
print (statistics.median (lgb_test_abs))
print (statistics.median (Word2vec RNN_test_abs))
print (statistics.median (ElasticNet_test_abs))
```

產出

```
0.2674252386020717
0.25213483577908136
0.4958753224136281
```

由程式碼 5-7 便能清楚的得到結論，誤差的中位數由大到小排列，分別是 ElasticNet（0.49）> LightGBM（0.26）> Word2vec RNN（0.25），但知道三種模型的預測誤差，究竟有何商業意涵，又如何影響決策呢？步驟 8. 解釋資料科學與行銷研究下的探勘模式。

步驟 8：解釋探勘模式（Interpreting mined patterns）

本步驟，係針對最終選定的資料探勘模式進行解釋。過程中，可能需要返回步驟一至七中的任何一個步驟，並且重複執行。

接下來，讓我們從收益與成本的角度來解釋探勘模式。

1. **精準預測，創造收益**

從步驟 7. 的結果可得知 LightGBM 及 Word2vec RNN 兩模型的誤差最小，也就是說，兩者在測試資料集上的預測，較為準確。而 Word2vec RNN 相對其他兩個模型具備有統計上顯著差異則代表，若實際使用 Word2Vec RNN 的模式執行預測，其中 100 回合裡的誤差效果，估計會有 99 次的成效比其他兩個模型來得好。因此，這樣的證據能更合理地推薦網拍平台主管，採納 Word2Vec RNN 這個相對精準的預測模型。同時，較精準的模型也往往能協助公司對於買家行為、商品定價、存貨控制更有效率地管理。

2. **節省成本，開源節流**

藉由統計檢定，我們發現雖然 Word2vec RNN 其實是比較好選擇，但是建模成本上的問題則係需要深入探討，因為操作 Word2vec RNN model 所需要花費的時間，遠大於 LightGBM，可是預測方面的表現卻是相近的，此時，便可以考慮模型訓練的時間、人力上建置 Word2vec RNN 模型上所需要做的培訓與花費…等等因素，同時還必須考慮三種模型所貢獻的利潤，如圖 5-22 所示，所以管理者即可透過成本與利潤的角度，綜合整理出如表 5-3 的模型成效表，選出最終模型。

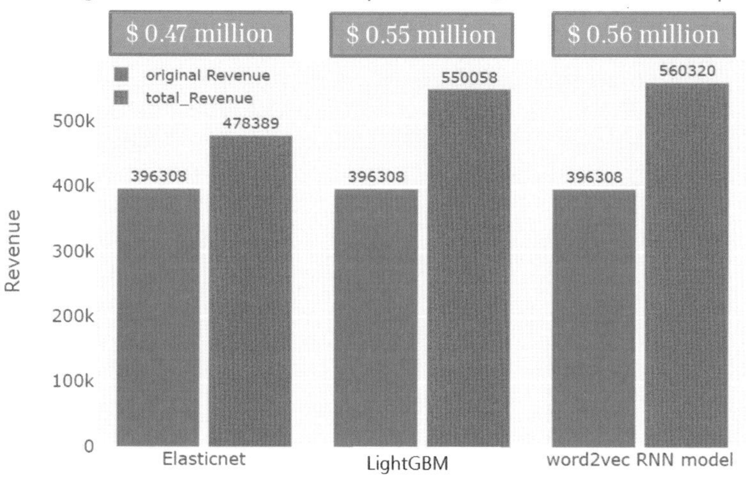

圖 5-22　三種模型所貢獻的利潤

有了模型成效表，就能來探討成本調控問題。從表 5-3 可以發現雖然 Word2vec RNN 營收高，但如管理者若無法將其訓練成本多降低 1,643 元（560320 – 42514 -（550058 - 30609）），則建議管理者使用 LightGBM 來進行模型訓練，否則賺了營收、賠了毛利就大事不妙。

在建模時，管理者應該考慮成本與利潤，因此在其他條件不變動的情況下，建議應挑選相對有效率且預測效果相近的 LightGBM 作為模型，並讓其餘的時間，創造出更大的價值。

表 5-3 模型成效綜整表

Methods	成本/每次訓練	預計貢獻營收	沒有使用模型的營收
Elasticnet	$20,948	$478,389	$396,308
LightGBM	$30,609	$550,058	$396,308
word2vec RNN model	$42,514	$560,320	$396,308

步驟 9：鞏固發現的知識（Acting on the discovered knowledge）

本步驟在運用 KDD 最終發現的知識結果並採取行動。同時，也要檢視該知識結果與過去觀點，是否一致。

藉由 KDD 前 8 個步驟，我們可以發現的知識為：

1. 從第 1 步驟的三大目標來看，確實發展出了一動態定價模型，讓賣家輸入商品資訊後，可以從網拍平台給予賣家心目中的建議定價，有效縮短賣家定價猶豫的時間，提昇上架的速度。同時我們也簡易驗證了在測試資料中，預測值比實際值還要高的比例，大約 7%，讓賣家訂出「不割喉式競爭」的價格，同時讓買家可以快速在網拍平台上完成交易。

2. 選定 LightGBM 自動定價模型：往後賣家有新商品刊登上網拍平台前，便可根據該商品所刊登的特徵，提供建議價格給賣方。如此，除了避免出現極端訂價行為外，同時降低賣家在衡量商品價格上所需耗費的時間成本，即滿足了我們在步驟 1. 的三大目標。

3. 模型並不是訓練出來或看損失函數就好，還需要從成本與利潤的角度加以評估，找出真正經濟實惠的模型。以本案例來說，在其他條件不改變的狀況下，若僅評估營收，則 Word2vec RNN 模型是營收效果最好的，但若考量成本，則 LightGBM 略勝一籌。

研究設計

☑ 行銷的量化、質化與神經研究

☑ 從觀察法、調查法、訪談法、焦點群體法、實驗設計法、次級資料法到大數據分析法

☑ A/B 測試

SECTION
6-1 行銷的量化、質化與神經研究

質化研究與量化研究的差異

剛開始接觸學術研究的人，不容易馬上弄懂什麼是質化研究，什麼又是量化研究。如果要用白話來說兩者的差異，要了解事情「為什麼？」以及「如何？」發生，適合使用質化研究；而如果是為了了解「發生什麼事？」和事情「發生的頻率」，用量化研究就可以因應。

學者勞倫斯・紐曼（Newman, W. Lawrence）整理質化研究與量化研究的差異，如表 6-1 所示。

表 6-1　質化研究與量化研究的差異
繪表者：趙雪君

比較項目	質化研究	量化研究
理論類型	命題	假設
目的	呈現社會事實、建構文化意義	用資料證明所測量的客觀事實
關注點	互動的過程與事件	變數之間的關係
研究關鍵	真實	信度（變異程度）
是否受情境影響	是	否
個案與受試者群體	少數個案	多數個案
應用分析類型	主題分析	統計分析
研究者立場	加入個人主觀意識	保持中立

★ 資料來源：修改自 Newman, W. Lawrence. 2003. Social Research Methods: Qualitative and Quantitative Approaches.

從理論類型來看，質化研究強調命題，量化研究強調假設。兩者的關注點也有差異，質化研究重點在互動的過程與事件，而量化則在討論變數與變數的關係。前者不需要去做檢定，後者則需要檢定。質化研究的目的，在呈現社會事實，甚至是建構文化的意義；至於量化研究則強調用資料驗證所測量的事實。

另外，從受試者的角度切入，質化研究通常研究少數個案，進行主題性分析；量化研究通常會調查多數個案，進行統計分析。最後，質化研究涉及研究人員的主觀立場；量化研究則保持中立。

舉例來說，以「口碑行銷」為例，我們可利用質化研究整理出消費者為何會用口碑傳播企業產品和服務的動機，可能是「利他」（以正面口碑，幫助親朋好友取得同樣的好產品）、「報復」（以負面口碑，回應廠商在某次服務時的嚴重失誤）和「協助廠商」（想幫助重視生態環境的小農，所以廣為宣傳）。我們也可以利用量化研究，來驗證這些動機對正面口碑與負面口碑傳遞的影響。

至於，在商業研究中，質化研究與量化研究哪一種研究的數量較多？根據一項非正式的研究指出，目前在企業和學術研究中，質化研究僅佔總研究經費的20%，因此總體研究數量中，仍是量化研究當道。而這樣的態勢造成一個特殊的現象，許多研究生會誤解「量化研究」才是主流。

不過，從另一個角度來看，質化研究的目的，在於讓企業和研究人員能夠理解事情如何發生（著重過程）和為什麼（著重原因），也就是讓人知道事情的根本，找出問題的源頭，而這樣的研究需求也在持續增加當中。

以研究「社群媒體」為例，除了可以借重量化的社群網路分析（Social Network Analysis, SNA）技術，還有質化的民族誌、網路民族誌、群眾分包（Crowdsourcing，向非指派的公眾提出問題或任務）、線上社群行銷研究（Market Research Online Community, MROC），以及由虛擬群體中汲取洞見。未來利用質化技術進行的研究可能會異軍突起，而過去「尊量化輕質化」的情況，往後也會有所改變。

直接觀察的質化研究方法——民族誌

在社會科學研究領域中，主要有量化與質化兩大研究方法陣營，量化研究透過計量統計方法，質化研究則利用訪談或直接觀察法，並透過「思辯」來尋求事物背後的解答。

許多同學常常將質化資料與質化研究畫上等號，誤以為蒐集、分析質化資料（例如透過深入訪談）就是質化研究。其實在量化研究中一樣可以透過訪談來收集資料，再將這些資料轉化成可分析的數據，進而進行統計分析。相對的，質化研究中也可以將所收集的資料予以整理，並藉由簡單的統計分析（通常是製成圖表），來釐清事情背後的意義。

更特別的是，有一種質化研究叫做民族誌（Ethnography），根本採取直接觀察法，從事這類研究的學者會透過直接觀察，與研究對象長期相處（甚至與他們住在一起），以第一手的資料來回答特定問題，如圖 6-1 所示。

圖 6-1　民族誌
繪圖者：何晨怡

舉例來說，哥倫比亞大學的社會學教授蘇迪爾・凡卡德許（Sudhir Venkatesh），曾經出版一本《我當黑幫老大的一天》。他前後花了十年的時間，與美國芝加哥的的黑社會老大、毒販、幫派相處，最後寫出這本社會學的「經典論文」。

當然，這樣的研究方法不免受到許多學者同儕的質疑、批判與挑戰。因為除了被「量化」派別的學者批評不夠科學外，也比較沒有辦法發展出一體適用（或稱向外類推）的理論，因為論文提出的解答，只適用於特定族群。同時，研究過程中所涉及的倫理議題，更經常在執行這類研究時，引發爭議。

其實，不同的研究方法，本來就有其優缺點。量化研究與質化研究就好像倚天劍與屠龍刀，對於一位決定走學術研究路線的年輕學者來說，多擁有一種神兵利器，總是好事一件。學習研究方法可以讓自己的思慮，更加嚴謹、更有邏輯並且更有深度。

在台灣，尤其對企管研究所的同學來說，量化研究的訓練一般同學接觸較多，質化研究的訓練則相對較少，想對質化研究有所涉獵的同學，可以參考政大科管所蕭瑞麟教授所寫的「不用數字的研究」。

至於還想看《我當黑幫老大的一天》這類質化研究報告所寫成的書籍，在這裡推薦另外兩本。台大社會系藍佩嘉教授所寫的《跨國灰姑娘：當東南亞幫傭遇上台灣新富家庭》、逢甲科管所侯勝宗教授所寫的《科技意會 -- 衛星創新派遣服務》，這些都是對研究方法深具啟發的書籍。

探究線上口碑內容——網路探勘與網路民族誌

先前曾提過，在質化研究方法中，可以使用「民族誌」的直接觀察法來研究調查對象，由於其中涉及研究者的主觀判斷和處理資料能力可能使研究受到侷限。現在，由於網路的發達，網路口碑探勘技術與另一種被稱為網路民族誌（Netnography）的研究方法已受到學界普遍採用。這兩類網路口碑探勘的研究方法能夠讓我們知道，在網路上有哪些人？在何時？在何處？以及他們關心些什麼事情？探索這些資訊，有助於對企業、團體甚至是研究者個人，深入了解網路世界。

舉例來說，某一家隱形眼鏡公司原本經營相當穩定，最近突然遭到競爭對手祭出價格戰，以這家公司現有的財力，目前實在無法和對手進行削價競爭，因為一打下去即便贏了，可能也去掉半條命。因此，公司決定先透過網路口碑探勘技術，分析消費者在網路上的留言與對話，企圖找出避免價格戰的方法。

經過網路口碑探勘後發現，儘管價錢是消費者的考量因素，但意外發現他們同樣也很注重「舒適感」，因此即便稍微貴一點，消費者還是能夠接受。所以，這家隱形眼鏡公司決定改推以「舒適感」為訴求的產品，做為「產品定位」的基礎。最後果然成功地避開與對手進入價格戰的風險。

網路口碑探勘技術聽起來好像很簡單，但背後牽涉的技術其實相當複雜。舉例來說，假設透過軟體，在某一社群網站上搜尋到「XX 公司出產的機車，實在很機車」。

聽到這句話，如何讓電腦進行判讀，並且做好分析動作呢？在這句話裡，第一個機車，指的是現實世界的機車，第二個機車則是青少年的口頭禪，意思是「很討厭、龜毛、不入流，甚至是品質不好」。這兩個機車的意思不但不同，而且第二個機車還有「程度」的問題。「很」機車到底是「多」機車，在判讀上其實沒有那麼簡單。大家還可以想像一下，許多人國文程度不好，寫的文章連其他人都看不懂，並且摻雜使用符號、簡寫等「火星文」，貼在網路上，電腦又該如何判別它的真正意思。

要解決類似問題，必須發展出訊息內容量化分析、內容分析、關鍵詞分析等技術，而這些技術又與語言學、人工智慧有很大的關係。所幸，最近兩三年，這些技術都已發展成熟。

另外，有關「網路民族誌（Netnography）」，學者陳志萍（2008）曾在文獻中提到，「Kozinets（1998）提出修正『網路民族誌』的新方向：即綜合傳統的民族誌研究法（如：研究員帶著筆與紙，寫下所觀察與面對面訪談的資料）和新的線上研究方法（如：研究員本身參與線上觀察與討論、e-mail 訪問、線上即時訪談），進而成為一個適合的網路精進研究法」（如圖 6-2 所示）。

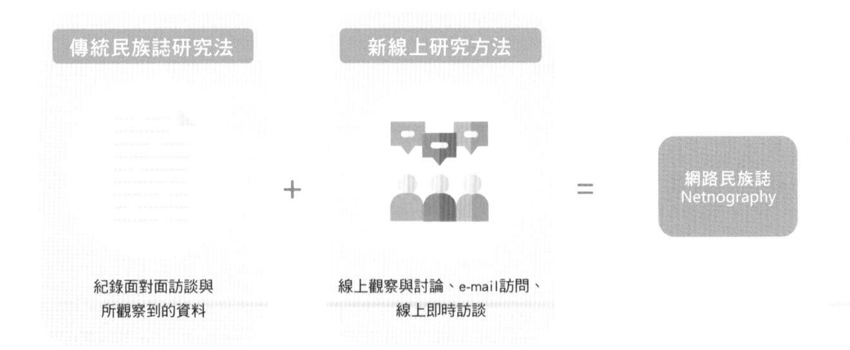

圖 6-2 網路民族誌
繪圖者：陳靖宜

網路的出現，讓口碑從無形的話語，變成可儲存、處理和分析的文字，配合網路口碑探勘技術的分析，同時結合網路民族誌的作法，讓我們能夠分析、探索網路世界裡，各種文字和符號背後的意義。儘管現階段，我們仍無法期待它能取代人類的思考，但它已確實能讓我們蒐集到更多、更即時的資訊，協助我們做出更好的管理決策。

附錄：

陳志萍 Lola C. P. Chen，精進網路研究方法 - 網路民族誌（Advances in Internet Research Methods–Netnography），圖書資訊學研究 2：2（June 2008）：1-15

神經行銷學

神經行銷學（Neuromarketing）這門學問的出現，主要是有學者認為，傳統量化或質化的研究方法，並無法真正理解消費者想法與行為的「不一致」。近年，隨著醫學「核磁共振造影（MRI）」技術的問市，讓行銷研究者有機會可以掃描個人的大腦，了解大腦如何運作，藉著自然科學的工具，協助找出問題真正的解答。

在《買我！從大腦科學看花錢購物的真相與假象（Buyology：Truth and Lies About Why We Buy）》一書中，提到一個反菸研究的案例。大家都知道吸菸有害健康，但學者研究發現，菸盒上的反菸標語，竟然會讓人更渴望抽菸。研究者先針對受測者進行問卷的填答，例如：題目問到「菸盒上的警示語，會影響你嗎？」，受試者幾乎全部填「是」。

如果進一步追問，「你會因此減少抽菸嗎？」，受試者下意識地也都填「是」。但受試者的大腦是否也真的這樣想？那可不一定！

透過核磁共振造影，研究者發現，菸盒上的警語，反而會刺激吸菸者大腦中的「依核」（Nucleus accumbens），一旦身體渴望某種東西時，這個區域的特殊神經元組織的變化，會逐漸興奮並開始產生需求，直到需求被滿足為止。

這項研究凸顯傳統研究方法上的一個大問題，當受試者填答時，往往根據自己的「認知」，而非「事實」來進行填答。

先前提過，吸菸者面對「菸盒上的警示語是否會影響自己」時，填答者可能會填寫研究人員想看到的答案，或者認為自己「應該會」而填「會」，而不是以真實的情況來回答。「應該會」填答「會」的原因，可能是自己覺得抽菸不好，或是自己認為自己會是如此，但事實卻未必如此。就像是日文所說的「口嫌體正直」，嘴巴說不要，身體卻很想要，而這也正是消費者想法和行為「不一致」的問題所在。

至於「神經行銷學」在行銷管理上的應用，有個著名的案例，那就是可口可樂和百事可樂的爭霸戰，如圖 6-3 所示。

美國拜勒大學醫學院（Baylor College of Medicine）的神經科學家雷德・蒙塔古（Read Montague）曾在 2002 年進行一項實驗。他重建了百事可樂挑戰賽的場景，並召集了一組實驗對象進行測試，同時使用核磁共振造影（MRI）來監控他們的大腦活動。

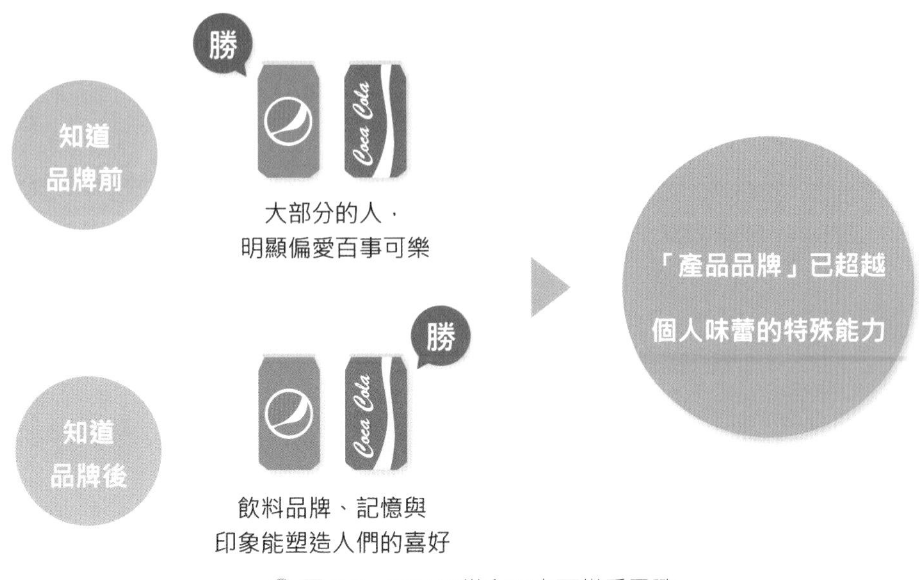

圖 6-3　可口可樂和百事可樂爭霸戰
繪圖者：彭煖蘋

首先，研究人員請受試者喝不同品牌的可樂（他們並不知道所喝可樂的品牌）。接著研究人員檢視受試者大腦的腹側殼核（Ventral Putamen）的激發程度，發現在偏愛百事可樂的人中，其大腦腹側殼核（Ventral Putamen）的活性，是偏愛可口可樂的人的五倍。這代表大部分的人明顯偏愛百事可樂，而受試者也表示自己喜歡百事可樂（這時他們並不知道可樂的品牌）。

後來，蒙塔古重複進行實驗，但這次他直接宣布了可樂的品牌。結果幾乎所有受試者都說他們更喜歡可口可樂。蒙塔古發現，受試者的大腦活動也有所不同。這次受試者大腦的內側前額葉皮質區（Medial Prefrontal Cortex）也受到了刺激。該區域影響高認知能力，代表受試者正以一種更複雜的方式來判斷可口可樂的味道，亦即人們對飲料的品牌、記憶與印象能夠塑造他們的喜好。但更重要的是，百事可樂無法達到同樣的效果。

蒙塔古的神經行銷學研究，等於顯示「產品品牌」已經超越個人味蕾的能力。

此外，神經行銷的另一個重點是，如何在廣告中加入圖像或影像的刺激，例如在廣告中塑造歡樂氣息，促使大腦將它儲存到潛意識中，如此，品牌資訊就可以快速被消費者記起。君不見，可口可樂的廣告一直努力地要把過年過節聚餐時，一定要搭配可口可樂，才是真正的歡樂，塞進消費者腦袋裡面。

雖然這個學派強調，神經行銷並不在控制消費者購買行為，而是根據消費者的大腦分析，讓企業的行銷活動更具精準性。研究人員將消費者的大腦活動拍攝下來，以了解他們如何對待其他廠牌的廣告或產品。讓企業能夠「知己知彼」而「百戰百勝」。

誠如該書作者馬汀・林斯壯（Martin Lindstrom）在書中強調，行銷管理的未來，將是「量化研究」、「質化研究」與「神經研究」三個方向，並駕齊驅（如圖 6-4 所示）。

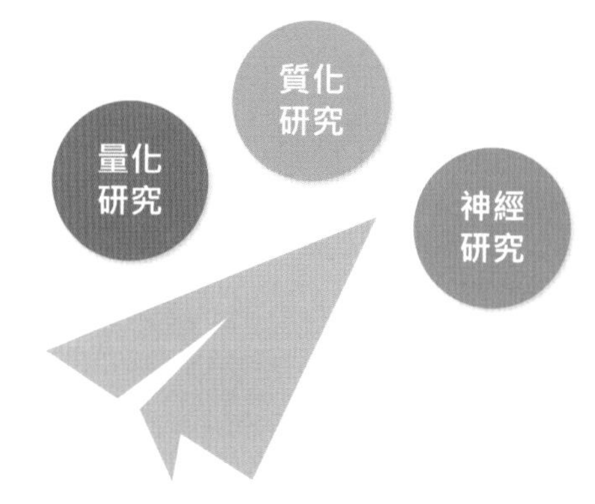

圖 6-4　行銷的量化研究、質化研究、與神經研究
繪圖者：彭煖蘋

SECTION 6-2

從觀察法、調查法、訪談法、焦點群體法、實驗設計法、次級資料法到大數據分析法

研究設計的重點在設計

有了研究題目，也做了文獻回顧，並且嚴格定義各個相關變數之後，接下來就要朝追求答案的目標前進，也就是進入研究設計（Research Design）的階段。講白一點，您知道自己要從台北去台中，總得開始「設計一連串設法抵達台中的方法」，不管您是要搭高鐵、台鐵或者客運，甚至是在路邊逢車便攔，詢問有沒有駕駛願意載您一程。

學者克林格（Kerlinger）[1] 認為，「研究設計」是說明如何針對研究問題或議題，獲得答案的計劃、結構與策略，內容包含研究者如何針對假設進行資料的蒐集，以及如何針對所蒐集的資料進行分析。另一位學者瑟爾（Thyer）[2] 認為，研究設計是如何完成研究的藍圖或細部規劃，包含變數的操作化與測量、樣本的選擇、資料蒐集的方法以及分析的步驟。簡單講，研究設計包含一系列有系統且前後密切相關的步驟，以達成研究目的所使用的方法。後人可根據研究設計之說明，重複驗證研究之結果。

舉個例子來說，如果我們想要知道——「智力是天生擁有或是後天培養？」這個研究該如進行設計？

根據研究生在課堂上的練習，可能的研究設計如下：找一群小學生，先做智力測驗，隨機分成兩組，一組給予訓練，一組則否。一年後看看兩組學生是否有

1 Kerlinger, F N (1986) Foundations of Behavioural Research, Holt, Rinehart & Winston, New York.

2 Thyer, B. (1993) 'Social work theory and practice research: the approach of logical positivism', in Social Work and Social Sciences Review, 4 (1): 5-26.

所差異。如果兩組之間有顯著的差異，就代表「智力是後天培養」；如果沒有差異，就代表「智力是天生擁有」。

現在請設想一下，這樣的研究設計是否可行？

首先，何謂一群小學生？為何要找小學生？為何不找成年人？找小學生的好處為何？在經過各種條件比較之後，我們可以找到更好的樣本嗎？在什麼樣的情況下，小學生的樣本可能會變得不夠代表性。

再來，從研究倫理的角度來看，我們真的可以找到一群小學生，並將他們分成兩組，一組有訓練一組沒訓練，時間長達一年。這有沒有違反研究倫理？

最後，研究中「訓練」的定義為何？有沒有外生變數（例如：家長搬家、小孩跟著轉學）與干擾變數（例如：小孩生了重病）的影響。

現在，再來看看學界的學者，他們會如何進行這樣的研究設計。

英國教育心理學家西里爾・伯特爵士（Sir Cyril Lodowic Burt）在研究「智力是天生擁有（遺傳）或是後天培養？」時，他的作法是，找了一堆雙胞胎、兄弟、以及沒有血緣關係但一起養育的兒童進行研究，並將雙胞胎依同卵、異卵；一起養育、分開養育進行分組。其中，同卵雙胞胎一起養育的有 95 對、分開養育的有 33 對。異卵雙胞胎一起養育的有 127 對。兄弟一起養育的有 264 對、分開養育的有 151 對。最後，沒有血緣但一起養育（如領養）的有 136 對。

其中，同卵雙胞胎好比先天是同一個人，異卵雙胞胎及兄弟則代表先天為不同的人。一起養育代表後天在相同的環境下一起成長，分開養育則代表後天在不同的環境下個別成長。

從研究的結果來看，在「智力」這個項目上，同卵雙胞胎下，一起養育的相關係數高達 0.94，分開養育的相關係數則為 0.77。這代表智力受到「後天」所影響。而同樣在「智力」這個項目上，觀看同卵雙胞胎、異卵雙胞胎、兄弟、沒有血緣關係下一起養育的相關係數，分別為 0.94、0.54、0.52、0.24，這代表智力也受到「先天」所影響（如圖 6-5 所示）。

	人數(對)	智力(r)	身高(r)	體重(r)
同卵雙胞胎				
一起養育	95	0.94	0.96	0.93
分開養育	33	0.77	0.95	0.90
異卵雙胞胎				
一起養育	127	0.54	0.47	0.59
兄弟				
一起養育	264	0.52	0.50	0.57
分開養育	151	0.44	0.54	0.43
沒有血緣				
一起養育	136	0.24	-0.07	0.24

圖 6-5　關於智力的研究
繪圖者：曾琦心

不過，在伯特爵士過世之後，卻爆發出研究數據可能造假的疑雲。普林斯頓大學心理學教授里昂・卡明（Leon Kamin）提出，伯特的三篇著名的論文中，研究對象裡雙胞胎的數目並不相同，但所得到的最終研究數據卻一樣（例如：分開養育的同卵雙胞胎智商的相關係數都是 0.771，一起養育的同卵雙胞胎的智商相關係數都是 0.944），這顯然不合理。

平心而論，透過伯特收集各種兒童樣本，並且加以比較的做法，要探查兒童智力的「研究設計」本身沒有問題，也確實能夠回答研究者當初想要解決的問題，基本上已算是成功的設計。可惜的是，最終數據卻被人點出問題。儘管伯特爵士的研究已證實「遺傳」對智力會產生重大的影響，但依舊讓這個經典案例，留下了一些遺憾。

觀察法（Observational Method）

觀察是人類生存在世界上很重要的一項工作，因為人類每到一個陌生的環境，都得先仔細查看四週，發掘有無危害自己生命的各種威脅，並設法加以排除，才有辦法安身立命。所以觀察週遭的人、事、物，便成為人類與生俱來的能力。

很多人以為「觀察法（Observational Method）」單純是使用眼睛來看，但其實觀察法是透過人類的不同感官（視覺、聽覺、嗅覺、觸覺等方法）來蒐集資料，並對資料進行分析與解釋，進而探究「問題」的一種方法。

舉例來說，一家專門生產狗飼料的公司，想要研究哪一種飼料容易造成狗的口臭。然而，「狗的口臭」這個概念要如何衡量？這時，觀察法就派上用場。首先，研究者可以透過文獻探討，針對口臭發展出一個量表，接著對幾位測試者進行訓練，協助測試者熟悉測量的方式，以及進行量表的評量。接著請測試人員，對同一隻狗，去聞狗的口臭，然後給予評分，之後再將眾人的分數加以平均，就可以得到該隻狗的口臭分數。以上就是觀察法中使用「嗅覺」，對研究目標進行觀察（如圖 6-6 所示）。

圖 6-6　使用「嗅覺」衡量「狗的口臭」
繪圖者：黃亭維

在研究方法上，觀察法包括「參與式觀察」與「非參與式觀察」兩種。

一、參與式觀察法（Participant Observational Method）

「參與式觀察法」顧名思義，是研究者親身加入所欲觀察的群體，來瞭解人物事件背後的環境、過程、關係…等，進而闡明研究發現。

舉例來說，美國紐約州立大學的教授傑瑞・紐曼（Jerry Newman）寫了一本書，《我在漢堡店臥底的日子（My Secret Life on the McJob）》，這本書就是他花了 14 個月，到全美麥當勞、漢堡王等七間連鎖漢堡店，擔任基層員工所做的觀察研究；而哥倫比亞大學教授蘇西耶・凡卡德希（Sudhir Venkatesh）則是花了十年的時間，混入美國幫派進行觀察，然後寫下很著名的質化研究《我當黑幫老大的一天（Gang Leader For A Day）》一書。

二、非參與式觀察法（Non-participant Observational Method）

「非參與式觀察法」是指研究者不直接涉入被觀察的情境。在進行觀察之前，通常會先讓被觀察者所知悉，然後開始進行觀察。但在這樣的情況下，由於被觀察者知道有研究者在身邊附近觀察，所以經常會表現出異於正常的行為。

舉例來說，管理學裡有一個很著名的研究叫做「霍桑實驗（Hawthorne Experiments）」。這個研究是由哈佛大學教授埃爾頓・梅歐（Elton Mayo）等人，在芝加哥西方電氣公司的霍桑工廠所執行。這項研究在繼電器裝配工作現場進行實驗，準備操弄各項變數（包括休息時間、點心、燈光等），企圖找出影響工廠生產力的因素。結果發現，無論哪一項因素的變化，工廠員工的產量竟然都「持續」增加（即便薪水沒有調整）。而這樣的變化，也代表研究背後有未知的干擾變數存在，因此引發梅歐開始研究社會和心理因素與生產力之間的關係。

有趣的是，這項研究後來有許多重大發現，其中之一就是提出「霍桑效應（Hawthorne Effect）」。霍桑效應意思是說，一旦員工知道自己被觀察時，他會感受到自己被重視，進而提高生產力。

此外，觀察法有助於深入了解被觀察者的行為，而且可以進行縱貫面研究（Longitudinal Research）（亦即較長時間維度的研究）；缺點則是較無法控制外生變數，較無法量化，且所花費的時間、成本可能較多。同時，觀察法容易受觀察者主觀判斷的影響，以及可能會有研究倫理如道德、隱私權等問題。

最後，行銷資料科學出現後，觀察法的工具有了大幅度的延伸。無論是透過監測軟體記錄使用者的網路行為，或是透過影像技術記錄個人肢體或是表部表情，亦或是透過聲音技術記錄個人的聊天內容…等。觀察法的應用，也變得越來越多元。

調查法（Survey Research）

日常生活中，您可能會在捷運站、百貨公司門口碰到一些街訪員，詢問可否幫他們填些問卷調查表。雖然這種填答問卷的方式，少數其實是用來促銷商品，但大多數的街訪，還是企業想要了解特定族群對某些產品和服務的意見或看法。這些男女街訪員所做的問卷調查，正是行銷研究中的調查法。

調查法（Survey Research）是透過問卷、測驗等工具，經由人員面對面、電話、郵寄、email、網站…等程序，如圖 6-7，蒐集大量特定的樣本資料，以推論母體現象的方法。在此過程中，透過調查法所蒐集到的資料，稱為「初級資料」。

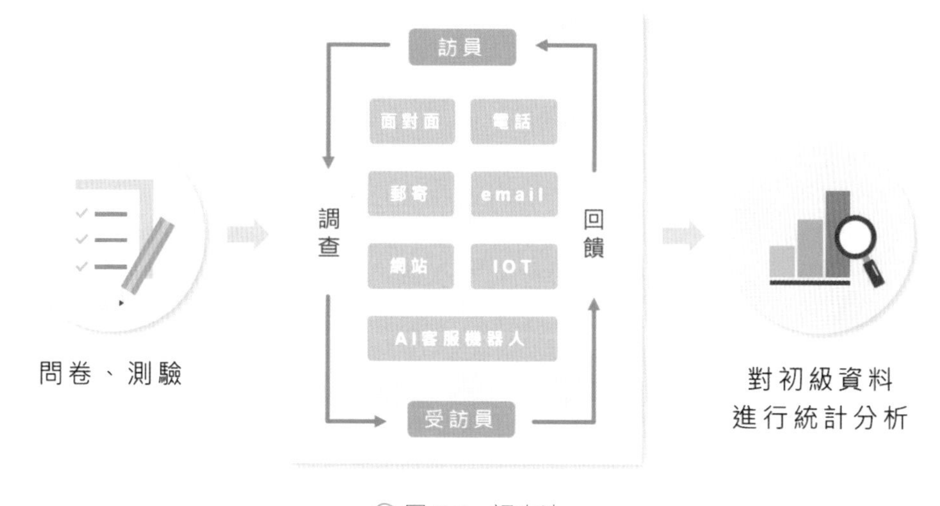

圖 6-7　調查法
繪圖者：彭煖蘋

一般來說，透過調查法所蒐集到的資料型態，通常包括下列幾種[3]：

3　周文欽，2004 年，研究方法 - 實徵性研究取向，p.145，台北，心理出版社。

1. 事實資料

可藉由客觀調查所獲得的事實資料，如受試者基本資料，包括：性別、年齡、教育程度、職業和工作所得（薪資）…等；或是受試者所擁有的實物，如是否有房、有車、存款級距…等。

2. 心理資料

受試者心裡內在的想法、動機或心路歷程等資料，包括：受試者對某品牌的認知；或是對某家餐廳的滿意度…等。

3. 行為資料

由受試者展現的行為資料。例如：受試者過去是否曾購買過某品牌的商品；或者是否參加過某品牌的活動…等。

至於，調查法在行銷研究上的優點，在於它能利用設計過的問題或量表，蒐集到一定數量樣本的資料（相對於觀察法、訪談法、焦點群體法、實驗設計法等），並且蒐集到消費者的心理資料（相對於大數據分析法等）。同時，調查法常常用來探究許多變數與變數之間的關係（這也是許多碩士論文會透過問卷調查收集資料，並透過統計分析，驗證研究架構裡各變數之間的假設）。

不過，調查法的缺點也很明顯，那就是想透過問卷，測得消費者內心真正的想法「難度」其實很高。不但消費者在填答問卷時會受到許多「干擾因素」所影響（想像一下，當您在捷運站熙來攘往的人群中填寫一份問卷，與在一個安靜的環境中填寫，可信度會差多少），加上消費者本身的記憶也未必真實（想像一下，您還記得過去六個月中，曾經掏腰包買下一款特定品牌的產品，真正的動機是什麼嗎？）。這樣的結果導致所蒐集到的資料往往會有誤差。

隨著科技的進步，能夠協助企業進行調查的工具越來越多，例如，只要拿起手機，掃描 QR 碼，手機就會跳出一張線上的問卷調查表，或是透過 IoT 設備，完整記錄受試者的行為資料；抑或是透過 AI 客服機器人來進行電話問卷調查。藉由這些新調查工具的協助，大幅提升企業和行銷人在「調查法」的效率與效能。

市場調查有用嗎？

網路上流傳著以下的故事。

有人問蘋果公司的創辦人史帝夫・賈伯斯（Steve Jobs）:「蘋果曾經想過要做市場調查嗎？」

賈伯斯：「沒想過，因為大部分的時候，消費者並不知道他們自己需要什麼，直到我們做出產品給他。」

賈伯斯的回應，就好像福特汽車創辦人亨利・福特所說的：「如果我問顧客想要什麼？他們會說『我想要一匹跑得更快的馬』，而不是一部車。」

某人問：
「曾經想過做市場調查嗎？」

賈伯斯（Steve Jobs）答：
「沒想過，因為大部分的時候，消費者並不知道他們自己需要什麼，直到我們做出產品給他。」

↕

正如亨利福特所說：
「如果我問顧客想要什麼，他們會說『我想要一匹跑得更快的馬』。」

圖 6-8　網路上流傳的故事
繪圖者：傅嫦珊

的確，在汽車被大量商品化之前，如果我們對消費者做市場調查，肯定是問不出他們需要「汽車」這個產品的。同樣地，在 iPhone 3G 還未出現之前，我們問消費者，也問不出 iPhone 長的怎麼樣。

一直以來，行銷人都很確信「市場調查」能協助企業，調查出消費者已知的東西，例如對現有產品的偏好、對現有服務或生活的認知、對某件事情的看法。但是，「市場調查」往往無法調查出消費者未知的東西，就好像劃時代的 iPhone 與目前大受歡迎的特斯拉電動車一樣。

所以，市場調查到底有沒有用？平心而論，這要看進行「市場調查」的目的。同樣以「新產品開發」為例，如果是要調查現有產品的優缺點、消費者的使用狀況…等，才能對現有產品加以進一步的優化，這個時候，「市場調查」就有其效用。

舉例來說，世界知名的設計公司 IDEO，曾經接受過一個商場購物車的專案任務，在 4 天的時間裡，IDEO 的設計團隊透過市場調查，訪談相關利害關係人，最後設計出一款造型簡約、結構讓人驚艷的購物車。請見：

IDEO Shopping Cart design project

https://www.youtube.com/watch?v=z720hSIJN7o

不過，如果企業是想要提出一項具有創新思維的新產品，市場調查的效益就會受到限制。

儘管進行市場調查，不太容易直接從消費者口中問出具有創見的想法，但是擁有「洞見」能力的行銷人員，卻能夠透過市場調查，來增加對不同消費者樣貌與狀態的了解，再配合個人與團隊創意思考技術的協助，發展出創新性的產品、服務或者是新方案。

舉例來說，在行銷管理學裡有個著名的廣告個案，美國租車公司艾維斯（AVIS）曾透過主打「艾維斯（AVIS）只是老二，所以我們會更努力（Avis is only No.2 in rent a cars. So we try harder.）」的廣告，成功地在市場上佔有一席之地。而這個廣告的產生，則源自於廣告公司裡一位具有洞見思維的行銷人，她在訪談完艾維斯的員工後所提出的創意。

因為確認在短時間還無法向市場第一的赫茲租車挑戰，因此艾維斯乾脆坦承自己只是第二，未來只能更努力地服務租車的消費者。也多虧了這則廣告，Avis 的年營業額從每年 10%的年增率，一次拉高到 35%，而“ We Try Harder”也成為最著名的廣告系列之一。

市場調查有用嗎？您覺得呢？

訪談法（Interview Research）

訪談法，又稱深度訪談法（In-depth Interview），顧名思義是透過對受試者進行訪談的一種研究方法。在行銷研究中，依研究目的不同，主要的受訪者可能是 B2C（Business to Consumer）的消費者、B2B（Business to Business）的顧客、公司的業務人員、企業的上游供應廠商…等。常見的途徑則包括面對面訪談、電話訪談，或是網路訪談…等，以了解受試者的真實想法。

以下，簡單就訪談法的注意事項，依訪談前、中、後進行說明。

一、訪談前

為了確保訪談的有效性，可透過對訪談過程的標準化，讓每一次的訪談程序盡可能一致，以降低每次訪談的差異。「標準化」能使每位受訪者經歷相同的訪談程序，無論是訪問方式、記錄方式（含錄音或錄影）…等。這樣的作法，在確保所蒐集到的資料，其差異性是來自於受訪者，而非訪談過程中不同情境所帶來的干擾。

為了做到訪談標準化，除了要有一致性的訪談程序外，還要對訪談者進行教育訓練（訓練也需要標準化）。例如，在標準化的過程中，訪談員必須逐字將題目唸清楚，並做到訪問過程中的語氣、聲調、詞彙用語、時間都能有一致性。同時，訪談者必須有能力「追問」受訪者不適當的答案、也不能有錯誤的引導、不正確的記錄…等。

此外，關於訪談題目的設計，許多時候受訪者會希望能在訪談前就看到題目，讓他們可以先思考與準備。這時，訪談題目不宜過多，以避免受訪者一看到訪談題目就不想參與訪談。另外，像是題目中如果有名詞定義不清，例如：受訪者可能不清楚何謂「網路行銷市場區隔」，所以必須在訪談之前，先針對網路行銷市場區隔，做一簡單的解釋，進而讓受訪者可以理解。

同時，在設計題目時，建議題目中的問項不宜太多，例如：「您認為網路行銷市場區隔專案成功的因素為何？有何困難？該如何克服？」在這個題目中，一次問到了三個題項，很容易導致受訪者只針對某一問題進行答覆。因此，建議將此題修改成三個問題，並按照答題的邏輯內容依序詢問。最後，針對開放性題目，建議可明示答案需要幾個重點，例如：「請舉出三項網路行銷市場區隔之關鍵成功因素（CSF）為何？」，如此才可確保受訪者的答案不致於過於發散。

當訪談題目設計出來後，還需要進行預試（Pretest）。預試的過程可能是請專家與潛在受訪者，先進行小規模的試訪，進而瞭解在訪談過程中可能遇到的問題，以進行問卷題目與訪談程序的修改。

同時，在對受訪者進行預試時，可透過「認知研究技術（Cognitive Research Techniques）」，請受訪者直接將其思考的過程說出來，以確認一些題意不清或在回答上會遭遇的困難，進而修改問卷題目。

二、訪談中

訪談的時間長度應適中，大約三十分鐘到一小時左右，因為如果時間太短，可能問不到想問的問題；時間太久，訪談者與受訪者都會感到疲累。

在訪談的過程中，應盡量鼓勵受訪者說話，訪談者不要因為解釋問題的題意而浪費許多時間。訪問前要讓受訪者放鬆心情，在沒有壓力的狀況下暢所欲言。最後，訪談者可善用沉默技巧或是傾聽的眼神，讓受訪者進行補充。

三、訪談後

在進行訪談資料分析的過程中，應至少由三位（含）以上人員來執行，以降低主觀的陳述，進一步獲取更客觀的答案。

值得一提的是，有些規範嚴謹的訪談，除了會對訪談者與資料分析人員進行「訓練」外，還會強調「督導」的角色。亦即在訪談過程中，特別設置「督導員」，來協同訪談，如圖 6-9 所示。

圖 6-9　訪談過程人員配置
繪圖者：傅嬿珊

督導員會觀察與記錄訪談者在蒐集資料過程中的訊息，以確保訪談者都能按照標準化的程序進行。過程中訪談者沒有不適當的引導，或是做出個人主觀的判斷與結論。督導員的設置，可以降低訪談者之間的不一致性，以確保所蒐集的資料，其差異是來自於受訪者。

焦點群體法（Focus Group Interviews）

在行銷研究當中「焦點群體法（又稱焦點群體訪談法）」[4] 是經常被使用的一種研究方法。焦點群體法是將質化研究中的深度訪談法，延伸到小團體的訪談方法。它可以和個別訪談法加以搭配，以彌補訪談時的不足，進而深入探究研究問題。

4　或稱為焦點群體法、焦點訪談法、團體深度訪談法等。

行銷人為了了解消費者個人的想法、意圖和動機，經常找到個別的消費者進行「深度訪談」。在訪談的過程中，常常只有研究者與受訪者兩個人面對面的交談而已。

現在，請想像一下，如果一次找到五到十個受訪者，以類似「座談會」性質的方式提問，丟出一個問題後，由這些受訪者共同回答。當受訪者可以看到其他受訪者的回應方式，在「集思廣益」的情境下，研究者可以獲得（比深度訪談法）更大量的語言與非語言的資料。這就是所謂的「焦點群體法」。

焦點群體法是一個謹慎規畫的集體討論會議，在執行焦點群體法時，人數通常是由 5 至 10 人所組成，但亦可彈性調整，通常少至 4 人，最多 12 人[5]。而執行環境應在一個舒適、不被打擾和無威脅的場域中，讓受訪者能暢所欲言，如圖 6-10 所示。

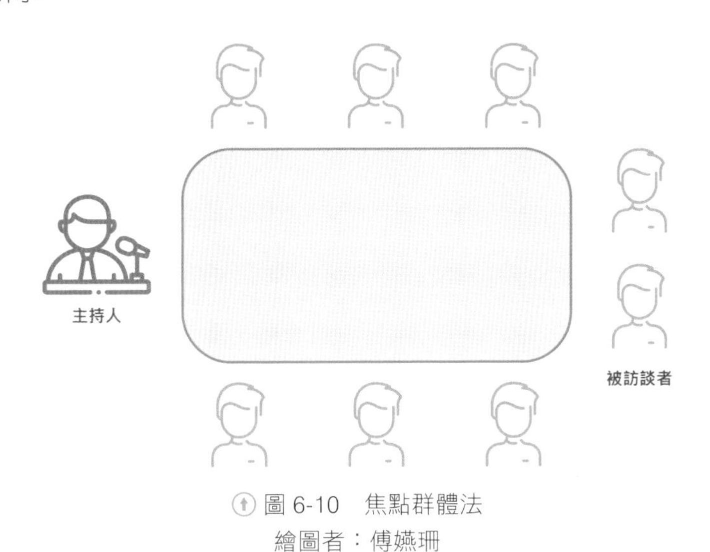

圖 6-10　焦點群體法
繪圖者：傅嬿珊

一般進行焦點群體訪談所需的時間，大約是 1.5 至 2 個小時左右。不過，研究的主題以及參與訪談的人數，都會影響訪談的時間。所以，1 至 3 小時都是合

5 Krueger, R. A. & Casey, M. A.(2000). Focus groups: A practical guide for applied research 3rd. Thousand Oaks, CA: Sage.

理的範圍[6]。在進行訪談時，受訪對象的知識水準應盡量接近，同時主持人需受過訓練，以防在訪談過程中偏離議題或失焦，且其性別盡可能呼應主題或是與受訪者相同。至於同一研究問題，應該舉辦幾場「焦點群體訪談」才算完成，可視所獲得資料的「飽和度」而定。研究者如果在舉辦二、三場後，發現沒有出現新的回應資料，就可以停止。

此外，在行銷上，焦點群體訪談的使用時機，通常有以下幾點[7]：

1. 研究者想要了解消費者對某件事情的看法或感受。
2. 想了解不同群體，例如：重度使用者 vs. 輕度使用者；創新採用者 vs. 落後使用者…等，在看法上的差異。
3. 想探究影響個人動機、行為…等背後的可能因素。
4. 想獲得更多的創見。群體的互動與交流，通常能夠比個人的思考與想像，獲得更多的靈感。
5. 想發展初步的研究概念、架構、計畫、與執行細則。多數人的回饋有助於研究計畫的發展。
6. 想增加大規模量化研究的價值以及降低執行時的風險。在進行複雜量化研究之前，透過焦點群體訪談，能提供研究人員有價值與降低風險的看法。
7. 想進一步解讀經由量化研究所蒐集到的資料，以產生更多的洞見。
8. 想蒐集更多消費者對彼此意見的看法與回饋，這些資料不容易透過調查法或個別訪談來獲得。

值得注意的是，研究者可以經由這樣的參與過程，取得具多元性與差異性的受訪者觀點，甚至是最終的團體共識。

6 Vaughn, S., Schumm, J. S., & Sinagub, J.1996/1999. Focus group interviews in education and psychology. Thousand Oaks, CA: Sage.

7 以下面出處進行修改與補充，Krueger, R. A. & Casey, M. A.(2000). Focus groups: A practical guide for applied research 3rd. Thousand Oaks, CA: Sage.

實驗設計法（Experimental Design Research）

提到科學實驗，大家應該還記得小學時做過的「種綠豆」實驗嗎？就是將綠豆放在不同的地方（土裡、水裡或棉花裡等）或是利用不同的陽光照射量（照射全天、照射半天，或者完全不照陽光等）處，以觀察、比較不同環境對綠豆芽成長的影響。這種研究方法稱為「實驗設計法（Experimental Design Research）」。

實驗者透過操弄一個以上的「變數」來比較結果的差異。過程中，被操弄的變數稱為自變數，而自變數被操弄的那一組，則稱為「實驗組（Treatment Group）」，自變數不變的，稱為「控制組（Control Group）」。回到種綠豆實驗，陽光的照射量就是自變數，而日照全天的就是控制組。

至於實驗設計的類型，包括：實驗室實驗法（Laboratory Experiments）與田野實驗法（Field Experiments），如圖 6-11 所示。

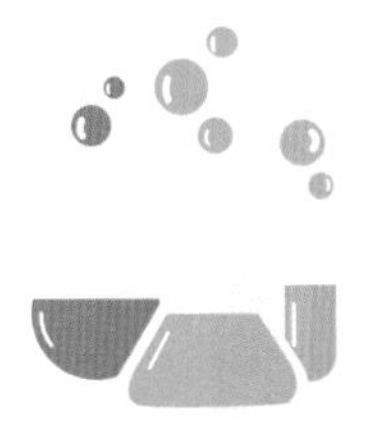

實驗室實驗法	田野實驗法
在封閉的系統內研究變數與變數間的關係	在真實的情境裡所進行的實驗
例如：綠豆實驗	例如：網路行銷的 AB Testing

圖 6-11　實驗設計的類型
繪圖者：彭煖蘋

「實驗室實驗法」顧名思義是在實驗室裡進行實驗，它的優點是能控制整個研究情境，讓研究者在一個封閉的系統內，研究變數與變數之間的關係（例如一次只改變一個變數，或兩個變數）。前面所提到的綠豆實驗，如果在實驗室裡進行，就可以完全避免其他干擾因素的影響（想像一下，在野外會有多少變數會影響豆芽的生長），並精確操弄各種變數（如照明時間長短）。

「田野實驗法」則是在真實的情境裡所進行的實驗，並在行銷研究中大量地被使用，例如，網路行銷裡常見的 AB Testing 就是這一種類型。不過，也因為田野實驗法是在真實的情境裡進行實驗，因此無法控制情境背後的干擾因素，進而導致田野實驗法的信效度，會比實驗室實驗法來的不足。

實驗設計法能完全控制自變數，可瞭解某一變數的確切影響。透過精確的觀察，可確定變數之間的因果關係。

一般而言，欲證實 X 與 Y 之間有因果關係存在，須符合下列條件：

1. X 的變動，會影響 Y 的變動。
2. 從發生的時點來看，X 必須在 Y 之前。
3. 其他可能影響 Y 的原因，必須加以排除。

從以上的說明來看，實驗設計法較適合探討因果關係的問題。

至於實驗設計法的缺失，在於實驗情境有時並不容易建立或控制（無論是在實驗室進行實驗的成本考量，或是真實情境下背後干擾因素的難以控制）。此外，實驗對象的代表性必須足夠，以避免獲得錯誤的研究結果。

最後，要判斷一個實驗設計是否完善，通常會透過內部效度（Internal Validity）與外部效度（External Validity）來評量。

內部效度意指能否掌控好自變數，當愈能控制好自變數，內部效度就會愈高。因此，研究者將其他無關的變數控制的越好，自變數解釋應變數的能力越高，此時內部效度愈高。

至於該如何增加內部效度？主要的做法在降低實驗期間所發生的干擾。透過熟悉實驗流程、增加衡量工具本身的信效度、隨機分派實驗對象…等。

至於所謂的外部效度（External Validity），意指實驗結果能否「類推」到其他情境的能力（亦稱「一般化」的程度），一旦可以類推的程度愈高，則外部效度愈高。舉例來說，A、B 兩個實驗結果，A 的結果只能向外推展到兩個不同情境，可以得出同樣的結果，而 B 的結果則是在每個不同情境，都能適用或解釋，則 B 的外部效度遠大於 A。

對香草冰淇淋嚴重過敏的轎車

做研究，貴在針對問題來解決問題。因此，行銷研究就要對行銷上的疑難雜症，提出解決之道。而在行銷管理學「顧客抱怨」的範疇裡，就有一個很經典的行銷研究案例。

美國通用汽車旗下的龐帝克（Pontiac）品牌部門，在 1970 年初期，曾經收到過一封顧客寄來的抱怨信。內容是這樣說的：「我之前寫過抱怨信，但我不怪你們為何沒有回信，因為我知道這件事情的確很扯，但它確是個事實。我們家有個習慣，晚餐後都要吃一杯冰淇淋。同時，我們會用投票決定冰淇淋的口味。神奇的事情發生了，每當我開車去買冰淇淋時，如果買的是香草口味，車子就會難以發動，但如果買的是其他口味，車子發動就沒問題…」（如圖 6-12 所示）。

儘管龐帝克的主管對這樣的投訴半信半疑，但秉持著「顧客至上」的信念，還是派了一名引擎工程師前去了解狀況。工程師到了這名顧客家裡，剛好要去買冰淇淋，而當天的投票結果正好是香草口味。到了現場買了冰淇淋之後，車子果然發動不了，十足應驗了這名顧客的說法。

有趣的是，後來接連幾天，工程師每天晚上都陪著顧客一起去買冰淇淋。結果只要買的不是香草冰淇淋，汽車馬上就能發動開走，但只要指名買香草冰淇淋，汽車就發動不了，癱在原地，讓人好奇的是，難道這部龐帝克真的對香草冰淇淋「過敏」？

圖 6-12　對香草冰淇淋嚴重過敏的轎車
繪圖者：張琬旖

後來，不死心的工程師開始著手進行研究，並分析之前記錄的各種詳細資料，包括開車時間、停留時間、回到家的時間、使用油品的種類、車況…等。經過分析，工程師終於發現，顧客購買香草冰淇淋的時間，通常比其他口味要來的短。而因購買的時間較短，導致引擎散熱不足，氣鎖無法解除，造成發動失敗。汽車的引擎需要更多的時間消散熱量，然後才能重新啟動。

有趣的是，那同樣都是買冰淇淋，為什麼購買香草口味的時間，要比購買其他口味的冰淇淋還來的短呢？工程師發現，原因在於香草冰淇淋是該店最暢銷的產品，所以冰淇淋店往往就將香草冰淇淋，擺在離收銀檯最近，且顧客最容易拿到的地方。在這種情況下，汽車難以發動，並非是對香草冰淇淋「過敏」，而是因為店內擺設距離這項原因。

許多事情表面上看起來一個是前因，一個是後果（就像在投訴者的眼光中，香草冰淇淋是因，引擎難以發動是果），但兩者之間是否真的存在因果關係，需要嚴謹的研究來釐清。

設計數位推力（Digital Nudging）不簡單

您有沒有被同事或朋友用手肘輕輕推過的經驗，他可能是在提醒您要準備上台演講了，或者是老板在注意您了。在英文中，這個用手肘輕推的動作叫做 Nudge（中文翻成「推力」）。更進一步來說，它可能是稍微施點力道，把人往某個方向輕輕推一下，設法讓他完成某件事。現在在商場上，許多消費者行為研究者都在注意一個趨勢，因為企業廠商有時候只要稍微動個腦筋，就可以在消費者身上施加「臨門一腳」，讓消費者完成資料填寫，或者完成某項交易。

現實生活中，類似這種設置「推力」的環境還有很多，舉例來說，許多男廁的便斗上，會故意畫上一隻小小的黑色蒼蠅，這讓許多男士不自覺地自動瞄準，而根據統計，透過這樣的巧思，能使得尿液外濺的比例減少 80%，讓清潔人員省力很多，如圖 6-13 所示。

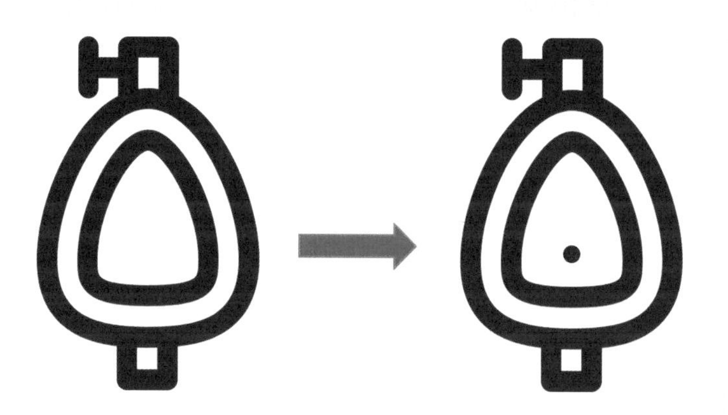

瞄準黑點，進而使得外濺的比例減少80%

圖 6-13　推力範例
繪圖者：鄭雅馨

Nudge 一詞，係由行為經濟學領域的權威、2017 年諾貝爾經濟學獎得主理查・塞勒（Richard H. Thaler）所提出。而將這樣的概念應用到行銷上，企業只要稍做 Nudge，就很可能會促使消費者完成某些採購決策或行為。

例如太古可口可樂銷售經理潘利華分享過一個實例，賣場將大包裝的瓶裝飲料從貨架上移到地面上，銷售量因此增加一倍。主要的原因是，大包裝飲料放在地上，能增加同一區域陳列的位置，並加上提把，消費者可以方便提取。同時一整排大包裝飲料放在地上，會讓人感覺貨品熱銷且價格實惠。

到了 2016 年，德國企業管理學者馬庫斯・溫曼（Markus Weinmann ）等人，將推力的概念延伸到數位世界，提出「數位推力（Digital Nudging）」的概念。他們定義的數位推力，意指運用「使用者界面」設計，同樣可以引導人們在數位選擇環境下的行為。

一樣舉上述可口可樂的案例，「推力」的概念在網路行銷上同樣有效。舉例來說，某家餐廳只是將外賣網頁上的品項中的「可樂」，改成「可口可樂 300ml」，並於同類飲料中置頂，和其他餐點形成套餐組合。這樣的一個小動作，讓這家餐廳外賣的銷量成長了三成。

要提醒注意的是，「推力」可以將消費者往好的方向推，也可以往壞的方向推。台灣某家媒體曾舉辦會員制，原本每個月只要十元的會費，引起不少消費者注意和加入，但它在會員加入資訊的末端，卻加入「如果未將續會意願勾除，第二個月起，會自動扣款一百二十元」。原本認為這只是貼心的「推力」，沒想到卻引發消費者的大反彈，到消費者保護基金會申訴。

至於該如何發展出有效的行銷推力？透過消費者的大數據分析，以及嚴謹的消費者行為研究，再加上創意，就有機會獲得。不過這部分的投入要很用心。值得一提的是，可口可樂為了研究消費者的心理，甚至開始透過虛擬實境 VR 技術與眼球追蹤技術來進行。

＊ 資料來源：Weinmann, M., Schneider, C., & Brocke, J. V. (2016), Digital nudging, Business & Information Systems Engineering, 58(6), 433–436.

次級資料法（Secondary Data Research）

「次級資料法（Secondary Data Research）」，係指利用其他人所產生的資料來做行銷或社會科學研究。它常常被用來理解已知的事實，或者做為研究中推導假設和建立理論時的基礎或工具。

這裡的所謂「次級資料」，係指相對於研究者本身所調查得到的資料的「一手資料（亦稱初級資料）」而言，並不像二手車或二手貨，略帶貶抑的意味。使用次級資料來做研究，有兩大好處，一是可以快速取得，其次則是可以省下研究經費。

在行銷研究的過程中，有些研究並不需要研究者親力親為，舉例來說，像是由台北發跡的企業，想進入台中這個新市場，並不需要自己去調查台中有多少人口、男女、性別和轄區分佈的狀況，因為很可能在政府單位都已調查過，而且會比自己來調查更精準許多。因此有關次級資料的來源，可依企業內部和外部做區分，分為內部資料與外部資料，如圖 6-14 所示。

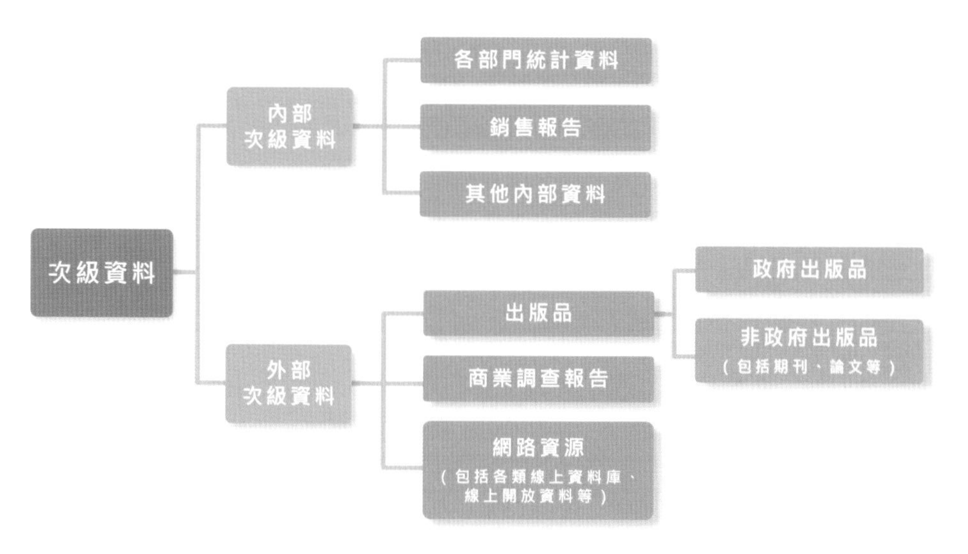

圖 6-14　次級資料的來源和分類
繪圖者：彭媛蘋

首先，企業內部資料指的是一家公司內部本身所擁有的相關資料，包括：各部門的統計報告、銷售資料…等。

至於外部的次級資料，包括各類出版品、商業調查報告、網路資源…等。例如：政府的出版品（如：經濟部的中小企業白皮書、文化部的出版產業調查報告）、非政府出版品（如：一些學會、協會出版的期刊與論文）、商業調查報告（如：市場調查或行銷研究公司所出版的報告）與網路資源（如：線上資料庫、線上開放資料）…等。

一般來說，次級資料法即是針對這些資料進一步進行整理、分析、與歸納。然而，次級資料法看上去很容易，但過程卻不簡單，因為研究者要從眾多零散、不規則的次級資料裡，看出資料背後的脈絡與洞見，甚至歸納出一個通則，這需要很豐富的經驗與概念化能力。

在企業的研究中，次級資料的運用可以很多元，像是解決企業中實際發生的問題、發展選擇方案、評估市場潛量、市場佔有率、廣告效益等，常會運用到次級資料

不過，次級資料在使用上還是存有若干缺點，因為這些外部資料的調查單位關切的，可能無法完全解答研究者所關心的問題，甚至不是研究者所希望探討的方向。至於研究者該如何看得次級資料，應該是把初級資料及次級資料研究視為互補，而非替代。因為研究的產生，通常是由於研究者希望回答某些特定問題或達成特定目的，而這目的達成或相關問題的答案都需足夠的資料來支持。

此外，次級資料的品質參差不齊，在尋找與引用次級資料時，一般還是有等級區分。畢竟通過 SSCI、SCI 或 EI 評選的期刊論文，要比一般網路文章，在嚴謹度上就高很多。以下簡單介紹評估次級資料的一些準則：

1. **可靠來源**

   政府出版的調查報告、國內外 SSCI、SCI、EI、TSSCI 的期刊論文、專業書籍等，可靠性較高。

2. 出版目的

一般來說，政府或非營利組織的出版品，資料會比較公正且客觀。

3. 研究方法

從資料產出過程的說明中來判斷品質。透過越嚴謹的方式所獲得的資料，品質度越高。

4. 信賴品質

如果一份報告呈現出來的品質很高，通常我們對它的信賴度也會拉高許多。

何謂文獻探討（Literature Review）？

第一次做學術研究的人，總會好奇為什麼要閱讀前人的文獻？有時候會驚訝相關文獻怎麼這麼多？有時候，又會訝異於相關文獻怎麼這麼少？各種情況不一而足。其實，進行文獻探討，可以讓研究者少走一些冤枉路。在台灣科技大學教授「研究方法」已有廿多年的林孟彥教授就指出，在研發車輛的過程中，如果文獻中已經告訴您，圓型的輪子是讓車輛走起來最順利，沒有做過文獻探討的人，就可能又從三角型或四方型的輪子從頭研發起，而最終的結果是，平白浪費許多時間。

文獻探討又稱做文獻回顧，文獻探討工作是對研究主題相關文件（包含出版品與未出版品）的蒐集與整理過程。蒐集文獻的內容，主要是用來瞭解與研究主題相關之概念、理論、研究方法、實證資料…等，讓研究人員可對所蒐集的資料進行引用、思考、批判與評估。

文獻探討主要回答的問題包括（如圖 6-15 所示）：

1. 過去有哪些主要理論與研究主題相關，其發展為何？
2. 研究主題中，有哪些主要的概念與變數，其定義與量表為何？這些變數與變數之間的關係為何？其假設為何？
3. 研究主題中，過去有哪些主要的議題以及所產生的爭議？這些議題與爭議的背後，還有哪些問題亟待解決？

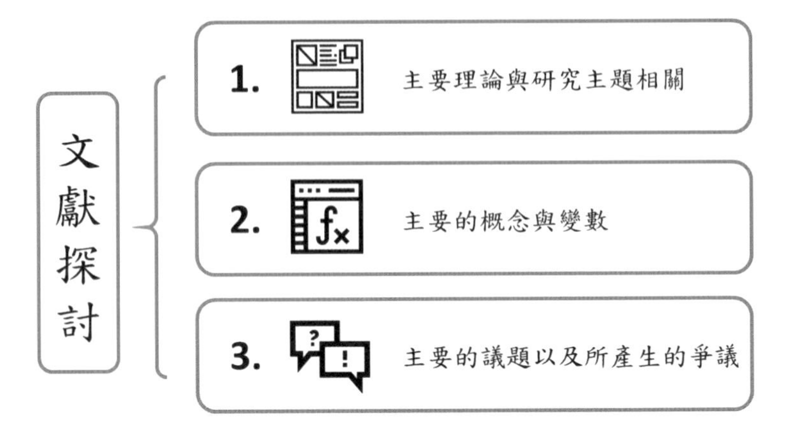

圖 6-15　文獻探討主要回答的問題
繪圖者：鄭雅馨

讓我們以口碑傳播研究為例：

過去主要的理論為何：經過文獻探討發現有正面口碑、負面口碑、網路口碑等型態。

發展為何：從 1950 開始發展，到目前為止，已有超過 1,000 篇以上的口碑文獻被發表出來。

有哪些主要的概念與變數：口碑傳播的過程有發訊端與接收端，背後的概念與變數包括：訊息內容、發訊端發訊的動機與行為、或是接收端接受訊息之後的行為，以及傳遞過程中是否會有干擾變數存在，或是主動搜尋口碑的動機與行為等。

變數跟變數之間的關係為何：例如，當消費者在購物後獲得滿足，是否會去傳達正面口碑，又會傳給多少人，其中的假設是什麼？

口碑傳播研究過去有哪些主要的議題：例如，如何增加正面口碑；如何抑制負面口碑；如何管理網路口碑等。**至於所產生的爭議：**例如，滿意的顧客真的只會傳遞正面口碑嗎？是否有可能不傳遞正面口碑？處理好顧客抱怨，是否真的能讓顧客化不滿為滿意，進而創造正面口碑？透過文獻探討後，我們便可以發現有哪些領域或區塊的研究，還有缺口尚未完成。

林孟彥說，文獻探討的功用主要是提供研究主題背後理論參考的依據，並且協助研究者發展研究架構、命題或假設，並且必須批判過去文獻的優劣和不足之處。在撰寫文獻探討時，千萬不要將所有參考的文獻內容都寫進來，最忌諱做成「列表式」的文獻回顧，搞得好像在寫教科書一樣。文獻探討只要寫出與自變數、應變數、以及變數與變數之間相關之研究即可。

最後，文獻探討也不是只有在文獻回顧那一章節才會出現，文獻探討的內容除了見諸「緒論」和「文獻回顧」之外，也可以在研究結果那一章呈現出來，以便和您的研究成果，相互輝印。

學術界對大數據的新看法

使用大數據來預測實務世界裡的現象，需要「理論」來支持嗎？以往可能有人說不必，但是澤基・西姆塞克（Zeki Simsek）等學者，最近在頂級的管理學期刊 Academy of Management Journal 主編的話（From the Editors）專欄中，提出對大數據的新看法（New Ways of Seeing Big Data）[8]。他們認為，如果沒有「理論」，大數據方法通常無法對其應用的管理現象進行解釋，同時大數據也不能替代嚴謹的研究設計。

建構理論一直是學術界做研究時追求的目標。過去幾年，大數據研究盛行，因為在資料驅動（Data Driven）的世界裡，整理、分析資料，並從中建立預測模型，成為學界的新潮流。但這股風潮對於建構理論卻不那麼重視。西姆塞克等人最近觀察到，關於大數據研究的觀點，主要有以下三類特徵：一、研究從小數據到大數據，以達到資料驅動的目的；其次，研究則從強調「因果關係」到探究資料背後的模式與相關性；三，研究也從驗證理論到從資料中發現新見解，如圖 6-16 所示。

8 資料來源：Simsek, Zeki, Eero Vaara, Srikanth Paruchuri, Sucheta Nadkarni and Jason D. Shaw (2019), "From the Editors: New Ways of Seeing Big Data," Academy of Management Journal, 62(4), 971-978.

大數據研究觀點

小數據到大數據 達到資料驅動目的	從強調因果關係 到探究 資料背後模式與相關性

從驗證理論 到發現新見解

⬆ 圖 6-16　大數據研究的觀點
繪圖者：曾琦心

西姆塞克等人認為，這些特徵看似合理，但真正重要的是大數據背後的「大數法則」，因為在具有足夠的資料與樣本的狀況下，錯誤（與不確定性）必然會降低。此外，運用大數據分析所獲得合理結論的意義，遠大於大數據本身的特徵（數量 Volume、速度 Velocity 或類型 Variety…等）。因此，關於大數據的研究，真正的問題不在於大數據本身，而是思考、蒐集和調查大數據的方式。

不過，話說回來，西姆塞克等人提醒，如果沒有「理論」來支撐，大數據方法就無法對其應用的「管理現象」進行解釋，甚至無法類推。大數據也不能取代嚴謹的研究設計，以及對研究問題的適當考量。

他們因此鼓勵研究人員，除了強調大數據的資料蒐集、儲存、整合、分析、報告、以及視覺化的邏輯之外，並擬定和傳達其研究的研究設計，因為如果資料的建立、操弄、分析的透明度很低，其他研究者將難以「重現」與「延伸」該研究，也有違科學方法傳承的目標。西姆塞克等人建議，有關研究設計，可先用小樣本確定效度，或是結合其他研究方法，以確定效度和闡明研究過程。

他們並提醒，在大數據研究中，將「資料」轉換為「構念」和「變數」的過程常常缺乏透明度，也少有明確的理論推導。因此，必須有效說服其他研究者（通常是審稿者與學者），從大數據中發現的相關模式是合理的，而非僅僅是「偶然」的關聯。同時，無論研究者是使用何種分析技術，都應清楚描述各種變數與各變數的關聯程度，而不是將它們掩埋在「黑盒子」中。更重要的是，研究者有義務證明其所使用之工具和技術的合理性。

最後，西姆塞克等人提到，雖然大數據研究有其應該強化之處，但對於理論測試，大數據研究方法與統計推論方式同樣有效，甚至更好。尤其，在運用視覺化方式呈現研究結果，大數據研究具有非常強大的優勢。

大數據分析的三大障礙

「大數據」問世之後，很多企業把大數據當成解決企業問題的良方。儘管大數據同樣可依現代科學方法來研究和處理難解問題，但義大利科學家薩羅・蘇奇（Sauro Succi）博士和倫敦大學學院（UCL）名譽教授彼得・科維尼（Peter V. Coveney）指出，大數據分析仍存有三大障礙無法突破，因此雖然大數據帶來新視角，但企業卻不能把它當成救世主。

蘇奇與科維尼於 2019 年 2 月 18 日，在期刊 Philosophical Transactions A 上，發表了一篇名為《大數據：科學方法的終結？（Big data: the end of the scientific method ？）》[9] 文章。蘇奇與科維尼認為，我們身處的世界非常複雜，因此大數據研究方法所提出的一些主張仍需要修訂。因為源自於伽利略的「現代科學方法」，背後存在著一些障礙，這些障礙包括：非線性（Nonlinearity）、非局部性（Non-locality）和高維度性（Hyperdimensions），如圖 6-17 所示。

9 資料來源： Succi S, Coveney PV. 2019 Big data: the end of the scientific method? Phil. Trans. R. Soc. A 377: 20180145. http://dx.doi.org/10.1098/rsta.2018.0145

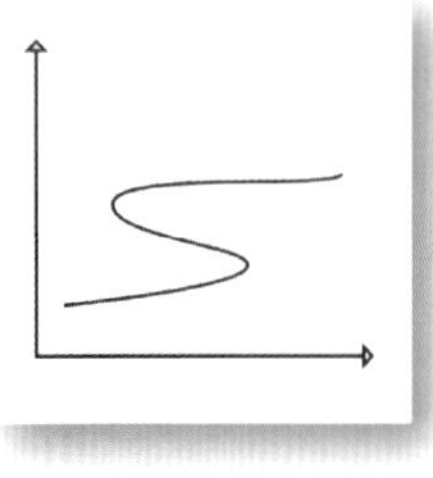

非線性（nonlinearity）

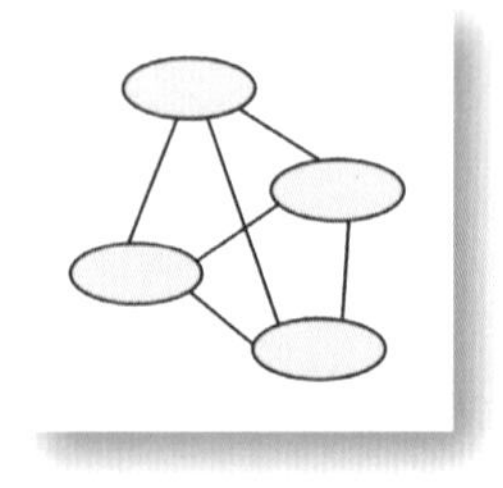

非局部性（non-locality）

高維度性（hyperdimensions）

圖 6-17　大數據分析的三大障礙
繪圖者：張琬旖

一、非線性（Nonlinearity）

非線性是在理論建模時，眾所周知的難題。非線性建模最典型的案例，就是氣象學裡的「蝴蝶效應（Butterfly Effect）」。一隻小蝴蝶在中美洲的古巴拍拍翅膀，能在美國德州引發龍捲風嗎？（Does the Flap of a Butterfly's wings in Brazil Set Off a Tornado in Texas ？[10]）

蝴蝶效應是由美國氣象學家，也是麻省理工學院的教授愛德華・諾頓・羅倫茲（Edward Norton Lorenz）所提出，意思是指在一個複雜的系統中，一個變數的微小變化，加上了背後的連鎖反應，將會對整個系統造成巨大的影響。而這種非線性的影響，大大限制了模型的預測能力。大數據分析可以協助解決一些非線性系統的問題，但許多機器學習演算法的基本假設，並不適合用在非線性系統當中。

二、非局部性（Non-locality）

非局部性則是指存在著遠距離的相關性，縱使在系統裡不同的子系統或是變數之間距離很遠，但仍然可能保有因果關係。非局部性通常「違反直覺」，畢竟一般人會認為，越接近的事物，它們彼此之間的相互作用影響也最多。用機器學習來解決非局部性問題，顯然是一個重大挑戰。

10 Lorenz, " Predictability: Does the Flap of a Butterfly's wings in Brazil Set Off a Tornado in Texas?", AAAS 139th meeting, 1972

三、高維度性（Hyperdimensions）

我們已經習慣在三維空間上，再加上時間維度來生活。但當維度超過三個以上，人類的認知就會受到相當大的限制（這時一般會透過數學來運算）。複雜系統背後所探討的變數非常多，而這也增加計算維度的複雜性。

蘇奇與科維尼最後指出，如果機器學習技術能夠協助克服上述三個基本障礙，那將是非常理想的，但到目前為止，幾乎沒有證據能表明大數據分析研究能有效突破以上的障礙，這需要大家持續的努力（一些例外是在天文學，機器學習在天文領域已經開始獲得很大的進展）。

透過大數據分析追蹤防疫

台灣在此次全球大爆發的新冠肺炎中成功抗疫，除了全民投入外，政府團隊使用新科技和大數據亦功不可沒。2020 年 5 月 5 日，《醫學網路研究期刊（Journal of Medical Internet Research，JMIR）》刊登了一篇由前行政院副院長陳其邁等人，聯名發表的文章〈Containing COVID-19 Among 627,386 Persons in Contact With the Diamond Princess Cruise Ship Passengers Who Disembarked in Taiwan: Big Data Analytics〉，內容是關於「鑽石公主號」在基隆停泊時，台灣是如何透過大數據分析，追蹤 3,000 多名乘客與超過 62 萬名的潛在接觸者，政府部門之間並有效地進行橫向聯繫，以及對需要隔離和已隔離的人加以管理，最後成功避免新冠肺炎（COVID-19）疫情爆發的故事。

2020 年 1 月 31 日正值農曆春節期間，在亞洲國家之間巡遊的大型郵輪「鑽石公主號（Diamond Princess）」正巧停靠在北部的基隆港碼頭。2 月 4 日該船返回日本橫濱母港後，發現因載運到一名確診的香港旅客，進行全船檢疫，全船 3700 多人必須在船上進行防疫隔離 14 天。而次日，我國衛生福利部疾病管制署（CECC）立即成立專案小組，並於隔日開始進行調查、追蹤和管理。

值得注意的是，大部分的郵輪乘客在 1 月 31 日，於北部地區進行了一天的遊覽行程，加上無法對每位乘客進行回顧式個人訪談，疾管署因此透過多種方式同步進行追蹤，其中包括旅行社安排的旅遊路線、接送巴士的 GPS、乘客的信用卡交易記錄、道路車輛監控系統、車牌號碼識別系統、無線定位數據。雖然這些資料來源各有其優缺點，但在交互使用、比對、驗證下，對於之後的大數據分析，有著絕對的幫助。

接著，在郵輪公司與當地政府的協助下，分析後發現約有 34% 的旅客乘坐公車（24 輛）去旅遊，5.2% 的乘客搭上計程車（50 輛），其他人則在港口或附近地區騎自行車或徒步旅行。然後，團隊檢查了每條路線的詳細訊息，並訪談了計程車司機，同時整合所有資訊，更準確地確認乘客的停留位置。

透過上述資料，疾管署團隊繪製出鑽石公主號遊輪的乘客路線和行踪圖，如圖 6-18 所示。並根據估計的路線，一共在地圖上標示出 39 個位置，大多數的警告位置都集中在台灣北部著名的觀光遊覽區。

藉由上述各類的行動位置數據，團隊有效標示出這些攜帶「手機」的乘客、停留超過五分鐘的位置，而其 500 公尺內的民眾也被歸類為可能與乘客接觸的人。接著到了 2 月 7 日，疾管署透過公共警告系統，使用 SMS 發送警報通知，提醒潛在接觸者必須實施居家自主管理。

另一方面，疾管署同時也使用國民健康保險理賠數據，對可能接觸的人群進行 COVID-19 監測與健康狀況的了解。對於那些仍在住院，但尚未接受 SARS-CoV-2 檢測的患者，建議進行篩查。這篇論文也指出，儘管以上的方法已看似很全面，但仍有限制，那就是無法接觸到沒有手機的人，而這部分則透過當地衛生當局的主動協助宣導與呼籲。

十九世紀，英國約翰・斯諾（John Snow）醫師靠著自己走訪調查，繪製出著名的倫敦鬼圖，並且成功擋下霍亂的流行。對照到今天，可以使用大數據分析，成功防止了鑽石公主號遊輪潛在感染旅客於台灣的接觸危機。而這項研究，也是大數據分析技術應用於現代流行病學的一個良好範例。

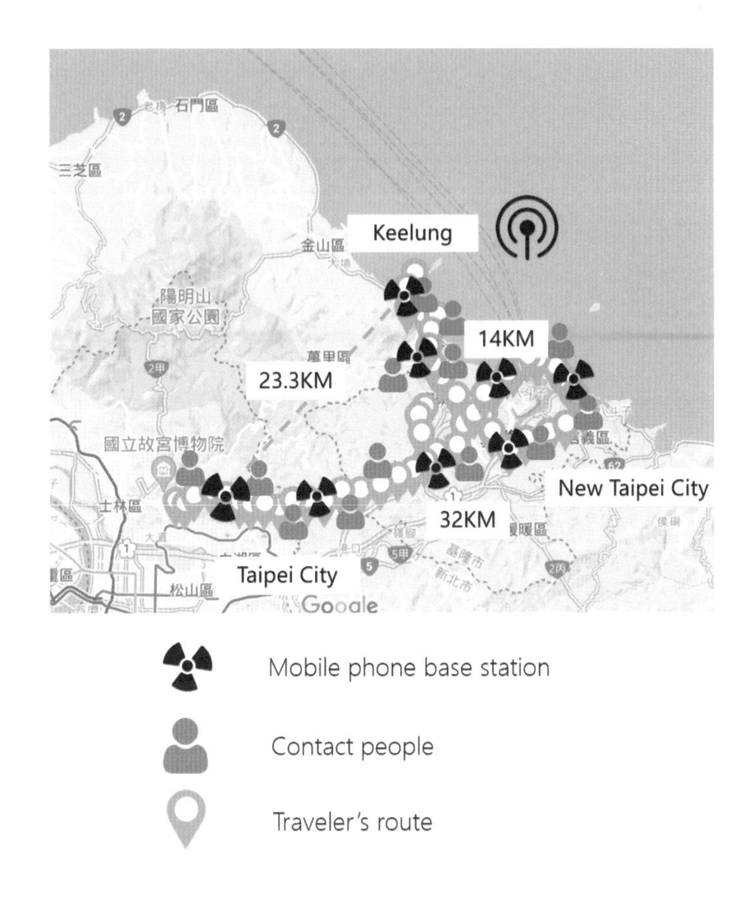

圖 6-18　2020/1/31 在台灣進行一日遊的乘客路線

★ 資料來源：Chi-Mai Chen, Hong-Wei Jyan, Shih-Chieh Chien, Hsiao-Hsuan Jen, Chen-Yang Hsu, Po-Chang Lee, Chun-Fu Lee, Yi-Ting Yang, Meng-Yu Chen, Li-Sheng Chen, Hsiu-Hsi Chen, Chang-Chuan Chan. Originally published in the Journal of Medical Internet Research (http://www.jmir.org), 05.05.2020.

OCEBM 牛津大學實證醫學中心證據等級表

科學證據有強弱之分，隨著「實證醫學（Evidence-Based Medicine）」的興起，1998 年，牛津大學實證醫學中心發佈「證據等級表」，成為實證醫學界重要的參考指引。後來經歷 2009 年的小修改，再到 2011 年 9 月的大改版，以下我們簡述 2011 年版本的內容。

「牛津大學實證醫學中心證據等級表」簡稱 OCEBM（Oxford Centre for EBM Levels of Evidence），如表 6-2 所示。

表 6-2　牛津大學實證醫學中心證據等級表

問題	等級1級*	等級2級*	等級3級*	等級4級*	等級5級*
這問題有多普遍？	本地和當前的隨機抽樣調查(或人口普查)	契合當地情況調查的系統性文獻回顧**	區域非隨機樣本**	病例報告(Case-series)**	n/a
診斷或監測是否準確？（診斷）	採用一致性參考標準品和盲法的橫斷面研究之系統性文獻回顧	採用一致性參考標準品和盲法的個別橫截面研究	非連續研究或沒有採用一致性參考標準品的研究**	病例對照研究(Case-control studies)，或低品質或非獨立參考標準品的研究***	基於機制的推斷
如果不治療會有何後果？（預後）	初始世代研究(Inception cohort studies)之系統性文獻回顧	初始世代研究(Inception cohort studies)	世代研究(Cohort studies)或隨機對照試驗的控制組*	病例報告或病例對照研究，或低品質的預後世代研究**	n/a
這種介入有幫助嗎？（治療益處）	隨機對照試驗(RCT)或單人交叉臨床試驗(N-of-1 trials)的系統性文獻回顧	隨機對照試驗(RCT)或效果顯著的觀察性研究	非隨機對照的世代/追蹤性研究**	病例報告，病例對照研究或歷史對照研究**	基於機制的推斷
有哪些常見的危害？(治療傷害)	隨機對照試驗(RCT)的系統性文獻回顧，重疊病例 對照研究，對您提出問題的患者進行的單人交叉臨床試驗(N-of-1 trials)或具有顯著效果的觀察性研究之系統性文獻回顧	單篇試驗(單篇RCT)或(異常)效果顯著的觀察性研究	非隨機對照的世代/追蹤性研究(上市後監測)，前提是有足夠的樣本數量可以排除常見的傷害。(對於長期傷害，追蹤時間必須足夠。)**	病例報告，病例對照或歷史對照研究**	基於機制的推斷
罕見的危害是什麼？(治療傷害)	隨機對照試驗(RCT)或單人交叉臨床試驗(N-of-1 trials)之系統性文獻回顧	隨機對照試驗(RCT)或(異常)效果顯著的觀察性研究	非隨機對照的世代/追蹤性研究(上市後監測)，前提是有足夠的樣本數量可以排除常見的傷害。(對於長期傷害，追蹤時間必須足夠。)**	病例報告，病例對照或歷史對照研究**	基於機制的推斷
早期診斷值得嗎？(篩檢)	隨機對照試驗(RCT)的系統性文獻回顧	隨機對照試驗(RCT)	非隨機對照的世代/追蹤性研究**	病例報告，病例對照或歷史對照研究**	基於機制的推斷

資料來源：牛津大學實證醫學中心證據等級表

* 各等級可能會因為研究品質不佳、不精確、和研究 PICO（病患、處理、對照、臨床結果）與問題 PICO 不匹配、效果小…等原因而降低等級。如果效果很，則可以將級別升級。

** 系統性文獻回顧比單獨研究來的更好。

★ 資料來源：https://www.cebm.net/wp-content/uploads/2014/06/CEBM-Levels-of-Evidence-2.1.pdf OCEBM Levels of Evidence Working Group*. "The Oxford 2011 Levels of Evidence". Oxford Centre for Evidence-Based Medicine. http://www.cebm.net/index.aspx?o=5653

★ 資料來源：OCEBM Table of Evidence Working Group = Jeremy Howick, Iain Chalmers (James Lind Library), Paul Glasziou, Trish Greenhalgh, Carl Heneghan, Alessandro Liberati, Ivan Moschetti, Bob Phillips, Hazel Thornton, Olive Goddard and Mary Hodgkinson

從以上的表格中可發現，證據的強弱，主要有五個層級。以下簡單從高到低進行說明：

最頂層證據力強度最高的「系統性文獻回顧（Systematic Literature Review）」（其中很重要的一類是統合多項 RCT 研究的統合分析（Meta-analysis，又稱後設分析、整合分析））。

第 2 級是隨機對照實驗（Randomized Control Trial，RCT）。

第 3 級是跨時間的世代研究（Cohort Studies）。

而第 4 級是病例報告（Case-series）、病例對照研究（Case-control Studies）、或歷史對照研究（Historically Controlled Studies）。

最底層（第 5 級）是基於機制的推斷，主要是從病理現象進行專家推斷。這樣的證據力最低。

以上的證據等級表，雖然是用在醫學領域，但背後統計學與研究方法的概念，卻可以延伸到其他學域。舉例來說，無論是商管學術界或是企業實務界，有越來越多的商業論文或是行銷企劃，採用隨機對照實驗（Randomized Control Trial，RCT）作為研究設計，以增進證據力的強度，進而提升論文品質與決策品質。

所以，對於學術界與實務界的商業人士來說，「牛津大學實證醫學中心證據等級表」提供我們一個良好的指引。

SECTION 6-3 A/B 測試

什麼是 A/B 測試？

電子商務興起後，許多電商為了讓消費者能更快達成交易，無不設法加速商品搜尋、優化網頁視覺設計，其中像是不同版本的網頁「A/B 測試（A/B Testing）」就大行其道。目前包括微軟、亞馬遜、Facebook 和 Google 在內的網路企業，每一家每年都會進行超過數萬次以上的 A/B 測試，有時候，一次測試動輒就與數百萬名用戶接觸。

說起來，您可能不相信，被稱做是「控制實驗（Controlled Experiments）」的「A/B 測試」最早竟然不是在網路上出現，而是來自很傳統的「直效郵件行銷（Direct Mail Marketing）」。

這是怎麼一回事呢？過去企業在進行資料庫行銷中的「直效郵件行銷」時，它的主要方法，就是將不同版本的商品型錄直接郵寄給不同的族群，然後再比較收到不同信件的消費者的回應率，以確認在商品型錄中，哪一些會發生作用？以及哪些是無效的？從這些印刷品的墨水顏色到郵件外觀，各式各樣的內容，都可以使用 A/B 測試加以測驗（如圖 6-19 所示），很有趣吧？

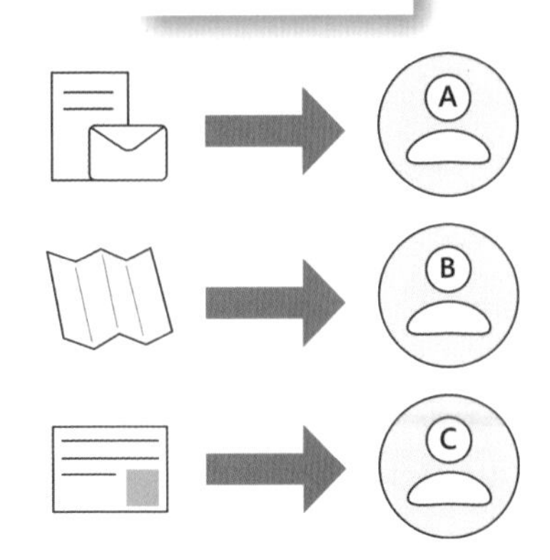

圖 6-19　直效郵件行銷測試
繪圖者：張琬旖

其實，A/B 測試的原理沒有很高深，它就是先設計一個書面版本，然後再推出一個稍做改變的版本，其中控制住大部分的元素，只改變部分細節，所以又被稱為控制實驗。

來到網路時代，以優化網頁設計為例，在進行 A/B 測試時，通常會設計不同版本的網頁，這些網頁大同小異。這些版本的差異，可以是文字、表格、圖像、影片等不同的元素，或是這些元素背後不同的排版，也可以是不同時間或不同方式顯示不同資訊。

由於每一位網頁訪問者，通常只會看到一種網頁版本，當累積一段時間，有了足夠的訪問量之後，即可對不同網頁的瀏覽結果（通常是「點擊率（Click Through Rate）」或「轉換率（Conversion Rate）」）進行比較，進而找出較優版本的網頁（如圖 6-20 所示）。

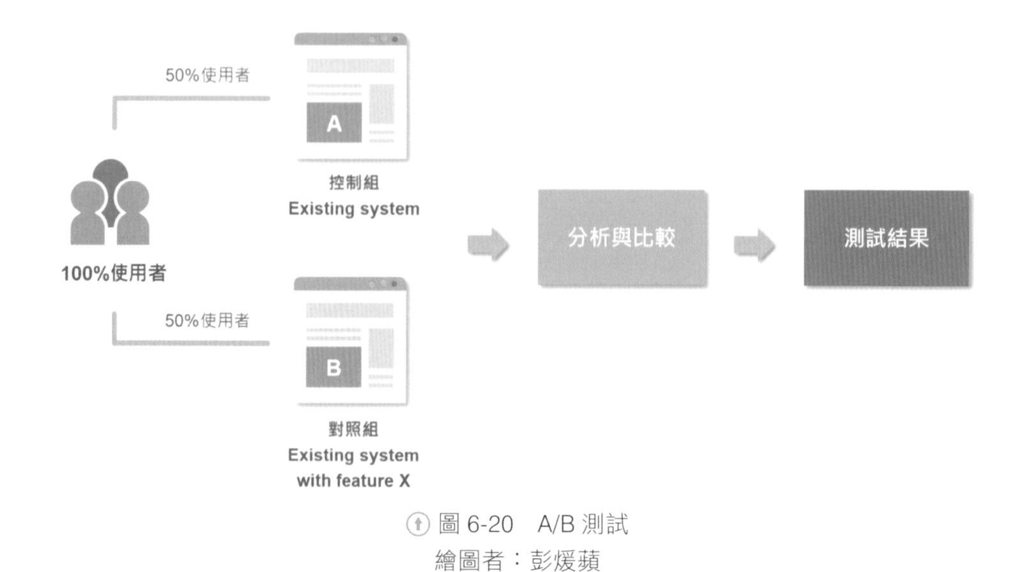

圖 6-20　A/B 測試
繪圖者：彭煖蘋

事實上，A/B 測試是各種測試的暱稱，而且可以不只比較兩種版本。A/B 測試可以是 A/B/C 測試，甚至是 A/B …n 測試。A/B 測試的結果，有助於網站設計的優化，能讓企業了解網頁中的哪些元素對消費者來說，格外重要。

哈佛商業評論過去就曾報導，對於許多新創企業和過去未有數位化根源的公司，像是沃爾瑪、赫茲租車和新加坡航空，都會定期使用 A / B 測試，雖然這類測試的規模無法達到那些如谷歌、臉書網路巨擘的境界，但這些企業都發現 A / B 測試對於「客戶轉換率」具有非常好的效果。

哈佛商業評論更舉例，A/B 測試曾經協助微軟的搜尋引擎 Bing，確認每月和「收入」相關的數十項網頁更動，而這些改進措施，都使搜尋收入共同增加了 10% 至 25%。不僅強化功能而且還提高了用戶滿意度，這是 Bing 獲利的主要原因，而且讓 Bing 在電腦的市佔率從 2009 年的 8%，提昇至 23%。因此微軟最後才決定讓它上線服務。

漏斗分析與 A/B Testing

企業或電子商務網站，一方面為了提高消費者交易的達成率，一方面為了優化網站的網頁，必須不斷進行 A/B 測試。然而在實施測試過程中，必須謹記一個重要的理論模型，就是行銷漏斗（The Marketing Funnel），因為它與網頁的點擊和轉換率有密不可分的關係。

行銷漏斗理論在行銷管理學裡佔有非常重要地位，它是消費者的「決策程序」中，一路從最上層的消費者目標市場，依次到消費者知曉（Aware）企業產品……到最底層建立品牌忠誠（Loyalty）之間，每一個階段的目標市場，由大到小的變化，就如同一個漏斗一樣，如圖 6-21 所示。

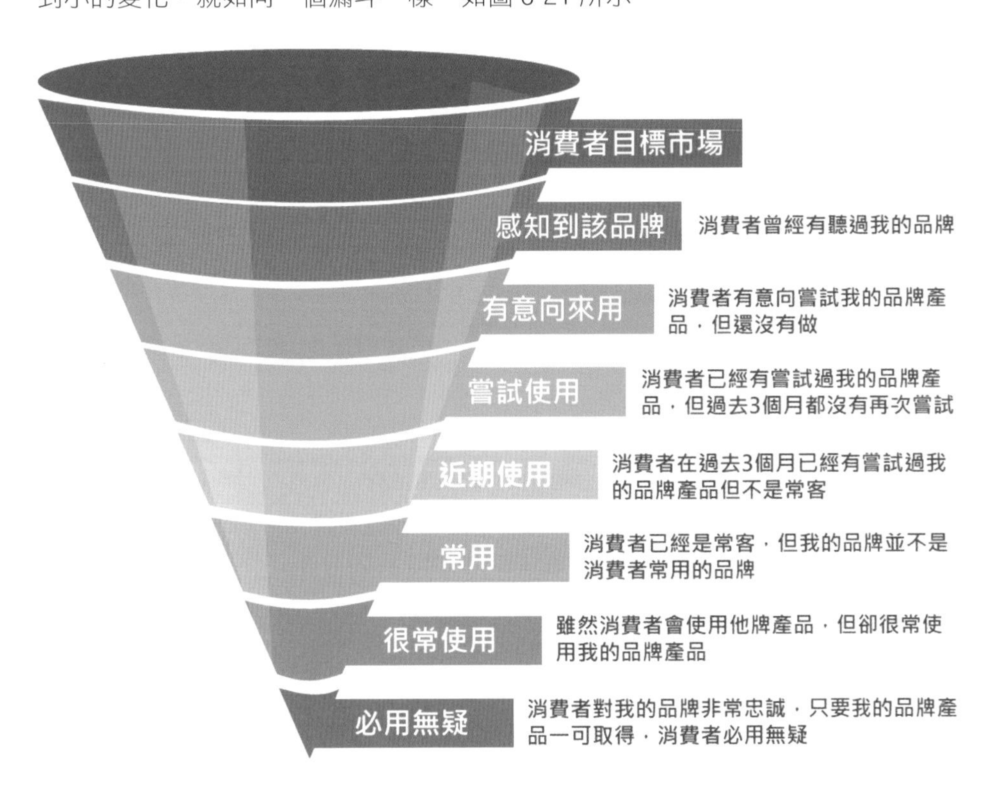

圖 6-21　行銷漏斗
繪圖者：周晏汝

★ 資料來源：修改自 Philip Kotler、Kevin Lane Keller，Marketing Management, 14th Ed。駱少康譯，《行銷管理學》，第 14 版，東華，第 151 頁。

從圖 6-21 可發現，消費者從「感知到該品牌」、「有意向來用」、「嘗試使用」、「近期使用」、「常用」、「很常使用」、到「必用無疑」。從最上層到最下層，整體人數會隨著消費者決策程序而越來越少，甚至是大量遞減。

在顧客越來越少的背後，有個很重要的概念稱為「轉換率（Conversion Rates）」。轉換率是指從一個階段（例如：有意向來用）到下一個階段（例如：嘗試使用）的比例。例如：在 1,000 位「有意向來用」的消費者中，真正「嘗試使用」的消費者有 60%，這時，轉換率就是 60%。

如果將「行銷漏斗」的概念應用到網際網路上，背後的消費者決策行為，會由未知曉、知曉、搜尋、瀏覽、填單、購買、再次購買、到推薦他人。其中，當客戶瀏覽了網頁，願意填單，再到願意購買，背後的「轉換率」就是企業或電商公司非常重視的地方，也可以說是衡量網路銷售的「終極指標」了。

以圖 6-22 為例，可以看到消費者在瀏覽企業網頁後，有 12% 的人，願意填寫表單，但是其中高達 88% 的人則是選擇離開。而在填完表單的那一群人中，又僅有 18% 的人會接著進行購買。

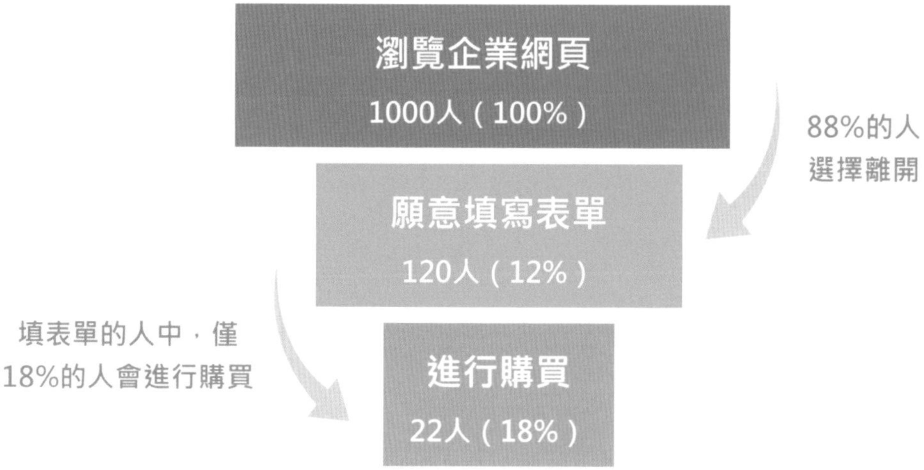

圖 6-22　漏斗分析與 A/B Testing
繪圖者：彭煖蘋

因此，在這樣的轉換過程中，企業就可以透過行銷漏斗分析，結合 A/B 測試，探索影響各階段轉換率的原因，以進行網頁設計的優化，進而拉抬整體轉換率。

藏身在 A/B 測試身後的「多變量測試」

「A/B 測試」是現今優化網頁的重要方法之一，儘管原理簡單，但它背後則隱藏統計方法當中的另一個重要課題，就是所謂的「多變量測試（Multivariate Test）」。

先來回顧一下，「A/B 測試」中的「控制實驗（Controlled Experiment）」理論，最早可以追溯到 1920 年英國學者雷諾・費雪（Ronald Fisher），他在英格蘭的羅桑斯特（Rothamsted）農業實驗站進行相關實驗，而往後控制實驗相關主題，也在統計學中大放異彩。

從 1990 年後期開始使用，隨著網際網路的發展，控制實驗又演變如今的「線上控制實驗」，包括 Amazon、Bing、臉書、Google，LinkedIn 和 Yahoo! 在內的許多大型網站，每年都會進行數萬次的實驗，以測試用戶界面（UI）的更改，以及相關演算法的增強（搜尋、廣告、個性化和推薦），甚至是更改應用程式和內容管理系統等。

哈佛商業評論指出，在 A/B 測試中，企業或電商往往是在建立了兩種不同體驗方式，A 是對照組，通常也就是現有的網頁，它常被暱稱為「衛冕者」，而 B 這個實驗組則是一種修改，藉以改善某些方面功能，也就俗稱的「挑戰者」。至於挑戰方法，常是將用戶隨機指配到不同體驗的頁面，然後計算、比較關鍵指標。例如對單變量進行 A/B/C 測試，或者是 A/B/C/D 測試。

事實上，如果同時對兩個或兩個以上的變量（或稱變數）進行試測，則被稱為多變量測試。圖 6-23 即顯示單變量測試與多變量測試的差異。

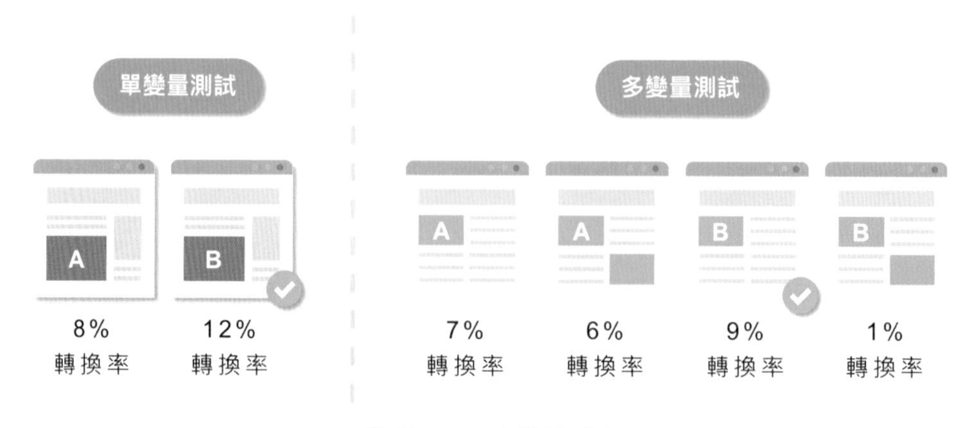

圖 6-23　多變量測試
繪圖者：彭煖蘋

進行多變量測試時，可以針對網頁內，不同元素、不同版本的不同排列組合下手測試。舉例來說，同時針對 3 種標題、3 種 CTA（Call To Action，如 Buy Now 點擊按鈕）和 3 種圖片進行測試。這樣就可以測試共 27 種不同版本的頁面（3 項標題 x 3 個 CTA x 3 張圖片）。

多變量測試的好處，可以找出網頁裡，元素之間的複合效果來優化頁面。但也因為背後的排列組合眾多，無論是 4 個版本（2 x 2），或是 18 個版本（3 x 2 x 3），甚至是更多的版本，背後需要有大量的流量來支持測試，以達到足夠的信度與效度。

回到網頁設計，以上單變量或多變量測試的內容，可能是一項新功能、用戶界面的更動（例如新的版型）、後端更改（例如，亞馬遜網路上對推薦書本的演算法）或不同的業務模式（例如免費送貨到府）。至於企業最關心運營的各個方面（例如銷售、重複使用、點擊率或用戶在網站停留時間），都可以使用線上 A/B 測試進行優化。此處，最重要的概念是，A/B 測試的原理很簡單，卻價值不菲。

多臂吃角子老虎機測試（Multi-Armed Bandit Testing）

企業在進行 A/B 測試時有其成本，除了背後的運營成本，A/B 測試還會將流量浪費在效果較差的選項上。而且對較差的測試網頁，發送一樣的測試流量，其實也代表失去讓消費者點擊、轉化與留下深刻印象的機會。

現在有一種測試方法叫做「多臂式吃角子老虎機測試（Multi-Armed Bandit Testing）」，可做為 A/B 測試的替代方案。想像一下，您置身在一座滿是吃角子老虎機的大賭場，裡面有很多台不同的吃角子老虎機（俗稱「單臂匪徒」，以搶劫賭客荷包聞名）。因為每一台老虎機，都有一個下拉式的拉桿，讓您在投幣下注後可以拉動。而您認為，某些特定機台出現連線的頻率，要比其他老虎機來得高，在時間有限的情況下，如何讓自己快速地滿載而歸。

這個問題，其實是一個經典的思考實驗。因為每個人只有兩隻手臂。一次最多只能拉兩台機器，無法很快地找到（自認為）勝率較高的機台。而且萬一兩台勝率較高的吃角子老虎機相隔很遠，您也拉不太到。而我們的目標是贏得最多的錢走出賭場。問題在於，您如何在最短時間內，知道哪一台老虎機是最好的，並且贏得最多的錢？

您猜到答案了嗎？就是把自己變成一隻八爪章魚，因為唯有在最短時間內，儘量去拉動不同機台，並且發現哪個機台的勝率較高，接著就將更多的錢投到該機台上（如圖 6-24 所示）。

圖 6-24　八爪章魚拉動不同機台
繪圖者：陳品萱

多臂吃角子老虎機測試（Multi-Armed Bandit Testing）便是利用以上的概念，企圖解決 A/B 測試浪費流量的問題。實驗開始，多臂吃角子老虎機測試會讓每個頁面的流量是平均分配的，但過了一段時間之後，就開始為最佳的版本提供更多的流量（如圖 6-25 中間所示）。也就是說，多臂式吃角子老虎機測試，會自動將更多的網友分配給效果最佳的網頁，以產生更多的點擊或轉化。隨著流量分配的變化，效果最佳的網頁也可能跟著改變，直到有明確的贏家為止。

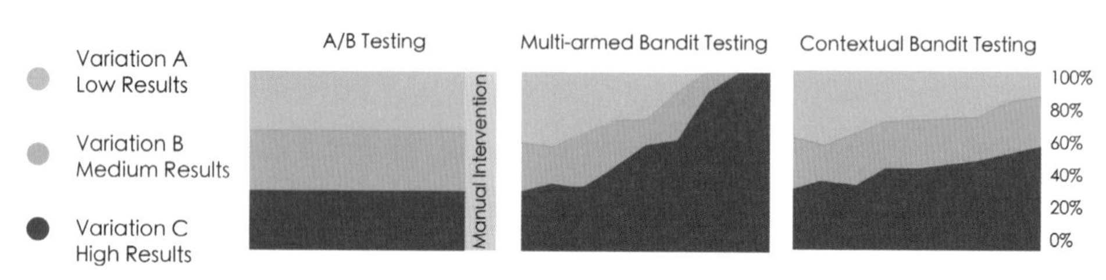

圖 6-25 A/B Testing、Multi-Armed Bandit Testing 與 Contextual Bandit Testing

資料來源：DYNAMIC YIELD

繪圖者：陳品萱

不過，在進行多臂吃角子老虎機測試時，隨著時間的流逝，如果勝出的網頁轉換率開始降低，系統則會將流量自動提供給其他版本。這樣的缺點是，可能會得到適得其反的決策，尤其是在實驗時間很短的情況下。

最後，在吃角子老虎機測試的作法裡，還有一種所謂的「情境式吃角子老虎機」（Contextual Bandit）測試（如圖 6-25 最右方）。情境式吃角子老虎機測試的目的，不是找出最受大多數人歡迎的網頁，而是希望找出最適合不同人的不同網頁。亦即無論是 A/B 測試或是多臂式吃角子老虎機測試都有贏家或輸家，情境式吃角子老虎機則沒有。

預測橫幅廣告的點擊率

做廣告很花錢，因此如何把廣告做的有效，一直是行銷界與學界高度關注的課題。

滑手機已經是很多消費者的日常行為，面對手機上出現的廣告，一般人通常會無視地快速滑過那些沒興趣或跟自己沒關係的廣告內容。這樣的結果對於消費者來說，除了對廣告內容沒什麼印象，甚至還會覺得受到干擾。而對企業而言，不但白花了曝光或點擊的費用，更不用說要改變消費者的看法或是建立品牌影響力。

對此，歐洲互動廣告局（Interactive Advertising Bureau，IAB）與媒體評估委員會 MRC（Media Rating Council）就曾提出「可視度（Viewability）」的衡量概念。也就是說，影音廣告必須在頁面中出現一半以上的影像，而且必須被連續觀看兩秒以上。而橫幅廣告（Banner）則有一半以上的圖片必須顯示在視窗裡，並且持續一秒，才算有「可視度」。

但問題來了，如果這個定義很符合實際狀況，那也意味 ，有另外一半廣告是失敗的。此外，網路廣告專家預測橫幅廣告（Banner Ad）的點擊率，成功點擊率只有 53%[11]（感覺跟丟銅板差不多，不是正面就是反面，各佔 50%）。

2018 年，日本 So-net 網路公司與日本東京大學合作，透過深度學習技術，以 70% 的準確率，成功拉高預測橫幅廣告的「點擊率」。So-net 從 11 萬則的橫幅廣告中，刪除構圖幾乎相同的廣告後，並將點擊率高的前 30% 與點擊率低的後 30% 的橫幅廣告篩選出來，最終挑出約 35,000 則曾經真實投放過的橫幅廣告，進行比對。之後，再添加其他像是產品類別資訊、消費者裝置（電腦或手機）等資料，並加以進行分析，最後得出高達 70% 的橫幅廣告預測點擊率（如圖 6-26 所示）。

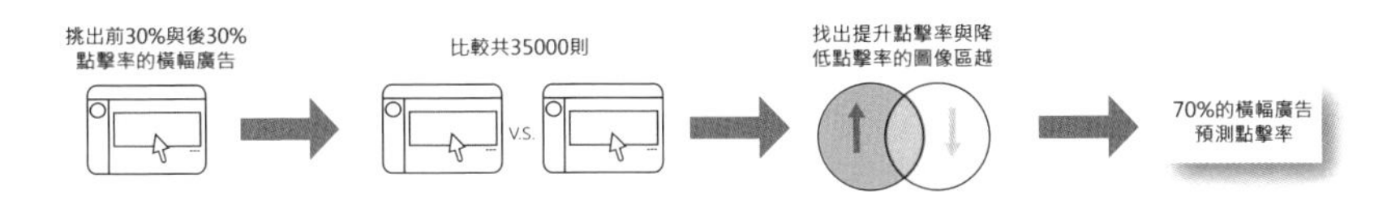

圖 6-26　提升橫幅廣告預測點擊率之作法

11 日本 So-net 網路公司的調查

執行這項專案的過程中，研究團隊並找出能夠提升點擊率有貢獻的「圖像區域」，同時也找出會降低點擊率的圖像區域。研究結果大大幫助了橫幅廣告創意設計的進行。

過去在橫幅廣告的投放上，大多以「A/B Testing」的方式來進行，透過A/B 兩個不同版本的測試，企業篩選出點擊率高的廣告進行投放，並且停止投放點擊率低的廣告。但 So-net 與東京大學的研究則反其道而行，事先對廣告的點擊率加以預測，進而大幅減少測試廣告的成本與時間。

由於網路廣告的有效性，向來是企業與網路廣告商非常在意的議題。傳統的作法是，學界與業界透過文獻探討，發展研究架構，並藉由行銷研究裡的問卷調查、深度訪談、焦點群體等工具，找出消費者觀看廣告時的想法，進而驗證研究架構。現在，隨著網路行銷的興起，以及人工智慧技術的出現，網路廣告的有效性，除了可透過傳統行銷研究來確認，還可透過資料科學的方式來驗證。

無論是實體廣告或是網路廣告，或是未來新型態的廣告（尤其是 5G、6G出現後），廣告有效性將會是大家持續關注的課題。

避開 A/B 測試的陷阱

A/B 測試是目前許多網站，優化網頁和吸引消費者選擇商品的重要依據，不過，哈佛大學商學院助理教授艾佛爾・博季諾夫（Iavor Bojinov）等人，於 2020 年3 月在哈佛商業評論（HBR）上，發表了一篇〈避開 A/B 測試的陷阱（Avoid the Pitfalls of A/B Testing）〉文章，文中提到 A/B 測試並非毫無缺點，其中藏有許多陷阱，企業要儘量設法避開，以免踩雷。

博季諾夫直言，A/B 測試有三大陷阱，有的是內生，有的是外來的，企業不能不防，如圖 6-27 所示。

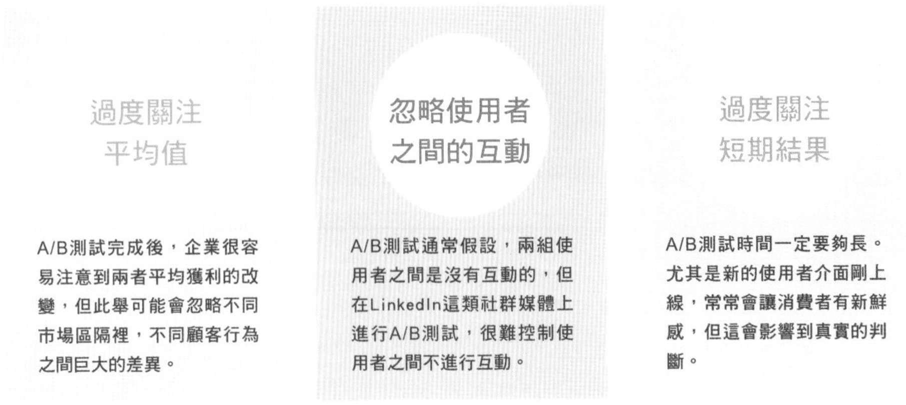

過度關注
平均值

A/B測試完成後，企業很容易注意到兩者平均獲利的改變，但此舉可能會忽略不同市場區隔裡，不同顧客行為之間巨大的差異。

忽略使用者
之間的互動

A/B測試通常假設，兩組使用者之間是沒有互動的，但在LinkedIn這類社群媒體上進行A/B測試，很難控制使用者之間不進行互動。

過度關注
短期結果

A/B測試時間一定要夠長。尤其是新的使用者介面剛上線，常常會讓消費者有新鮮感，但這會影響到真實的判斷。

圖 6-27　A/B 測試的三大陷阱
繪圖者：傅嬿珊

一、過度關注平均值

A/B 測試完成後，企業很容易注意到兩者平均獲利的改變，但此舉可能會忽略不同市場區隔裡，不同顧客行為之間巨大的差異。博季諾夫教授在文章中提到，假設公司推出一項新產品，並讓使用者的平均支出增加了一美元。直覺上，似乎是每位使用者都增加了一美元的支出（從平均值的角度來看），然而真實的情況可能是只有少數人大量購買，甚至還有些消費者選擇離開，不再進來採購。而一般的 A/B 測試無法判別這兩種情況。因此，一旦企業以此 A/B 測試的結果作為優化產品的基礎，便將承受滿足高支出使用者，但犧牲低支出使用者的風險。

博季諾夫教授建議，使用 A/B 測試要能反映出不同區隔裡的價值。以網路隨選串流影片服務商「網飛（Netflix）」為例，它們會使用交叉型的 A/B 測試，讓消費者在第一天獲得 A 組體驗，第二天獲得 B 組體驗，以探究背後真實的情境。此外，網飛透過發展其他非平均數的指標，來確保產品的改變，不會只對重度使用者有利，而犧牲輕度使用者。同時，網飛並追蹤各種指標不同百分位數值（不只是平均值）的變化，例如，針對消費者不同的上網情境（第 5 百分位數：高速的連網；第 95 百分位數：低速連網），進行 A/B 測試，以便讓消費者獲得「最適」的體驗。

二、忽略使用者之間的互動

A/B 測試通常假設，兩組使用者之間是沒有互動的，但在 LinkedIn 這類社群媒體上進行 A/B 測試，很難控制使用者之間不進行互動。博季諾夫教授提到，LinkedIn 擁有某些技術，能衡量使用者之間互動的程度，或是在進行 A/B 測試時，避免這種互動。例如，確保所有其他可能影響使用者行為的人，都歸在同一組。

此外，還可以運用「時間序列」來進行 A/B 測試。例如，一段時間讓所有使用者接觸 A 實驗法，另一段時間完全接觸 B 實驗法。舉例來說，LinkedIn 可以在特定市場裡，讓所有職缺訊息與求職者，使用新演算法三十分鐘。接下來每三十分鐘，則隨機決定維持新演算法或是切回舊演算法。而這個過程可能持續兩週以上，以確保完成所有測試。

三、過度關注短期結果

A/B 測試的時間一定要夠長。尤其是新的使用者介面剛上線時，常會讓消費者有新鮮感，但這會影響到真實的判斷。此外，使用者滿意度的提升，通常是緩慢、漸進的。因此，執行 A/B 測試的時間，必須要到消費者的行為趨於穩定。

博季諾夫教授在文章中提到，無論是網飛或是 LinkedIn 都發現，大部分的 A/B 測試，至少要一週之後，結果才會穩定。此外，當新做法上線後，保留少部分使用者維持舊做法，並在一段時間內，比較與衡量新舊做法的差異，也是確保 A/B 測試有效的方法之一。

衡量與抽樣

☑ 衡量

☑ 問卷設計

☑ 信效度

☑ 抽樣設計

SECTION 7-1 衡量

文獻探討、構念與題目之間的關係

現實生活中，您可能會有這樣的經驗。在餐廳用完餐後，接到一張服務人員遞送過來的「意見調查表」，不知道您有沒有仔細閱讀，或者思考這些調查表的內容，為什麼總是要求消費者為餐廳的服務、食物「打分數」。整體看來，這些調查表似乎都在測量些什麼，而究竟為什麼一張調查表的調查結果，就能成為餐廳改善服務的重要依據。

沒有學過「行銷學」的人，可能會對企業服務調查表充滿好奇，一紙問卷或意見調查表為什麼能左右企業服務的想法和標準，它們到底是如何做到的？不過，在解釋它的原理前，我們得先來講個故事。

一家企業的總經理因為公務，需要聘用一位秘書來協助他處理相關業務，人力資源部門於是在人力網站開出秘書的職缺，結果上百名大學畢業生來應徵。那麼人資主管究竟該如何評斷哪個應徵者最後可以出線，獲得錄取。

為了公平起見，人資部門的評選條件大致如下：一、英文聽說讀寫流利，多益成績在八百五十分以上；二、英文打字速度，每分鐘九十個字以上；三、相關工作經驗五年。而擁有上述條件者可列入優先考慮。

問題來了，類似多益成績和相關工作經驗，應徵者只要拿出成績單和過去工作的在職證明，就可以過關，而英文打字則必須現場實測，不僅要速度夠快，還得包含「正確率」。而無法滿足這些條件者，可能在第一輪就先遭到淘汰。

透過這樣的描述，不曉得各位有沒有意識到，構成這個「英文秘書」的合格條件，其實包括三項：一是英文能力（溝通和成績證明）；二、相關經驗；和三、打字能力（速度與正確性）。

事實上，行銷研究的調查，也類似這樣的作法。由帕拉蘇拉曼（Parasuraman）、澤塔姆（Zeithaml）與貝里（Berry）等三位教授（簡稱 PZB）於 1985 年所提出、非常著名的「服務品質理論」，並於 1988 年逐次改善完成的「服務品質量表（SERVQUAL）」。就一共有五項構面（條件），如圖 7-1 所示。

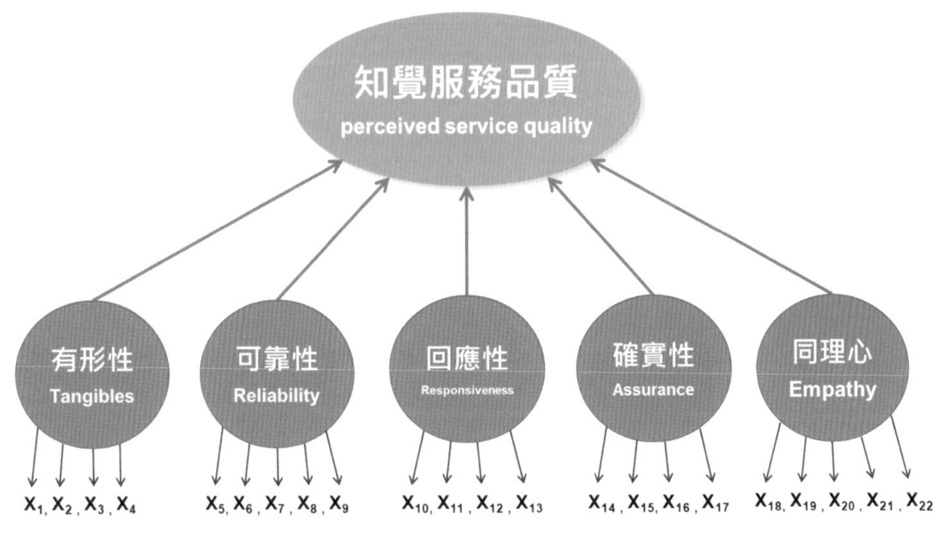

圖 7-1　PZB 服務品質量表 5 項構面

★ 資料來源：Parasuraman, A., Zeithaml, V. A., & Berry, L. L. (1988). SERVQUAL: A multiple-item scale for measuring consumer perceptions of service quality. Journal of Retailing, 64(1), 12–40.

其中包括：

1. 有形性（Tangibles）：例如餐廳實體設施和服務人員的服裝儀容。
2. 可靠性（Reliability）：準確履行服務承諾的能力。
3. 回應性（Responsiveness）：願意協助顧客並提供即時服務。
4. 確實性（Assurance）：擁有相關知識、有禮貌並能激發顧客信任和信心的能力。
5. 同理心（Empathy）：關心顧客、提供個別關懷。

請注意，上端的知覺服務品質即是「構念」，下方所列出的五點則是「構面」。

臺北教育大學張芳全教授，在其著作《問卷就是要這樣編》中，進一步透過圖7-2，描繪出文獻探討、構念與題目之間的關係。

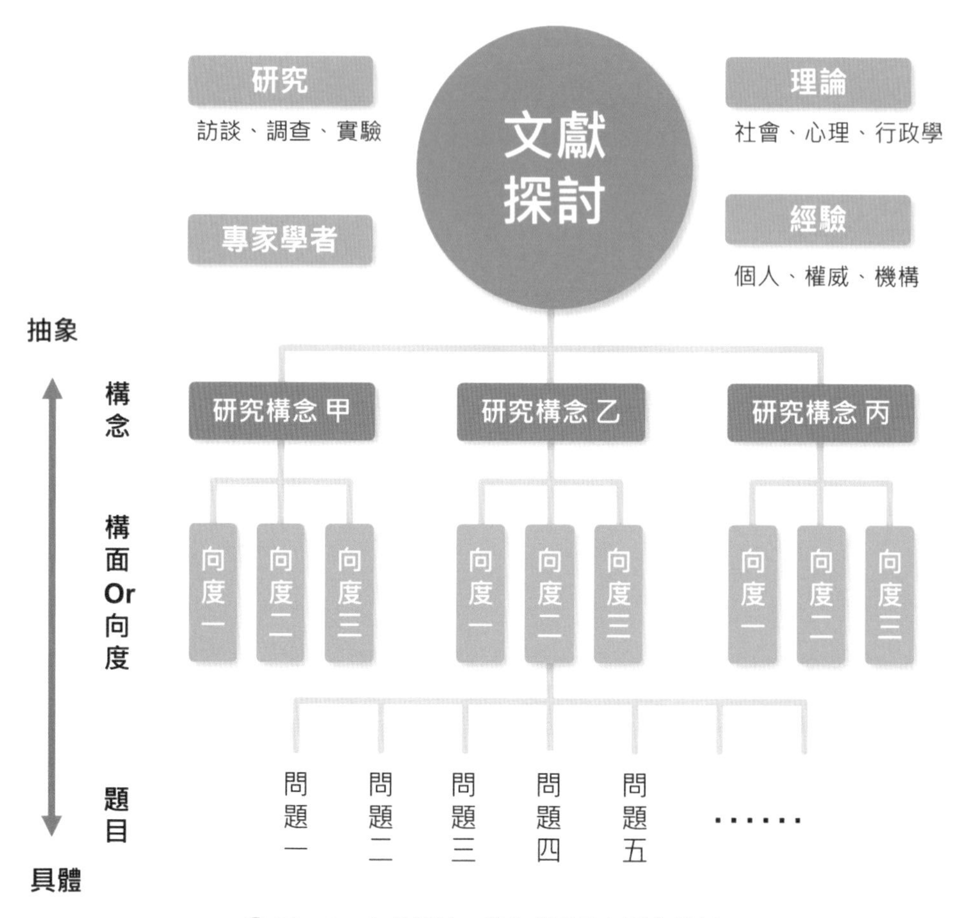

圖 7-2　文獻探討、構念與題目之間的關係

★ 資料來源：張芳全，2014，問卷就是要這樣編（第二版），心理出版社，74 頁。

在執行行銷調查前，研究者必須先透過對過往研究、已發表理論、個人或權威的經驗、專家學者的訪談…等，進行文獻探討，釐清各個構念的定義，以及各構念之間的研究架構。接著，針對各構念進行分析，探索各構念背後的構面，進而根據各構面，發展出相關的題目。

其中，上述「服務品質量表」中，共有 22 個題項。以有形性（Tangibles）的構面為例。就包含以下四個題目：

1. 先進的設施
2. 實體設施在視覺上吸引人
3. 穿著整齊、得體
4. 實體設施的外觀與所提供服務的型態相符

最後，在 1988 年所發表的 PZB 服務品質量表的論文附錄中，提供了兩個量表，一個能衡量服務期望；一個能衡量服務感知，每個量表中並有九個反向題。

企業「知名度」怎麼測量？

某一次在檢討每月業績時，同仁反映，可能是因為公司在大台中市場的「知名度」還不夠，因此在「推廣產品與服務」上面臨很大的阻礙。總經理於是問道，假設這樣的命題成立，那麼該如何增加公司的「知名度」？幾位同仁很快地回應，「打廣告呀！」、「做網路行銷」、「利用口碑宣傳呀」…。總經理於是又再追問，那麼這些做法與提昇知名度之間，有何明確的邏輯關係？同仁這時互相看了對方，似懂非懂。

總經理於是又問大家，知名度既然這麼重要，那麼知名度又該如何衡量？大家開始陷入思考。

總經理開始解釋，從學理上來説，「知名度」可以分成「知曉」與「形象」。其中「知曉」又可分為「未提示情況下」的知曉，以及「提示情況下」的知曉；而公司的「形象」也可分成「組織形象」、「產品服務形象」、以及「顧客形象」（如圖 7-3 所示）。如果以上的觀點成立，回到一開始的問題，本公司現在的知名度怎麼樣？

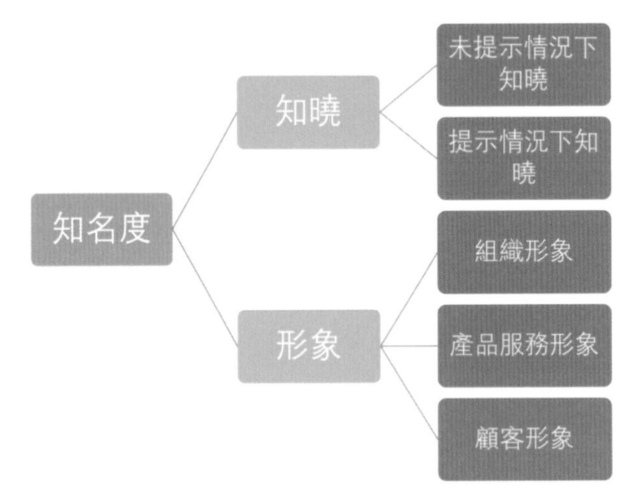

圖 7-3　知名度構面
繪圖者：趙雪君

一位同仁很快地說，「首先要界定所探討的是整個公司，還是公司的某一項商品，甚至是對哪一目標族群。而且，目前沒有量表可以來調查，所以我們不知道自己目前知名度的真實情況」。

總經理繼續追問，與「推廣產品與服務」有關的「知名度」是哪一項？是「未提示情況下」的知曉？或是「組織形象」？還是都有？

另一位同仁馬上提到，「答案應該是『都有』，只是，我們目前沒有數據可以佐證，無法檢視這些和『知名度』相關的構面，與『推廣產品與服務』之間是否有關，或是有何關聯」。同仁接著補充，「所以，我們應該先發展量表，並且收集數據，以了解目前知名度的狀態」。

這名同仁繼續說道，「接著，我們應該同步思考，知曉與形象背後的構面，與『推廣產品與服務』之間真正的關係，以及透過『打廣告』、『網路行銷』、『利用口碑宣傳』…等做法，是否真的可以提升『提示情況下』的知曉、『未提示情況下』的知曉、『組織形象』、『產品服務形象』、或是『顧客形象』」，這樣才有辦法將資源花在對的地方。」

這時總經理說，這位同事講的真好，「更有甚者，再進一步分析下去之後，我們就可以發現，『打廣告』、『網路行銷』、『利用口碑宣傳』…等做法，是否有其必要性，甚或是有無其他工具可以使用，或是如何被使用，這樣，我們就知道該如何增加公司的『知名度』了」。

曹沖稱象

先前曾討論如何衡量「知名度」，後來有一位同事突然跑來說，她想學習有關「衡量」的議題，同時問及有什麼書籍可以參考。我建議她，其實可以先複習《研究方法》以及《統計學》相關的書籍，行有餘力，再找與「發展量表」相關的論文來閱讀。

而在這聊天的過程中，還提到了一個觀念，要測量抽象概念，除了要用很嚴謹的方法來發展量表外，有時候，在使用量表時，還必須展現出創意。

舉例來說，要測量人或動物的重量，理應用「秤」來量體重，但如果沒有秤的時候，是否能用此「尺」來衡量。同仁笑說「當然不行」。但是，這樣的說法真的是對的嗎？

來看看《三國志》裡這一段「用尺量體重」的故事吧！某次，孫權送了一隻大象給曹操，身為北方人的曹操和眾臣只聽說過大象，從來沒見過。曹操很高興帶著兒子和官員們一同來看大象。稱讚之餘，曹操問說：誰能稱出這隻大象有多重？

有人說，這得先造出一根大秤。不過，接著就有人反詰，誰有那麼大的力氣把大象提起來？這時又有個官員提了個餿主意，不如把大象給殺了，一塊一塊地來稱……，旁邊就有人開罵，這手法也太極端了吧？

在詢問群臣未果之後，站在曹操身旁的六歲兒子曹沖突然說，「我有辦法！」而且一副胸有成竹地模樣。從小就天資聰穎的曹沖，向父親建議說：「我們可以先把大象帶到船上，然後在吃水的地方做上記號，之後，再將石頭一塊塊地搬到船上，等到船吃水到同樣刻度的時候，再秤一下所有石頭的重量，這樣，就可知道大象的重量」。曹操滿意地點頭微笑，派人照著曹沖出的主意去做，沒多久，就把大象的重量稱出來了。

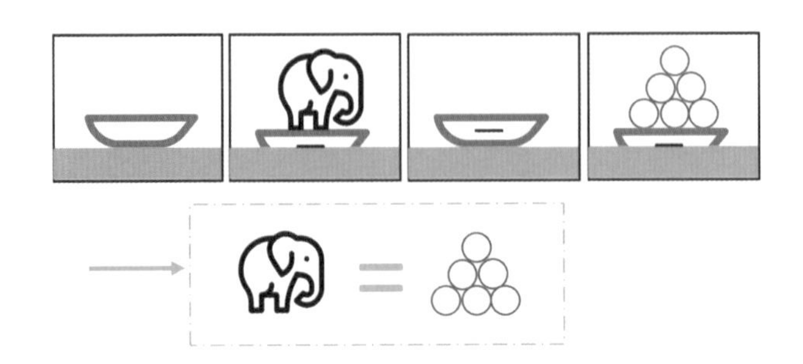

圖 7-4　曹沖稱象
繪圖者：鄭雅馨

事實上，在「吃水的地方做上記號」，就形同一把「尺」，透過這把尺，曹操知道了大象的重量。聽完這個故事之後，我問這位同事有何想法。

同仁提到，她在腦海裡第一個想到的是「海水不可斗量」。我則回應她，「太棒了」，因為這句話，除了補充用「曹沖稱象」來描述量表使用上的不足（「曹沖秤象」是用看似不對的工具來衡量；「海水不可斗量」則是用對的工具，但卻無法衡量）。同時，還提到衡量上的限制，（因為「海水不可斗量」的前一句話是「人不可貌相」，意指不可看輕別人。從另一種角度來看，有些人深不可測。而「不可測」，就是衡量上的限制）。

許多典故與諺語，不但與企業管理相關，也跟研究方法有關。

埃拉托色尼（Eratosthenes）測量地球周長

「衡量」是身為自然科學或社會科學研究者的重要工作，因為它關係到真相的呈現，也關係到「知識」的累積。

時間回到 2,000 多年前，請先想像一下，如果我們想要知道地球的周長有多長，這個研究該如何著手進行？

埃拉托色尼（Eratosthenes）（公元前 276——194 年）是埃及「亞歷山大圖書館」的館長。他曾聽過，埃及南部大城「賽伊尼（Syene）」（今日埃及的阿斯旺，就在亞歷山大城的正南方）有一口井，每年 6 月 2 日正午，太陽光會直接照到整個井底。他想了想，認為這代表在這個時間點，太陽剛好就在賽伊尼的正上方。

同時，他也發現，就在同一個時間，亞歷山大城裡的垂直物體會出現影子。這意味埃拉托色尼只要能夠算出亞歷山大城與賽伊尼的距離，再透過正午時分影子的角度，就有機會估算出地球的周長。之後，埃拉托色尼測量出角度約為 7.2°（或 1/50 圓周長），並推算出地球的周長，是亞歷山大城與賽伊尼的距離的五十倍。

後來，埃拉托色尼館長雇了一些人並對他們加以訓練，使其步伐距離一致，往來兩大城之間，最後算出亞歷山大城與賽伊尼之間的距離大約為 5,000 斯塔德（Stadia）（古希臘長度單位）。如此一來，埃拉托色尼估算出，地球周長大約為 250,000 斯塔德（Stadia）（估計值大約在 24,000 至 29,000 哩，而地球赤道的實際周長大約為 24,900 哩），如圖 7-5 所示。

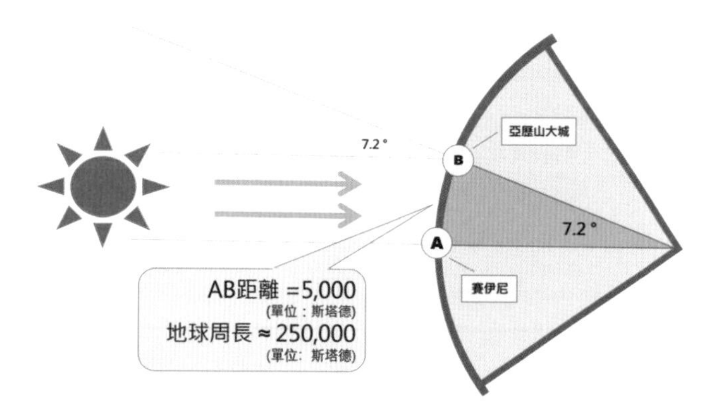

圖 7-5　埃拉托色尼（Eratosthenes）測量地球周長
繪圖者：王舒憶

有意思的是，二千年前埃拉托色尼館長的估計與實際值，誤差大約為15%。而過程中他做了五個重要的假設，儘管其中沒有一個完全準確。包括：

1. 亞歷山大城與賽伊尼間的距離為 5000 stadia；
2. 亞歷山大在賽伊尼的正北方；
3. 賽伊尼在北迴歸線上；
4. 地球是一個完美的球體；
5. 從太陽發出的光線是平行的。

身為現代人，您可能上網就可以查到地球的真實週長（準確度並可達小數點以下好幾位）。現在，請再想像一下，如果您是那個年代埃及「亞歷山大圖書館」的館長，在手邊工具有限、相關知識有限，在不使用埃拉托色尼館長的方法，您會如何測量地球週長？

行銷效益能否衡量？劍宗與氣宗

「下了這麼多關鍵字廣告，到底成效如何？」「花了這麼多錢做行銷，效益該如何衡量？」大部分的人會贊同花錢在行銷上有其效益，但大部分的人也會贊同這些效益很難衡量。也因此，到底在行銷上該花多少錢？以及如何判斷這些錢花的是否值得？這些問題深深困擾著行銷人員。

其實，有關事物「能否衡量」的爭論，就好像「劍宗與氣宗」派別之爭的差異。金庸先生在《笑傲江湖》的小說裡，提到了「劍宗與氣宗」的概念。劍宗注重有形的「劍法招式」，而氣宗注重無形的「內功修為」。劍宗強調修練「看得到」的劍法，氣宗強調修練「看不到」的內力，如圖 7-6 所示。

以企業文化為例，企業文化能否被「衡量」？「劍宗」會說，根據 Reilly, Chatman, and Caldwell 等人的分析，認為可以利用下列七種構面，來描述企業文化的特性：1. 創新冒險；2. 注意細節；3. 結果導向；4. 人員導向；5. 團隊導向；6. 進取性；7. 穩定度。這七種構面亦可用來比較不同企業之間文化的差異。而「氣宗」則強調，企業文化很難用一個「標準」的構面來衡量。

圖 7-6　劍宗、氣宗概念圖
繪圖者：彭煖蘋

其實，「研究」的過程，本身就是一個不斷在尋求真實、真理的過程，而剛踏入這一行的年輕學者可能看不懂學術界在做些什麼，其實以大海廣納百川的角度來看，每個不同的學者，都以自己不同的角度來看同一個研究主題，最後藉由多個觀點或角度構成事物的真相。而無論是企圖釐清許多未知的概念，以及發展過去沒有的量表，這些都是「研究」過程中的產物。

舉例來說，過去在「溫度」這個概念還沒被提出來之前，人們只能憑感覺、透過冷熱來描述。在「溫度計」還沒被發明之前，我們無法知道具體的溫度。您也無法透過具體的數字或者明確的定義，說明明天的氣溫如何？如該多穿衣服還是該準備戴個帽子出門。

到了現在，「企業文化」與「快樂」的概念人人都懂，但未來，是否會出現「企業文化計」、「快樂計」等工具，來協助衡量「企業文化」與「快樂」，我們不得而知，畢竟大家對「溫度」的認知相同，但對「企業文化計」與「快樂」的定義就未必相似，更何況是如何衡量。不過，沒有出現不代表未來不會出現，也許就在若干年之後，我們很容易就能測得我們的「快樂」程度。

也許社會科學概念的定義（例如企業文化），不像自然科學的概念（例如溫度），擁有絕對不變的一天。但就如同金庸先生的小說裡，劍宗與氣宗其實並非不可同時兼備一樣，我們應該抱持著開放的心，看到劍宗與氣宗彼此的優點，進而像令狐沖一樣，走出一條屬於自己劍氣合一的路。

最後，如何衡量行銷的效益，目前雖然還沒有標準答案，但也確實有許多工具不斷地被開發出來。有興趣的人，不妨找一下《量化行銷時代》[1] 這本書來翻翻。

事物是否需要能被衡量，才能夠被管理？

「衡量」向來是企業界的重要工作，也是目標管理第一章開宗明義的重點，因為有了衡量，才知道上個月做了多少業績，有了衡量才知道距離營運目標還有多遠，企業才能加以管理。然而，單單事物能否被衡量，學界就爭議許久，管理學界有許多大師，這些大師對於某些事物能否被「衡量」的看法甚至南轅北轍，我們先來看看幾位大師所講的兩句話，如圖 7-7 所示。

「我們唯一要理解的事實，就是世上的許多重要事物都無法被衡量。」

~ 亨利・明茲柏格（Henry Mintzberg）

「無法衡量的事物，無法被管理，也無法被改善。」

~ 羅伯特・卡普蘭（Robert Kaplan）與麥可・波特（Michael Porter）

圖 7-7　事物是否能被衡量
繪圖者：何晨怡

1　https://www.books.com.tw/products/0010797072

卡普蘭、波特和明茲柏格都是管理學界赫赫有名的大師。他們所提出的理論，被全世界數以萬計的商普書、教科書所刊載。但這些大師，對於「衡量」這件事，看法竟然會差異這麼大。

依據上述那兩句話，事物可分成「可以衡量」與「無法衡量」。同時，卡普蘭和波特認為，事物可衡量，才可被管理。對於學習企業管理（尤其有寫過論文經驗）的人士來說，「可衡量，才可管理」的觀念，已深植人心。畢竟當確認研究變數，擬定出研究架構之後，開始設計量表，蒐集資料，進行分析，提出結論與建議，整個過程，都與「衡量」息息相關。而對於實務界的人士來說，光想到各式各樣衡量績效的 KPI，也很能深深體會「衡量」與管理的密切關係，畢竟這些 KPI 同時決定了與我們的荷包、升遷與加薪。

明茲柏格則認為，許多事物不可衡量，而且不可衡量的事物，未必不能管理。明茲柏格並舉「企業文化」為例，他認為，企業文化就不易衡量，而且我們不需要知道如何衡量企業文化，還是可以「管理」企業文化。這樣聽起來似乎也頗有道理。

那到底，「事物能否衡量？」以及「事物是否需要能被衡量，才能夠被管理呢？」您的答案是什麼？

SECTION 7-2 問卷設計

問卷設計的步驟

許多行業常透過問卷調查來蒐集消費者的意見，但「問卷設計」其實是一門大學問，如果誤認為問卷設計只要將自己想要調查的問題，透過問卷的格式進行呈現，所蒐集到的資料，可能對解決行銷問題並沒有真正的幫助。

事實上，在開始發展問卷之初，需要注意的事項相當多，以下簡單就問卷設計的步驟進行說明。

1. 確認行銷研究的目的，瞭解研究的範疇與架構。

   研究者執行此次調查的目的是什麼？意思是，企業目前遇到的問題，以及決策所需要的資訊有哪些？研究者最好臚列出調查主題，以及影響這些主題的因素有哪些？

   研究人員必須確定需要蒐集的資訊，例如：某餐飲業想要針對上門的消費者進行滿意度調查，因此要先確認「服務滿意度」有哪些構面？目前消費者面對的是哪些滿意度，而依過去相關經驗，會調查哪些項目？同時，又有哪些因素會影響服務滿意度？

   最後，決定採取的方式是在消費者體驗後，進行調查。調查的項目依消費體驗前、中、後分成三個階段。構面以服務品質為主。

2. 決定問卷類型，是透過面談、電訪、郵寄，還是利用網路問卷…等方式進行。

   通常電話訪問，類似 30 題在十分鐘內完成；面訪，100 題在四十分鐘訪談完畢；郵寄問卷則以 60 題，在四頁的篇幅內結束。目前最流行的是餐飲業的問卷，規畫以消費者現場掃描 QR code 方式，並透過網路問卷調查方式進行。

3. 確認問卷背後所要調查、衡量的「變數」為何，包括自變數、應變數、人口統計變數等。而變數背後的題目，通常會由文獻探討、專家訪談…等，發展問卷題目並擬定初稿。另外，如果過程中，引用國外文獻的量表，要特別注意翻譯上用詞的問題。

   例如：餐飲業的顧客滿意度問項，以服務品質構面下的各個題目為主。

4. 決定問題之型式（例如：開放式或封閉式問題…等）、問題用語、順序、邏輯性、跳答規則、版面設計等，進而發展出初稿。

   現在許多市調和民調，經常利用電腦和電話做為輔助工具，也就是俗稱CATI系統，類似提問順序和跳答規則，在電腦上安排就很重要。如果施測沒有做過多次測試，一旦開始後，發現跳題出錯，就必須全部喊停，想想卅個人全部停下來，要浪費多少時間和費用。

5. 經由專家討論修改初稿。

6. 進行問卷預試，並根據預試結果進行修改，對問卷進行定稿。

   不管研究者如何小心設計問卷，仍可能會犯錯。為避免犯錯，預試（pretest）問卷很重要，因此預測時，可以先找到10個人左右或略少，但這些預試對象的背景，需和正式問卷要調查的對象相似。

7. 問卷定稿後，即可進行大規模發放施測。

李克特量表（Likert Scale）的起源和使用

管理學者羅伯特‧卡普蘭（Robert Kaplan）與麥可‧波特（Michael Porter）曾說：「無法衡量的事物，無法被管理，也無法被改善」，這句話凸顯出衡量的重要。在企業研究中，消費者態度、意圖和行為一向是各家公司想要調查的目標。過去我們談了許多測量的概念，而學界和企業界也千方百計設計出各種不同的量表，就是想要超越受訪者單純回答「喜歡」和「不喜歡」，「要」或「不要」的回應，以便能更精準地捕捉到消費者的態度。而多年來使用最廣泛的李克特量表（Likert Scales）就是這類量表的典型。

比起只有「是」或「不是」兩種選擇的答案，由倫西斯・李克特（Rensis Likert）博士在 1932 年所建立的李克特量表（又稱為李克特選項的衡量法），其實是來自李克特的博士論文。它也是總加量表（Summated Rating Scales）的類型之一，總加量表主要是針對一個有興趣的研究對象，要求受訪者對研究者所陳述的題項，給出一個數值分數，以反映其認同程度或者主客觀評價，並且可以將得分相加，以衡量參與者的整體態度。

一般來說，李克特量表採取五個等級的選項，從數值 1 表示強烈反對的態度（非常不同意）；強度 2 是（不同意）；3（既不同意也不反對）；4（同意）和 5（非常同意）等強烈有利的態度。如果陳述內容是負面的（1 總是非常不利，5 總是非常有利），最後指定的數值會被反轉，以確保結果一致。而研究者可將每個人的回答加總，得出一個總分，以評定個別受訪者的整體態度。

在實務應用上，研究者也可將李克特量表，再行擴大到七或九個等級，而研究也指出，無論是五、七或九等在簡單的資料轉換後，其在統計上的平均數、變異數、偏態和峰度都很相似。

那到底在製作量表時，應該用五等級或七等級的格數才對？甚至如果用一百等級來衡量，是不是會比只用五等級來衡量，所得到的準確性更高？

為了回答這個問題，我們要回來探究填答量表時，背後的一些相關「成本」。

1. **誤差成本：**意指進行衡量時，產生誤差的機會。隨著量表的格數越多，衡量的誤差成本會越低。例如：用十等級來衡量全班同學身高所產生的誤差，就比只用三等級來的低。

2. **衡量成本：**意指進行衡量時，產生的填答成本。隨著量表的格數越多，衡量的衡量成本會越高。例如：在填答「快樂程度」時，將快樂分成十等級就比分成三等級來的複雜。

圖 7-8 中，呈現了誤差成本、衡量成本與總成本之間的關係。一般來說，五等級時的總成本相對較低，所以常見的量表是以五等級為基礎。

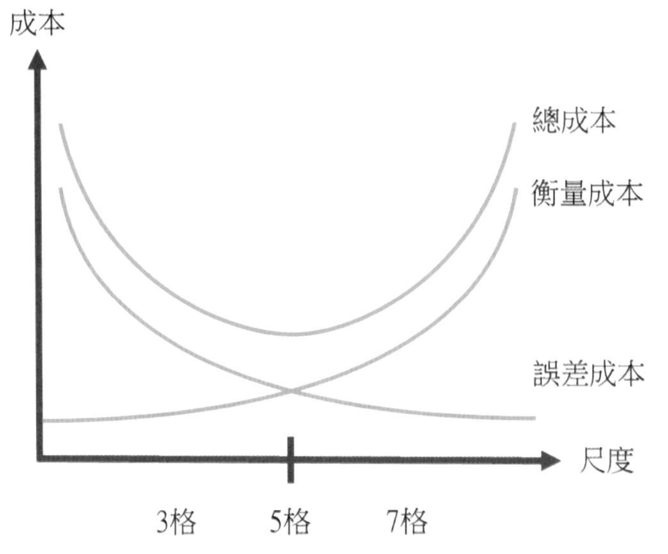

圖 7-8　李克特量表（Likert Scales）
繪圖者：趙雪君

此外，有時為了避免中間選項「無意見」太多人填答，還會採用「強迫表態」的方式，將中間「無意見」選項去除，使用四個或六個等級來衡量。

李克特量表的優點是，製作上簡單，應用範圍也比較廣泛。研究者要透過李克特量表建構自己的研究量尺時，最好把相關問題，都集中在一個特定主題上，量表的效果會更好。但有時候，李克特量表也許會受到幾種因素干擾而失真。因為學者也發現，在填答時，受測者可能會迴避勾選極端選項（出現趨中傾向的偏誤）；對陳述內容的習慣性認同（慣性偏誤）；或者揣摩，甚至迎合社會或者邀訪單位所希望的結果（社會讚許偏誤）。

值得一提的是，李克特量表不一定為等距尺度，雖然在計算時，會將每個等級假設為等距，但由各項目得分相加並計算總分所得到的結果，需要更進一步探討。此外，受試者間不一定存有可比較性，因此相同的分數所代表的意義也不一定相同。而受試者內也不一定存在可比較性。例如，受試者所謂的「常常」看書與「常常」打球，背後所表達的實際頻率並不一定相同。

★ 資料來源：Likert, Rensis, A Technique for the Measurement of Attitudes, Archives of Psychology, 1932, 140: pp. 1–55

尺度的類型——名目尺度、順序尺度、區間尺度、比例尺度

行銷研究的目的，在於探索消費者態度、行為和對商品的偏好程度，由於消費者對這些事物的喜好變化，會直接影響企業的績效表現，雖然西方有一句諺語說：「蘋果和橘子是無法比較的」，因此即便蘋果和橘子是無法比較的，行銷人也必須設法將它們量測出來，只是在量測之前，要知道這些量測的尺度是什麼？又有哪些類型？它們又有些什麼限制？

所謂測量尺度（Scale of Measure），是指統計學和量化研究中，對不同種類的數據，依據其尺度水平所劃分的類別，一共可分成：名目尺度（Nominal Scale）、順序尺度（Ordinal Scale）、區間尺度（Interval Scale），以及比例尺度（Ratio Scale），如圖 7-9 所示。

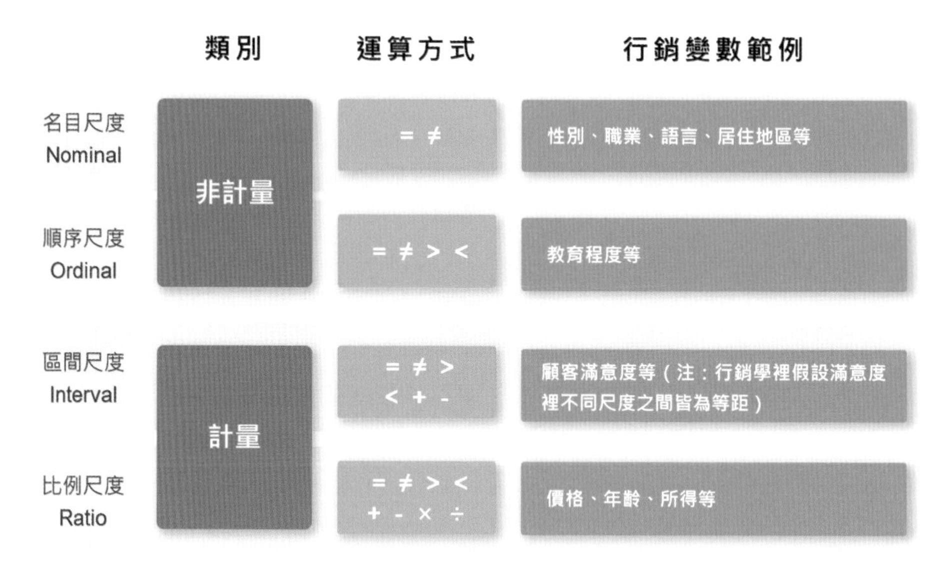

圖 7-9　名目尺度、順序尺度、區間尺度、與比例尺度
繪圖者：彭煖蘋

1. 名目尺度（Nominal Scale）

名目尺度，又稱類別尺度或名義尺度。名目尺度通常會將一個集合分成互斥且能完全分派的類別。其特性為無次序、無距離、也無唯一原點。

名目尺度能區分不同組別，例如：將「性別」區分成「男」、「女」。以下是名目尺度的特性：

- 名目內容（如：「男」、「女」）本身具有意義，但編碼後（如「男」為「1」、「女」為「0」）的數字大小，並不代表任何意義（如，不能說 1 大於 0）。
- 編碼後的數字不能排序，但在統計處理時，可以累加次數（頻率數，也就是符合的人數），例如男性 156 人、女性 182 人，或者按次數多寡依序排列找出最高數值（最多人選擇的選項次數）。

2. **順序尺度（Ordinal Scale）**

順序尺度，又稱次序尺度或等級尺度。順序尺度的分類為互斥和週延，其特性是有次序，但無距離或唯一原點。

順序尺度能區分等級或順序，例如：教育程度裡，從小到大依序為：國小、國中、高中、大學、研究所。以下是順序尺度的特性：

- 編碼後的數字能夠排序，但無法進行加減。
- 各數值之間有大小的分別，但無法說明大多少，或小多少，例如：第一名比第二名好，第二名又比第三名好，但第一名第二名之間，與第二名第三名之間無法確認是等值的。
- 可降階為名目尺度（如：將教育程度區分成國小、國中、高中、大學、研究所，但不予排序）。

3. **區間尺度（Interval Scale）**

區間尺度，又稱等距尺度。區間尺度具有次序與距離，但無唯一原點。

區間尺度能區分程度上的差異，例如：年份為 2001 年、2002 年、2003 年…。以下是區間尺度的特性：

- 編碼後的數字為等距（如：「1 與 2 之間的距離」，與「2 與 3 之間的距離」相同）。

- 因為等距，所以能夠加減（如：年份 2005 年與 2000 年之間差了 5 年）。
- 因為不具絕對原點，所以不能乘除（如：年份 2000 年 /2 並不具意義）
- 問卷調查最常採用的就是區間尺度。例如請從「非常滿意、很滿意、滿意、普通、不滿意、很不滿意、非常不滿意」等選項中圈選出符合的，這原本是順序尺度，在此則拿來當做區間尺度使用。區間尺度因為設定的組距都相等，所以可做為「非常滿意 7 分、…、非常不滿意 1 分」的處理方式，而最有名的則像是李克特七點量表或五點量表。
- 可降階為名目尺度與順序尺度。

4. 比例尺度（Ratio Scale）

比例尺度，又稱等比尺度、比率尺度。比例尺度具有次序、距離與唯一原點、無負值，而且各數值間具有等差與比率的關係。

比例尺度能衡量數值之間實質的差異，例如：價格為 100 元、200 元、300 元…等。以下是比例尺度的特性：

- 因為等距，所以能夠加減（如：價格 200 元與價格 100 元之間差 100 元）
- 具絕對原點，所以能乘除（如：價格 200 元 /2= 價格 100 元）
- 可降階為名目尺度、順序尺度與區間尺度。

表 7-1 為四種尺度之比較。

表 7-1 四種尺度之比較
繪表者：彭煖蘋

尺度	特性			實證操作
	次序	距離	原點	
名目	無	無	無	決定是否相等
順序	有	無	無	決定大於小於
區間	有	有	無	決定區間或差異的相等
比例	有	有	有	決定比率的相等

★ 資料來源：整理自 Donald R. Cooper and C. William Emory (1995), Business Research Method, Chicago Ill.: Richard D. Irwin, Inc., p.143.

問卷設計的注意事項

在日常生活中，我們經常可以看到企業和市場調查機構發出來的問卷，有些是簡單明瞭一頁式的短問卷，有些則是長達數頁的長卷，對施測者來說，要編寫出有效問卷，是一門大學問，施測者往往擔心無法測得自己想要測量的內容，以及受測者無意或無法順利完成，讓辛苦過程前功盡棄。

以下就問卷設計的內容、格式、回收等面向，來說明各類應注意事項。以下的內容，基本上很適合用檢核表（Check List）的方式來呈現。

1. 內容

問卷設計的內容，決定問卷的品質，以下是「內容」面的注意事項。

- 問卷的前言，宜簡單說明問卷填答的目的，與進行調查的單位。
- 問卷內容需和主題一致，和主題無關之題目最好全部刪除。
- 用字遣詞應口語化，避免太過專業。如有特殊「專有名詞」應簡單說明。

- 文字敘述勿籠統，應避免誘導，最好能加以量化。例如：問一位學生『您平均每天唸書多少小時？』，就比『您認為自己是個用功的人嗎？』來的明確。
- 每一個題目只問一個問題（概念），例如：『請問您認為自己是個強調紀律，或是具有創新能力的人嗎？』，這個題目裡就問到了兩個概念。
- 注意單選、複選題之指示與說明。
- 如有跳題時，應注意邏輯安排的流暢。
- 整份問卷應避免太過冗長。雖然說「重賞之下必有勇夫」，對願意填答長卷的受訪者可以給予較佳的禮物或報酬，但是現代人的耐心畢竟有限，題數過多的問卷，往往到越後面，答案越容易失真。
- 結束前之指示，例如：請直接投入郵筒，免貼郵票。
- 結束後之謝語，是否妥適。

2. 格式

問卷設計除了要美觀之外、格式上要清楚、容易填答，以下是在格式面的注意事項。

- 問卷頁數宜少，能一頁完成就不要兩頁。
- 每一題（含人口統計題目）都要有編號，以利電腦輸入。
- 每一選項間之空格以 Tab 鍵處理，而非以 Space 鍵處理。
- 雙欄位之處理可節省空間。
- 選項❑右下角用下標註記數字，以利編碼，減少後續分析時，輸入錯誤。
- 同類型選項之處理，較易填答並節省空間，請見以下範例。

◆ 您對於今天參觀活動的滿意程度為：

人員接待 ❑$_1$很不滿意❑$_2$不滿意 ❑$_3$無意見 ❑$_4$滿意 ❑$_5$很滿意
公司介紹 ❑$_1$很不滿意❑$_2$不滿意 ❑$_3$無意見 ❑$_4$滿意 ❑$_5$很滿意
時間控制 ❑$_1$很不滿意❑$_2$不滿意 ❑$_3$無意見 ❑$_4$滿意 ❑$_5$很滿意

◆ 您對於今天參觀活動的滿意程度為：

	很不滿意	不滿意	無意見	滿意	很滿意
人員接待	❑$_1$	❑$_2$	❑$_3$	❑$_4$	❑$_5$
公司介紹	❑$_1$	❑$_2$	❑$_3$	❑$_4$	❑$_5$
時間控制	❑$_1$	❑$_2$	❑$_3$	❑$_4$	❑$_5$

圖 7-10　問卷範例

3. 回收

除了問卷本身設計良好之外，還可透過以下方式增加回收率。

- 提供具有吸引力的贈品。
- 強調個資或匿名處理。
- 明確的回函指示。
- 如為研究單位可凸顯單位名稱。
- 研究結果的分享。
- 電話跟催。

問卷的誤差與解決方法

有人說，做研究的「難」，不在於研究題目的發想，而在於即便給您一套標準程序，您也不容易完全遵循或比照，因為可以「出錯」的地方實在太多了。單單是在「問卷」部分就容易出現三大類誤差。因此一個好的研究者，必須知道哪裡容易出錯，並且儘量控制它不出錯，才能設法確保研究的品質。

問卷是收集研究問題內容的工具之一，從表面上看，問卷不就是一份列有許多問題的紙張，然而它容易出現的誤差，包括設計誤差、受訪者誤差和訪員誤差。

以下簡單說明它的誤差和解決方式。

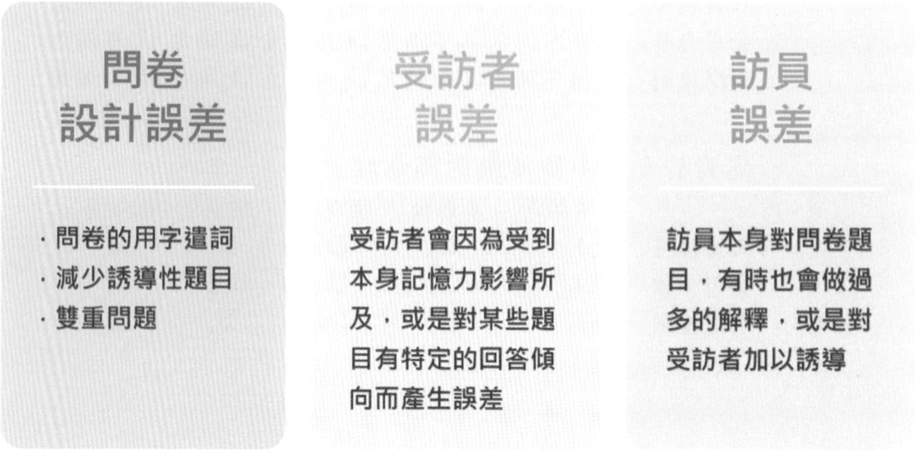
問卷
設計誤差
・問卷的用字遣詞
・減少誘導性題目
・雙重問題
受訪者
誤差
受訪者會因為受到本身記憶力影響所及，或是對某些題目有特定的回答傾向而產生誤差
訪員
誤差
訪員本身對問卷題目，有時也會做過多的解釋，或是對受訪者加以誘導

圖 7-11　問卷的誤差來源
繪圖者：傅嬿珊

1. 問卷設計誤差

問卷的用字遣詞（避免行話，儘量用口語方式表達，讓人一聽就懂。例如有些大人開始收集玩具和公仔，您會覺得這是一種「典範轉移」嗎？一般人可能不清楚「典範轉移」的定義）、減少誘導性題目（漲價和食安不能畫上等號，例如，如果有食品公司的問卷提問：現在因為食品安全造成許多消費者健康問題，您是否支持調高價格，讓廠商在有合理利潤下，讓消費者的安全獲得更佳保障）以及雙重問題（避免將兩個不同的概念，合併成單一題目，例如您覺得那一家公司這樣的做法，會讓人感到滿意，同時對它很忠誠嗎？此處，滿意度和忠誠度是兩個不同概念，因此必須拆分成兩個題目以上）。

解決方法：研究者可以透過「預試（Pretest）」方式修改問題，意即找幾個人，把問卷題目唸給他們聽。在不用進一步解釋的情況，如果他們一聽就懂，且符合大致的測量結果，問題就不大。

2. 受訪者誤差

受訪者會因為受到本身記憶力影響所及，或是對某些題目有特定的回答傾向而產生誤差（例如問抽菸者「看到菸盒上的警示語，是否會影響自己」，抽菸者可能會因為認為自己「應該會」而填「會」）。再舉一例，我們有個朋友對年收入的問題非常敏感，每次談到這個問題題項，他一定「以少報多」，都說他年收入三百萬，訪員追問是新台幣嗎？他一定冷冷地回應「美金」。

解決方法：利用重複的測驗題進行驗證，類似年收入問題可以請受訪者列出一個收入區間、或是設計正、反向題目加以交叉測試…等。

3. 訪員誤差

有些受訪者很能侃侃而談，有些受訪者很容成為句點王，有些更是「十個棒子打不出個屁來」，不善表達，又不願意表達。在這種情況下，訪員確實有追問的必要，尤其在深度訪談時。不過，這時問題又來了，訪員本身對問卷題目，有時也會做過多的解釋，或是對受訪者強力誘導，兩者都不恰當。

解決方法：針對訪員進行甄選與訓練，如果是有經驗的訪員可以優先考慮；此外，每次在執行訪談時，最好能有事前的講解，研究主持人必須先說明當日注意事項，逐一解釋問項中「專有名詞」的定義，碰到受訪者提問時，又該如何解釋…等。

何謂預試（Pretest）與先導研究（Pilot Study）？

對社會科學和行銷研究的初學者來說，預試和先導研究是兩個容易混淆的概念，因為兩者概念頗為類似，但目的和範圍卻大不相同。簡單來說，預試是研究問題的初步測試，但先導研究卻可構成一個完整的研究，如圖 7-12 所示。

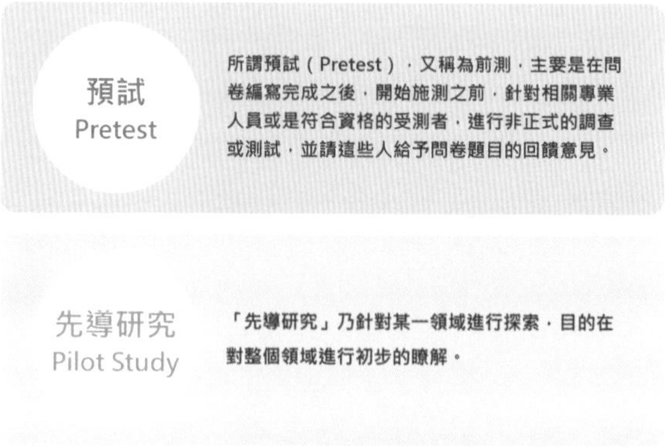

圖 7-12　預試（Pretest）與先導研究（Pilot Study）
繪圖者：傅嬿珊

預試（Pretest）

所謂預試（Pretest），又稱為前測，主要是在問卷編寫完成之後，開始施測之前，針對相關專業人員或是符合資格的受測者，進行非正式的調查或測試，並請這些人給予問卷題目的回饋意見。

預試的目的，其實具有高度的「針對性」，主要在對問卷「初稿」進行修正與確認。由於問卷是研究者和受訪者的界面，因此預試在於讓研究者了解，自己所設計的問題能不能測到想要測的內容；問卷的用字遣詞、題意能否被受訪者了解且願意回答；封閉式問題的答案能否把所有答案全部涵蓋（選項獨立且彼此互斥）；有沒有遺漏的問題，是否容易引發訪員（有時候，研究主持人有時和訪員並非同一人）不容易說明，或者是受訪者不易判斷的情況；研究者本身偏見被包含在問題內。

以上這些可能的錯誤，最好都能在前測時，都先被挑出來，因為每個研究者都要有「成本」概念，研究者最不想見的情況是，一份需要一０六九人的問卷，做到數百人之後，才發現某個重要題目被遺漏了，或是某題出錯，調查得重新來過。屆時真的會欲哭無淚。

先導研究（Pilot Study）

「先導研究」乃針對某一領域進行探索，目的在對整個領域進行初步的瞭解。舉個口碑研究的案例來說，1980 年代之前，從事口碑傳播研究的學者，大都集中在口碑的傳播方式和效果，但是卻一直沒有人針對口碑的價效（亦即口碑性質可能有正、有負）。

一直到了 1983 年，美國行銷學者瑪莎・瑞金斯（Marsha L. Richins）在著名的「行銷期刊（Journal of Marketing）」上發表一篇名為「由不滿意消費者散佈的負面口碑：先導研究（Negative word-of-mouth by dissatisfied consumers: A pilot study）」之後，才開啟行銷學者對負面口碑的大量研究。

事實上，瑞金斯教授在這一篇先導研究中，主要仿照帶有正電荷的物質稱為「帶正電」；帶負電荷的物質稱為「帶負電」的概念，從此也賦予口碑「生命」，因為口碑的價效會讓口碑傳播速度和範圍，出現正負不同。基本上，負面口碑要比正面口碑威力強大，因為消費者如果滿意只會告訴五個人，但不滿意會告訴九個人，因此在歐美也有類似「好事不出門，壞事傳千里」的俗諺。

事實上，如果對一個全新領域是完全陌生的研究議題，研究者就可以採取「先導研究」，而它主要在挖掘議題中，包含有多少構念、並藉此發展初步的理論框架。台科大企管系教授林孟彥就指出，通常「先導研究」多以「質性研究」為出發，而一個先導研究就是一篇完整的研究，等到把議題中的構念先找出來之後，再來就可以使用「量化研究」測量各個變數之間的關係。

一覽電子口碑量表（e-WOM Scale）

「管理學」裡有一句經典名言，「沒有衡量，就沒有管理（No measure, No management）」大意是說，我們無法去管理一件無法衡量的事（這裡的管理是指用數量化的方式進行分析、比較、以確保是否達成所設定的目標）。講得更明白一點，一位家裡沒有體重計的減重人士，是無法知道體重下降多少；一個沒有血壓計的人，要談控制血壓，也根本是緣木求魚。

同樣的道理，在從事社會科學研究時，如果我們無法衡量所定義的變數，自然無法對該變數進行研究。舉例來說，如果我們無法衡量「顧客滿意度」或是「企業文化」，我們將無法對提升顧客滿意度和改變企業文化進行管理。

同時，在做研究時，也記得要「小題大做」，值得一提的是，如果要探討的研究架構，其背後變數的衡量量表還沒有發展出來，光是先做出一個量表，就是一個很好的研究。

舉例來說，一家公司想要推行網路口碑行銷，但不知道該如何進行。這時，先在網路上搜尋是否有相關的期刊論文，就是一個不錯的切入方式。以下簡單列舉一篇探討網路口碑量表（e-WOM Scale）的期刊論文給大家參考。

Goyette, Isabelle, Ricard, Line, Bergeron, Jasmin and Marticotte, François (2010), “e-WOM Scale: Word-of-Mouth Measurement Scale for e-Services Context,” Canadian Journal of Administrative Sciences, 27(1), pp. 5-23.

高耶特（Goyette, 2010）等人以哈里森 - 沃克（Harrison-Walker, 2001）的研究為基礎，提出服務產業網路口碑的衡量尺度，四項尺度包括：口碑強度、正面口碑、負面口碑與口碑內容（如圖 7-13 所示）。

口碑的強度

○當講到網路服務公司時，我比較常提到這間公司

○當講到任何種類公司時，我比較常提到這間公司

○我跟很多人講過這間公司

口碑的正面評價

○我推薦這間公司

○我常說到這間公司好的一面

○當我說到我是這間公司的顧客時我感到很驕傲

○我強烈推薦大家從網路上購買這間公司的產品

○我常跟其他人說正面的事情

○我曾經跟別人說過有利這間公司的事情

口碑的負面評價

○我常跟其他人說負面的事情

○我曾經跟別人說過這間不利這間公司的事情

口碑的內容

○我討論過這個網站的使用者友善程度

○我討論過這個網站的交易安全性

○我討論過這個產品所提供的價格

○我討論過這個產品所擁有的多樣性

○我討論過這個產品的特質

○我討論過這個網站交易的難易度

○我講過這間公司快速的運送

○我講過這間公司的惡名

圖 7-13 口碑行銷量表
繪圖者：曾琦心

★ 資料來源： Goyette, Isabelle, Ricard, Line, Bergeron, Jasmin and Marticotte, François (2010), “e-WOM Scale: Word-of-Mouth Measurement Scale for e-Services Context,” Canadian Journal of Administrative Sciences, 27(1), pp. 5-23.

這篇期刊論文主要的內容，告訴我們該如何衡量「網路口碑」，如果我們想要對網路口碑這個領域進行研究，或是發展網路口碑相關的行銷企劃，勢必得先瞭解網路口碑的衡量方式，這將有助於我們進行網路口碑的管理。

在實務界，（網路）口碑的重要性不言可喻，但弔詭的是，很少有人知道該如何對（網路）口碑進行測量與管理。

現在想像一下，假設公司願意給一位行銷主管 1,000 萬，要該主管發展（網路）口碑行銷企劃，內容包括：錢該對誰花？在哪裡花？何時花？如何花？以及還要報告衡量該企劃成效的方式…等，相信許多主管是無法做出這個行銷企劃案的。大家不妨來挑戰試作一下吧！

最後，在研究方法領域，有兩本重要的工具書，一本談行銷相關量表，一本談人資相關量表，這兩本書某些學校圖書館裡會有（有興趣的讀者可至全國圖書書目資訊網查詢 http://192.83.186.170/screens/opacmenu_cht.html ），在此一併推薦給大家。

附錄

行銷相關量表

Handbook of Marketing Scales: Multi-Item Measures for Marketing and Consumer Behavior Research (Association for Consumer Research) [Hardcover]
Dr. William O. Bearden (Author), Dr. Richard G. Netemeyer (Author)

人資相關量表

Measures of Personality and Social Psychological Attitudes: Volume 1: Measures of Social Psychological Attitudes [Paperback]
John Paul Robinson (Editor), Phillip R. Shaver (Editor), Lawrence S. Wrightsman (Editor)

透過問卷，找出消費者最先想到的品牌

先前，我們在如何衡量企業「知名度」時曾經談到，知名度包括「知曉」與「形象」兩大構面。其中，知曉的部分又包括「非提示情況下」的知曉，與「提示情況下」的知曉。

舉例來說，一家衛生紙公司的行銷研究部門，想了解自家產品是否存在消費者的記憶中，可能會透過以下的問題（提示情況下）進行詢問。

Q1: **一想到衛生紙的品牌**，您首先想到的是？（可複選）

☐ 舒潔　☐ 春風　☐ 柔情　☐ 優活　☐ 可麗舒
☐ 五月花　☐ 倍潔雅…等

這樣的題目，確實可以調查出自家產品是否存在消費者的記憶中，但如果想進一步調查出自家品牌是否為消費者心中的第一品牌，就力有未逮。（一般可以透過統計，計算出消費者心中想到最多的品牌是哪一款，但想到最多與最先想到並不是相同的概念。）

所以，在問卷設計上，可以採取以下的作法（非提示情況下）。

Q1: 一想到衛生紙的品牌，您首先想到的是？（開放式問卷）

____

Q2: 您還可以想到哪些其他品牌的衛生紙？（開放式問卷）

____

這樣的作法，確實能夠更精準地問到行銷人員所想要的答案。不過也增加了受訪者填答的難度。

《問卷設計（Questionnaire Design）》一書的作者，伊恩・布萊斯（Ian Brace）在其書中提到，行銷人可透過只設計一個題目的方式，來解決這個問題[2]。

Q1: 一想到衛生紙的品牌，您想到的是？（開放式問卷）

1. ____________________

2. ____________________

3. ____________________

4. ____________________

5. ____________________

其中，填入 1 的品牌，被稱為是「首先想到」（top of mind awareness，又稱第一提及知曉、最優先記憶認知）的品牌。

提高線上問卷填答率

以往很多從事社會科學和商學研究的人，對於利用網際網路來施測的「線上問卷」，總會抱持著較不精準的眼光來看待，一來是因能夠上網填答的受測者，與一般消費者在本質上就不一樣，因為他們在「工具使用」和「主動性」就有重大差異。現在，因為手機普及，加上線上問卷日益普遍，為行銷研究帶來了很大的便利性，同時也讓問卷設計變得更加多元與有效。

許多行銷研究人員會透過 Surveycake、Surveymonkey 等線上問卷設計與發放的工具，來進行問卷調查。此舉增加了問卷設計與發放的便利性。然而，線上問卷設計的功能，往往不僅於此。

2 伊恩・布萊斯 (Ian Brace) 著、王親仁譯，《問卷設計：如何規劃、建構與編寫有效市場研究之調查資料 (Questionnaire Design： How to plan, structure and write survey material for effective market research)》，五南，2018/06/15。

對於問卷填答者來說，如果填答問卷的過程很有趣，勢必能增加填答者的意願與有效性。而線上問卷的環境與特性，讓問卷設計者可以透過互動式、趣味化、甚至是遊戲化的方式，來進行問卷設計，進而讓問卷填答者感到新奇有趣，藉此提高填答的完成率。

以下簡單提到數種「線上問卷」設計的方式。

1. 文字圖像化

透過將文字圖像化的方式，來增加增加填答的樂趣。

以下是傳統問卷的題目：

您的性別：□男　□女

您的身高：□ 160（含）以下　□ 160-170（含）　□ 170-180（含）　□ 180 以上

您是否與小孩一起住？□是　□否

透過文字圖像化，可以得到如圖 7-14 的呈現效果。

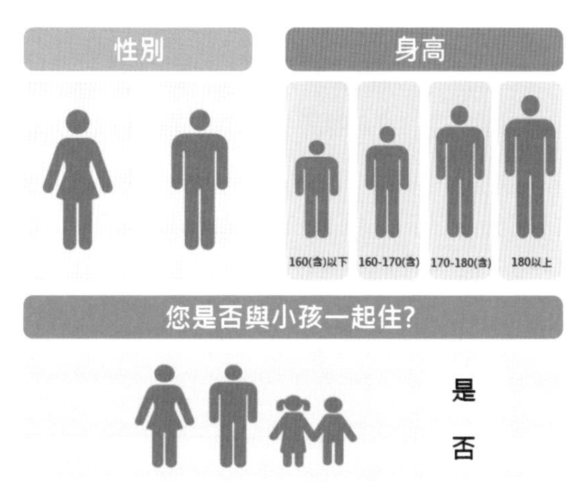

圖 7-14　問卷文字圖象化
繪圖者：謝瑜倩

2. 尺度有趣化

以下是傳統問卷的題目：

傳統上，您有多喜歡 A 便利商店，或是 B 便利商店，請在□裡打勾。

A 便利商店　　非常討厭 □ □ □ □ □ □ □ 非常喜歡

B 便利商店　　非常討厭 □ □ □ □ □ □ □ 非常喜歡

透過線上問卷，就可以進行以下的設計，如圖 7-15 所示。

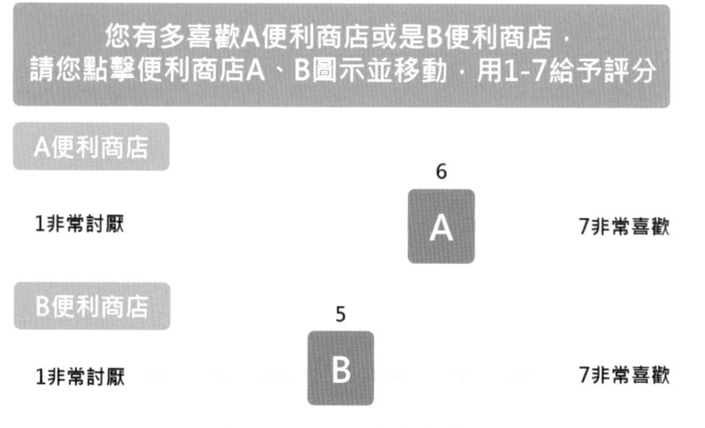

圖 7-15　尺度有趣化
繪圖者：謝瑜倩

3. 填答遊戲化

遊戲化能增加填答的樂趣。以下是傳統問卷的題目形式：

以下冰淇淋的口味，請依您的喜愛程度進行排序。

1. 香草；2. 草莓；3. 巧克力；4. 咖啡；5. 櫻桃

______ > ______ > ______ > ______ > ______

在網路上，可透過拖曳的方式，來進行問卷的填答，如圖 7-16 所示。

圖 7-16　填答遊戲化
繪圖者：謝瑜倩

SECTION
7-3 信效度

信度（Reliability）是什麼？

科學研究常使用衡量工具來觀察與測量世間萬物，例如自然科學中，常透過「溫度計」來測量溫度，也常透過捲尺或測距儀來測量兩點間的距離；而社會科學則常使用「問卷」或「量表」等衡量工具來觀察與衡量人類的行為。

衡量工具必須有效且可靠，因為一支有效且可靠的溫度計，才能正確測量出溫度，且每次測量都很準確。「有效」且「可靠」的背後，是所謂的效度（Validity）與信度（Reliability）。

所謂「信度」指的是透過衡量工具所獲得的結果（分數），能反應出受測者真實（分數）的程度。這種程度，可透過對受測者進行不同形式（如不同版本的問卷）或不同時間點的測量，並判斷其結果是否一致來獲得。換句話說，「一致性（consistency）」是信度的基本概念。

舉例來說，到美國就讀研究所，都會被要求要有托福（TOEFL）成績，因為它是大學據以評斷申請者能否有效上課的依據。如果一位同學透過托福（TOEFL）測量英文成績，在一段時間內不刻意加強英文實力，兩次測驗成績應該是接近的（亦即「一致」的），這就代表托福（TOEFL）這個測驗工具，信度很高。

信度測試有三個重點：內部一致性（Internal Consistency）、長期穩定性（Stability over time）和等值性（Equivalence）。其中，內部一致性透過折半法（Split-half Method）、Cronbach's α 係數、評分者之間的信度（Inter-rater Reliability）來測試；長期穩定性則透過再測信度（Test-Retest Reliability）來測試；等值性透過複本信度（Alternate-Form Reliability）來測試（如圖 7-17 所示）。

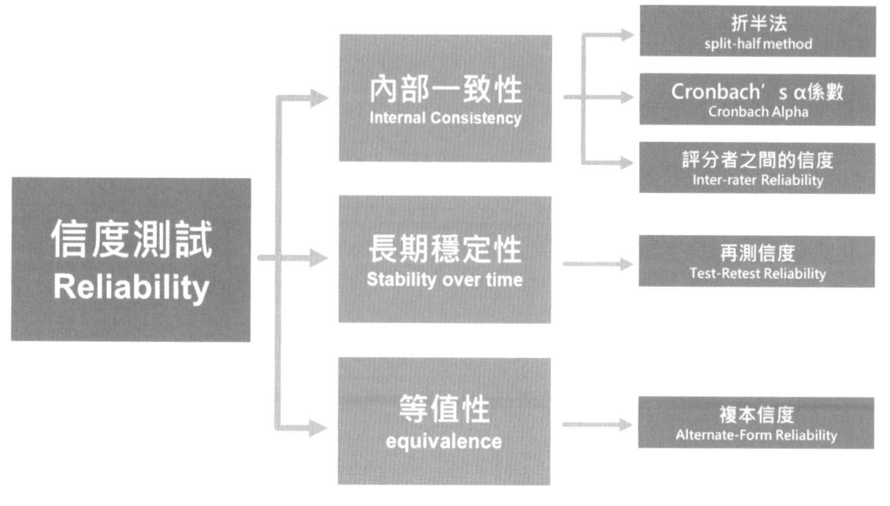

圖 7-17　信度測試

★ 資料來源：Drost, Ellen A., (2011), "Validity and Reliability in Social Science Research," Education Research and Perspectives, Vol.38, No.1

信度的類型——內部一致性信度

正值荳蔻年華的小美最近交了男朋友，因此開始注意起自己的身材。她從百貨公司買了一個體重計回家，但這個體重計晚上回家秤是四十五公斤，白天出門前量是五十公斤，一下子就差了五公斤把小美快搞瘋了。試了幾天都是這樣的現象，顯然這部體重計品質似乎不是很可靠，換句話說，這支磅秤很不可信。而如果你的研究工具也有這種現象，換個時間點測量就得到不同結果，那就是在「信度」上出了問題。

信度（Reliability）意指，研究者對同一現象重複測量時，兩次結果會一致的高低程度。而中文所說的可靠性，和英文 Repeatability（重複性）、Reproducibility（重現性）…等，也是信度的同義詞。

由於信度和以下要介紹的效度，在研究中非常重要，接著我們再透過「衡量工具」與「衡量時點」兩個構面，分析不同情況下的信度類型（如圖 7-18 所示），並對各種信度類型進行說明。

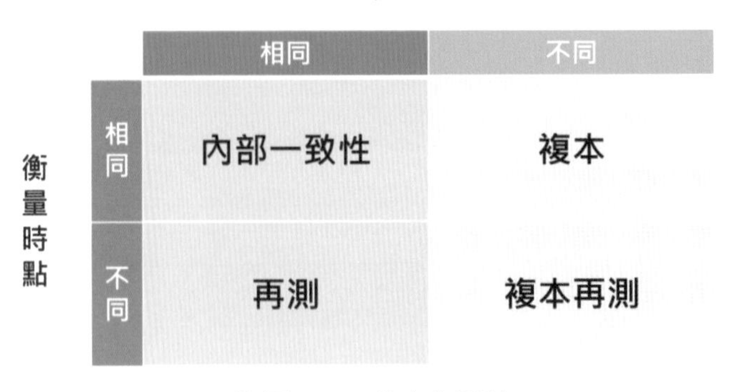

圖 7-18　信度的類型
繪圖者：彭煖蘋
★ 資料來源：榮泰生，企業研究方法，五南，民 86，頁 163

在圖 7-18 中，「衡量工具」與「衡量時點」都相同的情況下，其信度稱為「內部一致性信度（Internal Consistency Reliability）」。

內部一致性信度越高，代表各個衡量項目能夠測量到相同的構念，亦即測驗項目之間的同質性很高。社會科學常用的「內部一致性信度」測試的方法有三種，包括：折半法（Split-half Method）、Cronbach's α 係數和評分者之間信度（Inter-rater Reliability）…等。

折半法乃是將同一份量表中內容相似的題目，拆成兩份（一般是透過拆分單、雙數題的方式來呈現），並計算兩份（各半）測驗總分的相關係數。折半法是在同一個時間點進行施測，而折半之後的兩份問題，其內容、難易等條件須盡可能一致。

Cronbach's α 係數是由美國教育心理學家李・克隆巴赫（Lee Cronbach）[3] 於 1951 所提出，到目前仍廣為社會科學界所使用。如果你在一份研究報告中，看到 α 值大於等於 0.9，代表內部一致性信度很高（Excellent）；0.8-0.9 算好（Good）；0.7-0.8 可接受（Acceptable）；0.6-0.7 可疑的（Questionable）；0.5-0.6 較差（Poor）；0.5 以下不可接受（Unacceptable）。

3　Cronbach, L. J. (1951). Coefficient alpha and the internal structure of tests. Psychometrika, 16(3), 297-334.

為了讓大家更容易理解信度，我們分別引用刊登在《中山管理評論》與《臺大管理論叢》（皆為 TSSCI（Taiwan Social Sciences Citation Index）期刊）的文章為例，來說明內部一致性信度的範例，如表 7-2 所示。

表 7-2　內部一致性信度的範例

文章出處：鍾燕宜、陳景元 (2007)，銷售行動控制量表的發展與評量，中山管理評論，第十五卷第一期，2007 年 3 月，197-223 頁。
我們依據每一測驗題與總分的相關係數低於 0.30 予以刪除的原則，發現題目中總分相關均高於 0.3 以上，且 SACS 三各分量表的內部一致性 Cronbach Alpha 係數均超越 0.7。
文章出處：陳銘薰、吳文傑 (2008)，策略領導量表建構及其信效度評估，臺大管理論叢，第 18 卷第 2 期，2008 年 6 月，63-78 頁。
環境建構、願景塑造、智力啟發、策略執行的 Cronbach's α 值為 0.91、0.92、0.89、0.90，皆大於 0.7(Nunnally, 1978)。接著，進行構念與構念內的平均相關係數，結果顯示構面內的平均相關係數 (0.58~0.72) 高於構念間的平均相關係數 (0.39~0.51)。以上分析說明 4 構念之衡量具信度與內部一致性。

除了測量的題目之外，另一個有關信度的概念是「評分者」之間的信度，主要在測量評分者之間意見的一致性。這裡，請大家想像一個情境，有一群教授正在面試申請入學的學生，可是這些教授們（亦即評分者）彼此之間，對於面試過程的認知（評分標準）有著非常不同的看法，其實很容造成「高低分數差異懸殊」。而原來依賴評分者做個公平評審，然而最後卻因評分者之間的變異，反而形成誤差的來源，不是很不值得嗎？

為了解決這類問題，主辦單位通常會透過「事前訓練」或是舉辦「評分者共識營」(Consensus Building Exercise) 的方式，來提升評分者之間的信度。

信度的類型——複本信度、再測信度、複本再測信度

接著我們再來談談「衡量工具」與「衡量時點」兩個條件中，個別出現改變或者兩者同時改變時，信度變化的內容。它們分別是複本信度、再測信度與複本再測信度。

1. 複本信度（Alternate-Form Reliability）

「複本」是指「內容相似的另一份量表」，這裡的「內容相似」指的是題項所測量的是同一概念，「另一份量表」代表背後有「正本」，而這一份是「複本」。複本信度測試乃是對同一受測者進行測試，第一次用正本，第二次用複本，兩份結果的相關係數，即為複本係數（Coefficient of Forms）或稱複本信度。

複本信度測試可同時連續進行，或是相隔一段時間後再分次進行。同時連續進行的複本信度測試，可以反映出內容之間的誤差；相距一段時間分次進行的複本測試，可以反映出受時間影響的誤差。

2. 再測信度（Test-Retest Reliability）

再測信度（又稱重測信度）是指對同一受測者，用同一份衡量工具，並在不同時間測試兩次，計算兩次結果的相關係數。相關係數越高，代表再測信度越高。

不過，這種方法很容易受到記憶或是練習效應所影響，而且兩次測驗之間的間隔時間要適當。畢竟時間間隔太短，可能會有記憶效果；時間間隔太長，受測者可能因為練習而有所成長，進成影響相關係數，穩定度因此會降低。

以下引用刊登在《測驗學刊》（為 TSSCI（Taiwan Social Sciences Citation Index）期刊）的一篇文章為例，來說明再測信度的範例，如表 7-3 所示。

表 7-3　再測信度的範例

文章出處：王承諺、李明憲 (2020)，社群網站網路霸凌和網路攻擊辨識量表之發展，測驗學刊，第六十七輯第一期，2020 年 3 月，61-94 頁。
本研究在 4 月 18 號聘請 25 位社群網站使用者進行前測，填寫「網路霸凌和網路攻擊**加害者**辨識量表」和「網路霸凌和網路攻擊**受害者**辨識量表」，相隔一個月後，5 月 18 號再進行後測。 「網路霸凌和網路攻擊**加害者**辨識量表」的重測信度為 .867，網路言語行為分量表重測信度為 .839，網路影像行為分量表重測信度為 .951，網路關係行為分量表重測信度為 .887。 「網路霸凌和網路攻擊**受害者**辨識量表」的重測信度為 .838，網路言語行為分量表重測信度為 .859，網路影像行為分量表重測信度為 .925，網路關係行為分量表重測信度為 .947。 「網路霸凌和網路攻擊**加害者**辨識量表」和「網路霸凌和網路攻擊**受害者**辨識量表」的重測信度皆大於 .7 以上，說明本研究的量表具有不錯的重測信度。

3. 複本再測信度（Alternate-Form Retest Reliability）

複本再測信度結合複本信度與再測信度，亦即設計兩份「內容相似」的量表（如兩份顧客滿意度問卷，或是兩份多益（TOEIC）考題），對相同環境下的兩組人，進行兩次測試，相關係數高則具有複本再測信度。

效度（Validity）是什麼？

研究人員透過衡量工具在進行測量時，很重要的一項的考量是，他們往往擔心自己所測量的，是否真的是他們打算測量的東西。舉例來說，部分餐廳在顧客用完餐之後，總是會送上一張「顧客滿意度」調查表，希望顧客能夠填答，但這樣薄薄的一張調查表，真的能衡量出顧客對這一次用餐的「滿意程度」嗎？這背後就牽涉到「效度」的問題。

效度（Validity）是指衡量工具（例如：顧客滿意度調查問卷）能夠確實測量出所要測量概念（例如：顧客滿意度）的程度。

在社會科學研究裡，經常透過量表來衡量變數，再透過統計，檢定研究人員所提出的假設，亦即確認變數與變數之間的關係。如圖 7-19 所示。

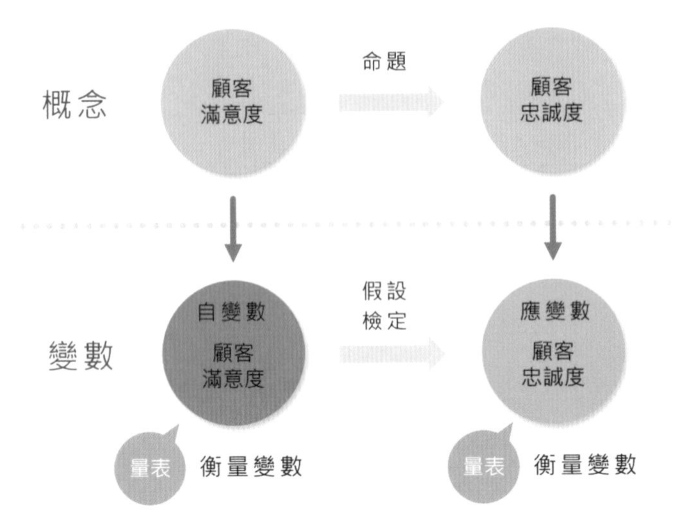

圖 7-19　衡量效度的重要性
繪圖者：彭煖蘋

從圖 7-19 中可發現，圖的左半部指的是將概念變成變數的過程。由於概念本身是不可測量的，因此我們要將概念轉換成變數，然後再透過量表進行測量。舉例來說，面對顧客滿意度這個概念，研究人員發展出顧客滿意度量表，來對顧客滿意度這個變數進行測量。例如，某家飯店的「顧客滿意度問卷」，包括下列五項要素：「客房的舒適度」、「設施的完善度」、「食物的美味度」、「人員的專業度」和「整體的感受度」等。

另一方面，圖 7-19 的上半部則是談到概念與概念之間的關係，這就是研究人員所發展的命題（Proposition）。而命題本身並未涉及直接驗證，因此需要將命題轉換成假設（亦即變數與變數之間的關係）來進行驗證。所以，圖 7-19 下半部所呈現的，是透過量表來測量變數，並透過統計來驗證所發展的假設（Hypothesis）。

此外，研究人員在測量某個概念時，所發展出來的量表，必須能夠真正測量出所要測量的概念，要盡量避免「效度污染」與「效度不足」兩大問題。

舉例來說，在研究中，如果我們發展了五項題目來衡量顧客忠誠度，但這五項題目中，卻有兩題測量到顧客滿意度，這樣就會有「效度污染」的現象。此外，在這五項題目中，三題關於顧客忠誠度的題目，無法完全測量到所欲測量的概念，所以三題可能不夠，必須再增加其他題目，才能真正測量到所有顧客忠誠度的概念，這就是「效度不足」。

為了有效解決上述案例中的問題，研究者必須在研究之初，就對各變數（如顧客滿意度、顧客忠誠度）加以明確的定義，並且透過國內、外學者以往所做的相關研究，引用具有信效度的量表，再透過嚴謹的翻譯（可操作性的語意和語境翻譯）與信效度測試，來確保所發展的量表是有效的。

也因此，在整個研究過程中，研究人員要確保所發展的衡量工具（如量表），本身具有高的效度，不會產生效度污染與效度不足的情況，這樣在進行後續的假設檢定時，所獲得的結果才有意義。

至於在實際做法上，通常會通過小規模樣本的「前測（pre-test）」先做初步檢驗，以免大量（數百到上千份）的問卷發出去之後，卻發現有效度污染或是效度不足的問題存在。到時候，就真的會有「叫天天不應，叫地地不靈」的喟歎。

信度與效度的關係

效度是衡量時的首要條件，信度則是效度不可缺少的輔助條件。

舉例來說，有信度不一定有效度。以家中的磅秤為例。您每一次測量都是 60 kg，那表示此磅秤具有信度，但是 60 kg 真是您的體重嗎？也許您的真正體重是 70 kg，這表示此磅秤具有信度，但不一定具有效度。

許多學者將信度與效度的關係，透過類似射靶圖來呈現（如圖 7-20 所示）。射箭射到靶心，代表具有高效度，亦即能衡量出所欲衡量的概念。每次射箭都射在附近，代表具有高信度，亦即每次衡量的結果都很接近。

圖 7-20 將效度與信度分別置於 x 軸與 y 軸，並根據高低程度，區分成：高效度、高效信；低效度、高信度；低效度、低信度；高效度、低信度。一般來說，右下角高效度、低信度並不為人所採用。根據學者 Cooper & Schindler（2003）[4] 的定義，有高的效度，並不會出現低的信度。

換言之，當信度低時，效度一定低；而效度高，信度一定也高；但信度高時，效度未必高，就像前面提到的磅秤一樣。

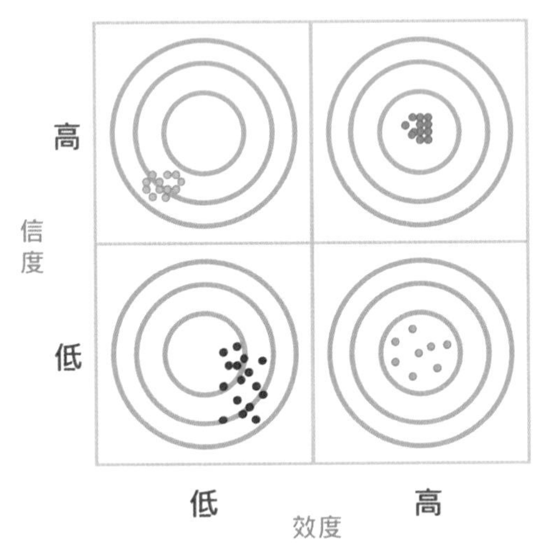

圖 7-20　信度與效度的關係
繪圖者：彭煖蘋

效度污染與效度不足

在社會科學研究中所謂的「效度（Validity）」是指，衡量工具能夠確實測量出所要測量概念的程度。例如，一位同學可以透過 TOEFL 測量出他的英文程度，但無法透過 TOEFL 測出中文程度。這樣的概念聽起來簡單，但實務上，卻還是常常發生與「效度」相關的問題。

4　Cooper, D. R., & Schindler, P. S. (2003). Business research methods (8th ed). New York: McGraw-Hill.

舉例來說，從各大學商管研究所的入學考試中可發現，考試科目通常包含經濟學、統計學或管理學三個科目。然而，考這三科原本是想要測出同學在這三科的專業知識。但現在的入學考題有一個趨勢，那就是以英文命題，有些系所更要求要用英文作答。這樣的考卷，對於一些經濟學、統計學、管理學專業知識很好，但英文不好的同學來說，會備感吃力（他們腦海裡會浮現「我到底是來考專業科目？還是考英文的？」）。同時，對學校來說，以英文命題的試卷並無法真正測量出同學在這三科的專業實力。也因此，有些系所堅決使用中文出題，且規定禁止使用英文作答，不過多數的系所還是不限定教授的出題方式。

接下來，我們談到在各項社會科學研究的測量過程中，應該要避免「效度污染（Validity Contamination）」與「效度不足（Validity Deficiency）」的問題（如圖 7-21 所示）。

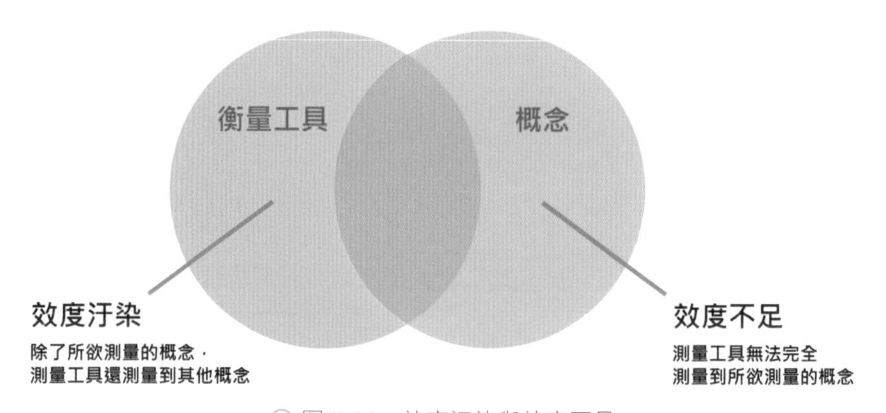

圖 7-21　效度污染與效度不足
繪圖者：彭媛蘋

「效度汙染」指的是「除了所欲測量的概念，衡量工具同時測量到其他的概念」。例如：1953 年於美國成立的 GMAT 測驗，初期是以提供 9 家美國商學院評估申請人能力的重要依據，後來擴大到全世界 1500 所以上的大學。GMAT 測驗裡包含了計量的部分，主要是測量有關算數、代數、幾何等數學知識，但因為 GMAT 作答的方式是以「英語」進行，對於留學生來說，等於同時也測量到英文的能力。

另一方面，好的衡量工具亦應避免「效度不足」的問題。效度不足指的是「衡量工具無法完全測量到所欲測量的概念」。例如：曾經就有一名 TOEFL 拿滿分的中國大陸學生，他申請上麻省理工學院（MIT）。但該生進去就讀後，校方發現他的英語能力很差，根本無法因應 MIT 的教學課程，校方一度懷疑他是考試作弊進來。後來要求他再考了一次 TOEFL，結果仍然還是接近滿分，這時 MIT 才發現是舊 TOEFL 的考試方式，出現了效度不足的問題。

效度的類型

如果信度的核心概念是「一致性」，那麼效度的中心思想就是「準確性」。因為測量的「效度」關乎研究的成敗，如果不準確，也不用測量了。

一般來說，研究人員應該考慮四種效度的類型[5]：統計結論效度（Statistical Conclusion Validity）、內部效度（Internal Validity）、建構效度（Constructive Validity）和外部效度（External Validity），如圖 7-22 所示。

圖 7-22　四種效度的類型
繪圖者：傅嬿珊

1. 統計結論效度（Statistical Conclusion Validity）

統計結論效度指的是，假設檢定是否有合理的推論（例如兩個變數之間是否存在著關係？）。因此，統計結論效度意味，在推論因果關係時，統計結

5　Trochim, W. M. K. (2006). Introduction to Validity. Social Research Methods, retrieved from www.socialresearchmethods.net/kb/introval.php, September 9, 2010.

論是否正確反映真實的因果關係？而統計結論效度會受到以下問題所影響，例如：低統計力、違反假設、隨機誤差…等。

2. 內部效度（Internal Validity）

內部效度意指研究本身的有效性。舉例來說，企業在進行顧客滿意度調查時，只有 20% 的顧客對調查做出了回應，而調查結果顯示所有顧客的滿意度都很高。或是，當顧客得知，填答滿意度問卷所收到的禮物非常吸引人，結果調查之後發現，所有顧客都很滿意。以上兩個結果，是否真能代表顧客滿意度很高？

3. 建構效度（Construct Validity）

建構效度又稱「構念[6]效度」，意思是衡量工具與理論之間的相關係數很高。

舉例來說，已有理論支持「顧客滿意度」與「顧客忠誠度」之間具有正向關係。當某位研究者透過量表衡量出「顧客滿意度」這個構念，並且經由實證，證明出「顧客滿意度」與「顧客忠誠度」之間有正向關係，代表這個量表具有建構效度。

建構效度涉及六種效度類型：表面效度、內容效度、同時效度、預測效度、收斂效度和區別效度。康乃爾大學（Cornell University）教授威廉・特羅希姆（William M. Trochim）[7]將這六種類型分為兩類：翻譯效度（Translation Validity）和效標關聯效度（Criterion-related Validity）。

4. 外部效度（External Validity）

外部效度意指研究可以擴大到其他群體、環境、時間的程度。例如：針對學生所做的研究，是否能擴大到社會人士；或是針對某一國家所做的研究，是否能擴大到其他國家。在研究實務上，許多以大學生為樣本的研究，就常被質疑無法推論（應用）到社會人士。而這也是在發表論文時必須載明的研究限制。

6 構念（construct）是抽象的概念，如顧客滿意度、顧客忠誠度…等。

7 Trochim, W. M. K. (2006). Introduction to Validity. Social Research Methods, retrieved from www.socialresearchmethods.net/kb/introval.php, September 9, 2010.

建構效度（Constructive Validity）

建構效度涉及六種效度類型：表面效度、內容效度、同時效度、預測效度、收斂效度和區別效度。康乃爾大學（Cornell University）教授威廉·特羅希姆（William M. Trochim）[8]將這六種類型分為兩類：翻譯效度（Translation Validity）和效標關聯效度（Criterion-related Validity），如圖 7-23 所示。

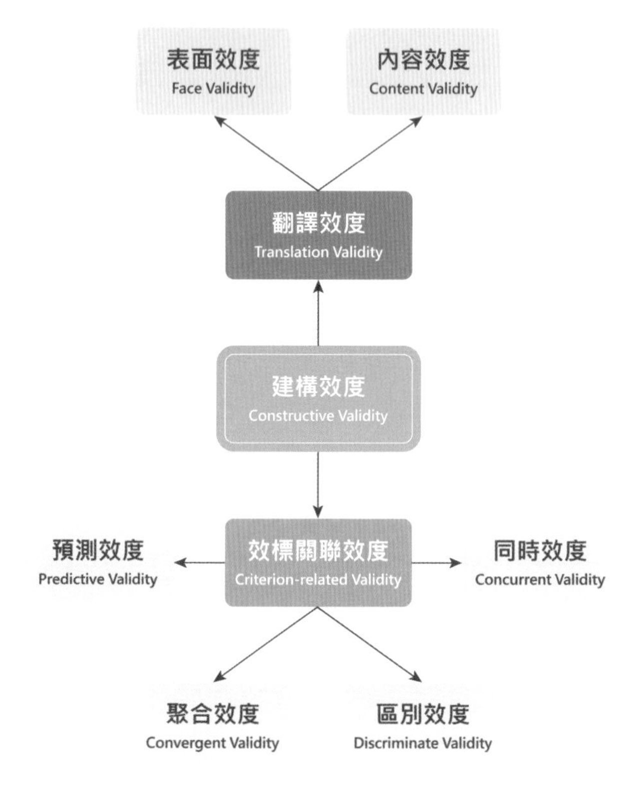

圖 7-23　建構效度的六種類型
繪圖者：傅嬿珊

★ 資料來源：Trochim, W. M. K. (2006). Introduction to Validity. Social Research Methods, retrieved from www.socialresearchmethods.net/kb/introval.php, September 9, 2010.

8 Trochim, W. M. K. (2006). Introduction to Validity. Social Research Methods, retrieved from www.socialresearchmethods.net/kb/introval.php, September 9, 2010.

一、翻譯效度（Translation Validity）

翻譯效度意指將構念（如顧客滿意度）準確地「翻譯」為可操作化的程度（如「我對於今天客服人員的服務很滿意」）。翻譯效度的重點在於可操作性是否反映了構念的真實含義。

1. 表面效度（Face Validity）

表面效度是對構念的可操作性的主觀判斷。表面效度通常被認為是建構效度的一種弱形式。

2. 內容效度（Content Validity）

該衡量工具（如顧客滿意度調查問卷）涵蓋所要衡量的某一種概念（如顧客滿意度），其代表項目的完整性，以及不會有效度不足的現象。內容效度的判斷，多以專家訪談方式進行歸納與整理。

高內容效度的關鍵，在於發展衡量工具時，具備的學術嚴謹程序。通常會先界定所欲衡量變數的範圍，然後收集大量的項目，使其能夠概括所界定的變數範圍，最後再就項目的內容加以修改，以獲得最佳的衡量工具。

以下引用刊登在《中山管理評論》（為 TSSCI（Taiwan Social Sciences Citation Index）期刊）的一篇文章為例，來說明內容效度的範例，如表 7-4 所示。

表 7-4　內容效度

文章出處：鍾燕宜、陳景元（2013），銷售行動控制量表的發展與評量，中山管理評論，第十五卷第一期，2007 年三月號，p.197-223。
內容效度主要是依據編製者對於所要測量特質之概念與假設，採用邏輯的分析方法進行判斷，重視測驗題的研製與預試過程。透過 50 位業務員之個別訪談資料搜集，195 位業務員之次數篩選，以及二次的表面效度預試，最後編製出 SACS（參見附錄）。如此在質量分析兼顧下，應獲得測驗內容的代表性與適切性。

二、效標關聯效度（Criterion-related Validity）

效標關聯效度意指，該衡量工具與某一現有具高效度的衡量工具（即效標）之間，相關係數的高低。這種效度是建立在實證資料之上。效標關聯效度通常包括以下類型。

第一是同時效度（Concurrent Validity），該衡量工具與現有效標工具之間相關係數的高低。例如，假設對一家公司的業務人員進行調查，要求他們寫出自己的業績水準，同時，我們也可以透過財務部的資料，來查詢每一位業務人員真實的業績（即效標），這時，即可將此兩種數據進行關聯來評估調查的有效性。

以下是內容效度的範例，如表 7-5 所示。

表 7-5　效標關聯效度

文章出處：鍾燕宜、陳景元（2013），銷售行動控制量表的發展與評量，中山管理評論，第十五卷第一期，2007 年三月號，p.197-223。
效標關聯效度 由 273 名業務員同時施測 SACS 各分量表與七項效標（自我效能、目標承諾、工作投入、工作滿意、角色內行為、組織公民行為、及離職傾向），結果顯示各量表信度皆超過 0.7，表示測量反應一致性高。由於 SACS 各分量表與七項效標皆達顯著，顯示效標關聯效度良好（參見表 7-4～7-6）。

第二是預測效度（Predictive Validity），該衡量工具與未來實際成果之間相關係數的高低。例如：員工教育訓練的成績與其實際工作表現之間的相關係數高，代表該教育訓練量表具有高的預測效度。或如，美國大學利用學生的 GMAT 分數，來預測他們能成功完成 MBA 課程與 GPA 成績。

建構效度還包括：聚合效度（Convergent Validity）與區別效度（Discriminate Validity）。

聚合效度（Convergent Validity）是指衡量工具（如顧客滿意度調查）與某些概念（如顧客滿意度）有較高的關聯。來自相同構面的項目（如顧客滿意度下的構面項目），彼此之間的相關性要高，不會有效度不足的現象。

以相同方法衡量相同特質所得到的分數之間，相關性要高。以不同方法衡量相同特質所得的分數之間，應具有次大的相關性。

區別效度（Discriminate Validity）是指衡量工具（如顧客忠誠度調查）應該與其他概念（如顧客滿意度）無關。來自不同構面的項目（如顧客滿意度調查項目與顧客忠誠度調查項目），彼此之間的相關性要低，不會有效度污染的現象。

以相同方法衡量不同特質所得到的分數之間，相關性要低。以不同方法衡量不同特質所得的分數之間，相關性要最低或是無意義。

以下引用刊登在《臺大管理論叢》（為 TSSCI（Taiwan Social Sciences Citation Index）期刊）的一篇文章為例，來説明聚合效度與區別效度的範例，如表 7-6 所示。

表 7-6　聚合效度與區別效度

文章出處：張愛華、洪敘峰（2013），消費者認知基礎之企業綠品牌形象衡量模式發展，臺大管理論叢，第 24 卷第 1 期，2013/12，129-154。
聚合效度與區別效度分析 接著利用整體樣本進行量表的聚合效度與區別效度檢測。在企業品牌 CFA 檢定部分，所有衡量題項的因素負荷量皆大於 0.5，且達到顯著水準（t > 1.96, α = 0.05）。各構面的 AVE 值皆大於 52%，CR 值皆大於 0.84，檢定結果顯示企業品牌構面皆具有可接受水準以上的聚合效度（Hair et al., 2006）。產品品牌 CFA 檢定結果，所有衡量題項的因素負荷量皆介於 0.65 ~ 0.85 之間，且達到顯著水準（α = 0.05）。各構面的 AVE 值最低為 53%，CR 值皆小為 0.80，顯示產品品牌構面皆具有可接受水準以上的聚合效度。 區別效度檢定部分，企業品牌三構面間的相關係數分別為 0.83（se = 0.02）、0.77（se= 0.03）與 0.81（se = 0.03）。顯示各構面間的相關係數值皆顯著的小於 1.0，符合區別效度的基本假定（Bagozzi, Yi, & Phillips, 1991）。產品品牌構面間，相關係數則介於 0.55~ 0.82 之間，標準誤則介於 0.03 ~ 0.05 之間，亦顯示產品品牌構面具有可接受水準以上之區別效度。

SECTION 7-4 抽樣設計

抽樣的定義與重要性

受限於時間、人力和資金等因素，研究者無法調查母體內的整體成員的資料，因此常需要從全部母體中，抽取出一定數量的樣本來獲取資料，並確保其所獲得的資料能具代表性，進而代表所欲研究的整個母體。這個過程，就是所謂的「抽樣」。

有個笑話說，如何知道明年總統大選誰會當選？很簡單呀，您只要把台灣有投票權的一千八百七十多萬有投票權的選民問過一遍，就會知道。但是，答案真的是這樣嗎？問題來了，您有多少時間和預算把這項調查完成？同時，您又如何確保這些選民，明天不會改變他們的想法，他們告訴您的答案真的會和投票日當天蓋下去的那一刻一模一樣嗎？光是這兩個問題，您應該可以猜到這項調查有多不容易了。此時，您反而應該慶幸有統計這項調查工具了。

其實，一項研究品質的好壞，不僅取決於研究的方法論，或是其他研究工具的適切性，同時也繫於研究本身所採用之抽樣方式。例如：某個研究題目很棒、文獻探討也很紮實、研究設計也很正確。但是當開始進行研究的過程中，實際進行抽樣時，如果抽樣的對象，無法真正代表母體，便會產生極大的誤差。因此，學習抽樣方法，對於所欲從事行銷研究的人員非常重要。

在進行抽樣時，我們必須對母體（Populations）、抽樣架構（Sampling Frame）與樣本（Samples）加以了解。

圖 7-24 中，最外圈的部分，就是屬於母體；而中間的部分是屬於抽樣架構；最裡面的圈圈代表樣本。例如：我們想要知道在總統大選中，哪位候選人可能當選。因此我們就以全台灣有投票權的人做為母體，不過這樣是有問題的，因為對於旅居海外而有投票權的台灣人民，並未被包括在內，因此，對於母體的定義，要更加精準。

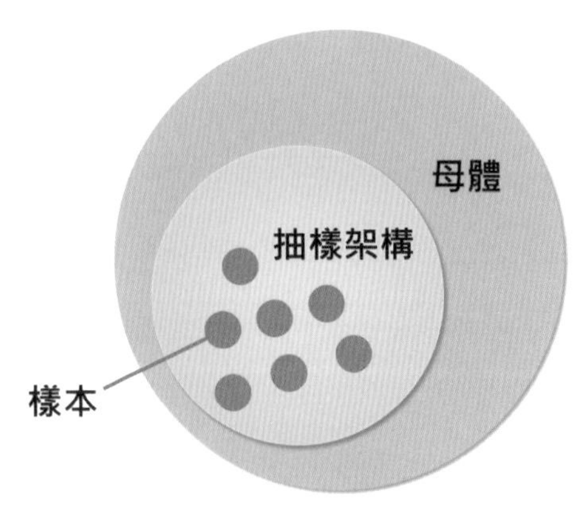

圖 7-24 母體與樣本
繪圖者：曾琦心

而抽樣架構，就是為了要從母體中，抽取出樣本的來源名單清冊，例如學校的畢業紀念冊、市內電話名單、全部選舉人數…等。抽樣架構最好與母體越接近越好，母體越大、抽樣架構就要越大。一樣以總統大選為例，以大學畢業紀念冊或各市縣的市內電話名單當作抽樣架構，後者會相對適合。

最後，在進行行銷研究時，有沒有可能抽樣架構的範圍會比母體的範圍來的大？答案是肯定的。舉例來說，當我們想從事網路行銷市場區隔的研究，母體是「在台灣有從事網路市場行銷區隔的廠商」，然而我們無法得知到底有哪些廠商有做網路行銷市場區隔。因此，我們可以針對全台灣有在從事網路行銷的廠商進行調查，進而詢問他們是否有從事網路市場行銷區隔。在此情況下，抽樣架構就比母體的範圍大的許多。

民調、市調首重抽樣程序（Sampling Process）

從母體內抽出部分個體當成樣本，並認定這些樣本足以代表並可推論出母體的特徵，這樣的程序稱為「抽樣（Sampling）」。一般市場調查或民意調查抽樣的程序包括定義母體、確認抽樣架構、確認抽樣方法，然後開始抽樣。以下簡述整個抽樣程序。

每次選舉一到，民意調查滿天飛，但要判別真正有品質的市調或民調，得先看看這項調查的作法是否符合抽樣程序，如果連抽樣程序都談不上，那樣的民調就完全不必相信。

一、定義母體

清楚界定所從事研究的人、事、時、地、物等特徵。以總統大選為例，母體就是全國有投票權的國民。

二、確認抽樣架構

簡單來說，抽樣架構（Sampling Frame）是一種名冊，可以從中抽取出樣本。以總統大選為例，常見的抽樣架構是市內電話名冊。然而在確認抽樣架構的過程中，可能會產生一些問題。以圖 7-25 的概念為例，左邊圖形中，母體很大，但是抽樣架構很小，所以會產生抽樣架構代表母體的程度是不足的。例如，過去常用市內電話名冊進行抽樣還足以因應，但現在許多北漂、南漂的年輕人在其工作地點的居住處都沒有裝設市內電話，造成民調樣本有其不足，因為如此一來，都抽不到只有行動電話的選民。

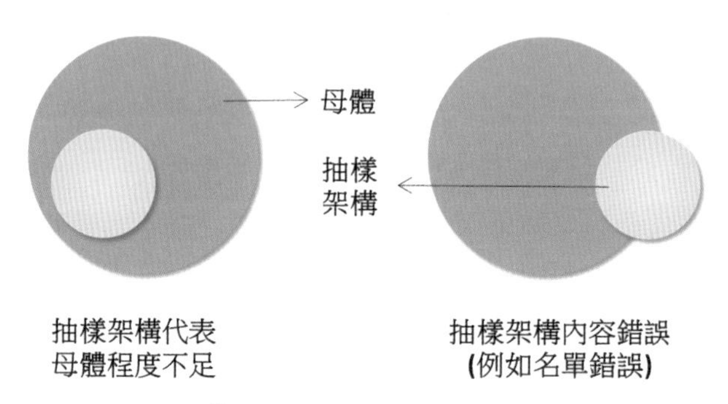

圖 7-25　抽樣架構問題
繪圖者：鄭雅馨

再者，右邊的圖形，母體很大，抽樣架構一樣很小，而且抽樣架構不但很小，還偏離了母體之外，也就是抽樣架構的內容有錯誤。舉例來說，只用行動電話名冊進行抽樣，可能抽到不具選舉資格的選民。像是許多手機持有者，是不具選舉資格的未成年學生。

三、確認抽樣方法

抽樣方法主要有兩種，一是機率抽樣；一是非機率抽樣。兩者的主要差別在於，進行機率抽樣時，母體中成員被選取為樣本的機率是已知的。但在進行非機率抽樣時，母體中成員被選取為樣本的機率卻是未知的。一般來說，使用機率抽樣的方式效果較好。

談了這麼多的抽樣程序，就是要確保母體每個樣本都有被公平抽到的機會，一旦落入到特定的子群體（即持有特定意見的群體）去做，回過頭來，也就無法推估母體的特徵或樣貌，這樣的調查也無法達到推論的效果。

前面提到，有些民調看看就好，可以完全不用相信，主要是它們的抽樣方式不隨機，以及因為不隨機所帶來的系統性的偏誤。例如，政論節目或新聞節目上的即時民調，這些電話投票，絕大多數都是由有意參與當天討論話題的民眾打進來投的，投票的結果可能讓他們很「爽」，因為支持者總是會得到壓倒性的勝利、反對者嚴重挫敗。由於抽樣不是隨機，沒有真實反映出另一方的意見。而這種調查結果，對參與投票者而言，往往只是浪費電話錢而已。

其次，與政論節目即時調查很類似的，是在網路上開放投票的民調，都是因為參與者主動加入投票，因為「太主動」反而導致參考價值完全喪失。當然，您如果要把它看成「好玩」也行，因為考慮到「趣味性」又另當別論了。

何謂機率抽樣（Probability Sampling）？

抽樣的好壞關乎往後統計調查的成敗，因此對於樣本的選擇，在抽樣方法上，可依研究的背景、需求、資源、條件…等特性，決定如何從母體中抽出。以下，簡單說明常見的機率抽樣方式，包括：簡單隨機抽樣、系統抽樣、分層抽樣和集群抽樣等。

一、簡單隨機抽樣（Simple Random Sampling, SRS）

「簡單隨機抽樣」假設每一個樣本，被抽到的機率都是一樣的，而這樣的方式就叫做「隨機」。一般我們在進行隨機抽樣的過程中，常會使用亂數表來選擇所對應編號的樣本。另外，在執行隨機抽樣的過程中，要特別注意到須不斷接觸樣本直到可放棄為止，例如：在進行電話訪談時，如果連續五響都沒有人接聽，才能暫時將此筆資料放棄。

二、系統抽樣（Systematic Sampling）

依隨機原則選取第一個樣本，同時根據樣本間距，選取下一個樣本。舉例來說，在電話簿的抽樣中，我們可以每 20 頁抽一個，而且抽取名單上的第一個。

三、分層抽樣（Stratified Sampling）

班上有客家籍同學 10%，因為擔心簡單隨機抽不到，因此先將班上分成兩層，並按其比例進行抽樣，以確保一定會抽到所要抽樣的對象。本法適用在已經有清楚分層架構的場合，例如：假設我們要抽取出 10 個樣本，圖 7-26 中，左邊就是我們的母體，或稱是抽樣架構，而第一層佔 90%，所以在進行抽樣時就抽 9 個人，第二層佔 10%，所以依比例，就抽 1 個人。因此，這樣的過程就叫做「分層抽樣法」。

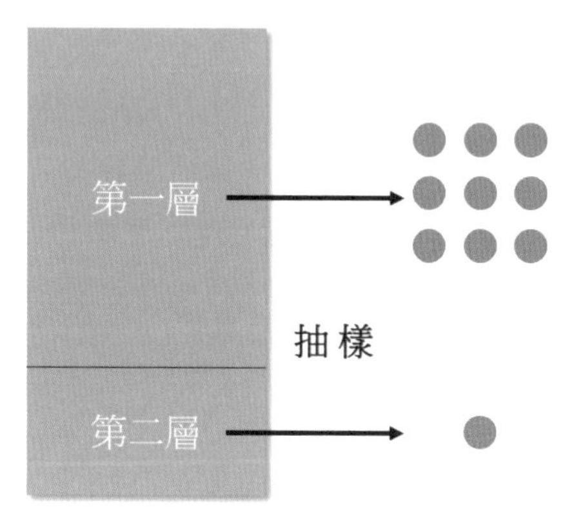

圖 7-26　分層抽樣
繪圖者：鄭雅馨

四、集群抽樣（Cluster Sampling）

將母體依若干標準分群，隨機抽取一定數目的群體，再以隨機抽樣的方式抽取各群內的樣本。圖 7-27 表示，左邊就是我們的母體或稱抽樣架構。首先，可將母體分成許多不同的群，而這些群當中，基本上會有一些類似的特性或特徵，所以每一群都很類似。因此在分群分完之後，再以隨機抽樣的方式抽出。舉例而言，我們先抽第二群及第五群出來，再以隨機抽樣的方式，去抽取這兩群當中的樣本，這樣的話就可以去縮小我們要抽樣的範圍。

集群抽樣的好處，就是當我們要研究的對象樣本數範圍非常大時，例如，要研究的對象是全台灣民眾，這時可以按照城市和鄉村做分群，以確保樣本數縮小。因為在分層之間，層與層之間是有異質性的，而分群之間，群和群之間是有同質性的。

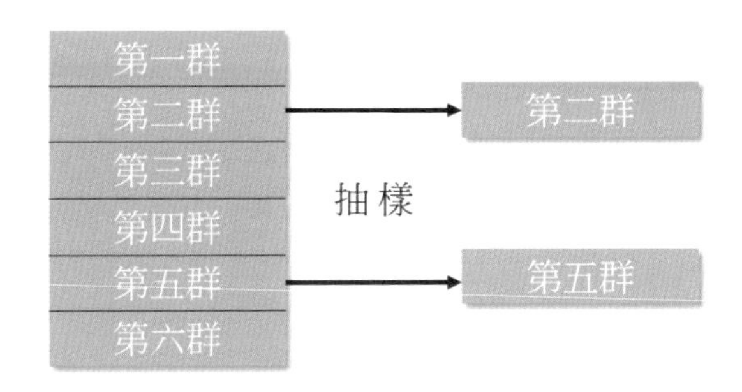

圖 7-27　集群抽樣
繪圖者：鄭雅馨

何謂非機率抽樣（Non-probability Sampling）？

在從事一項研究時，為了確保推論的正確，行銷研究人員最好使用隨機抽樣來降低或消除抽樣可能產生的「抽樣誤差」，然而有時為了實務（時間和成本）上的考量，在研究者並沒有意圖或者是不需類推到母體時（即不需考量樣本是否充分代表母體），此時研究人員可改採「非機率抽樣」。

不過，千萬記得，一旦採取了非機率抽樣（又稱為不等機率抽樣或非隨機抽樣），也就是調查者按照自己的主觀或方便性來判斷抽取樣本的方法。它就失去了統計上「大數法則」的存在基礎，不但無法確定「抽樣誤差」，也無法正確地說明樣本的統計值有多大程度能夠推論到整個母體。

常見的非機率抽樣包括：便利抽樣、判斷抽樣、配額抽樣、雪球抽樣、志願對象抽樣等。

一、便利抽樣（Convenience Sampling）

便利抽樣又稱為「隨遇抽樣（accidental sampling）」或「機會抽樣（opportunity sampling）」。抽樣方法是選取身邊周遭所及的個人作為受試者。常用於研究初始階段。例如我們想先做一個先導測試，可能只是想要瞭解這項研究背後的一些概括性的資訊。然而因為成本或時間的限制，無法做很嚴謹的抽樣，此時即可採取便利抽樣的方式來進行。不過，由於這樣的方法，樣本的代表性受到限制，所以其推論就會有很大的問題。

二、判斷抽樣（Judgment Sampling）

又稱「立意抽樣（purposive sampling）」，研究者抽取主觀認為具有代表性的樣本。這種抽樣方式在深度訪談時較常使用。判斷抽樣可以滿足研究者蒐集這類型樣本的需要，但是它並不能代表廣大的母體，背後的誤差的來源，一樣是來自研究者主觀判斷所造成的。如果以研究「台灣高科技產業領導者的領導風格」為例，抽樣的對象可能是由研究者主觀判斷，像是哪些產業足以代表高科技？哪些人又可稱得上是領導者？因此可能產生樣本「代表性不足」的現象。

三、配額抽樣（Quota Sampling）

先按母體的特徵比例（例如：性別）加以分群，再以判斷抽樣的方式進行抽樣。例如某個班上的人數，女生佔 40%，男生佔 60%，所以在進行抽樣時，就按照比例分群進行抽樣，分群完成之後，再以判斷抽樣的方式進行選取樣本。由於它是利用判斷法進行抽樣，所以是非機率性的。如果我們在分完群之後，是利用隨機抽樣，那它就是機率性的。

事實上，配額抽樣的概念與前面談到的分層抽樣或是分群抽樣有點類似。差別在於它分為群之後，所採取的抽樣方法是機率性或非機率性的抽樣方法。

四、雪球抽樣（Snowball Sampling）

常見於研究對象不容易獲得，必須由樣本推薦其他樣本，而這種方法有如雪球向前滾動時，體積會越來越大所以得名，舉例來說：特殊行業、罕病患者、高階主管…等。假設我們的研究對象，是要去訪談台灣科技廠商的領導人，此時，便可以針對第一位領導者進行完訪談後，請他推薦下一位可能受訪的領導人，再逐步進行訪談。

五、志願對象抽樣（Volunteer Subjects Sampling）

由樣本做自我推薦，例如：Call in、網路投票等，通常會主動來投票的人，大都是對特定議題有高度興趣的人，加上費用必須由投票者自行負擔，有經濟問題的民眾，通常也不會主動參加。

抽樣時的注意事項

抽樣的基本意義，乃是指從母體中選擇部分元素為樣本，並認定可以從樣本中得知母體的特徵。雖然樣本數已比母體的數量少了很多，但在抽樣時，還是有一些細節需要特別注意。像是樣本規模、代表性和選取管道三項，研究者在一開始，自己心理就要有個「譜」，才能確保研究能順利進行。

抽樣的方法有相當多種，必須依據研究計畫要求、研究目的與可用資源來加以選擇，以下簡述抽樣時的注意事項。

一、樣本規模

加爾（Gall）等人[9]建議，進行「相關研究」時，樣本規模不得少於 30 個；「因果研究」與「實驗研究」的樣本規模，每組不可少於 15 人；「調查研究」中，每個群體的樣本規模要大於 100 個，每一個次要群體的樣本則應介於 20 到 50 個。上述的規模大小並非絕對，如果所從事的研究，其母體中只有 10 個樣本，而調查完 10 個樣本就已經算是普查了，所以此時並非一定要達到 30 個。

二、樣本之代表性

使用合適的抽樣方法，以確保樣本代表性（意即樣本的各種特徵與母群體類似），進而提高研究結果的類推性，以強化調查結果能夠類推到其他母體或外部環境的有效性。

9 Gall, M. D., Gall, J. P., & Borg, W. R. (2003). Educational research an introduction (7th ed). New York: Longman.

三、樣本選取的管道

如果可能，必須儘可能選擇與母群體有類似特徵的樣本，以達到「樣本攸關性（Sample Relevance）」的要求。舉例來說：如果您打算研究企業高階主管的決策模式，在樣本選擇上，現在各大學的 EMBA 學生，絕對會比大學部學生更具攸關性。而如果是在一個研究中，同時包含兩種以上具有攸關性的樣本，若獲得相同研究結果，則可提高結果的類推性。例如：透過公司求職者及研究所甄試生，來驗證面試研究中相同的假設。

話說回來，一位研究生在進行研究設計時，就必須考量自己手上可以「接觸」到哪些和多少個樣本。例如，假設研究設計想要訪談已從台積電退休的董事長張忠謀先生，以及鴻海的郭台銘先生，想了解他們是如何制定決策的。然而，如果手邊根本沒有任何可以接觸到他們本人的管道，以及說服他們願意被訪談的理由，試想，這個研究還做得下去嗎？

「誤差」與「偏誤」的差別

每個行銷人在從事行銷研究時，無不想方設法盡最大能力追求事實或者查出消費者真實的想法，但偏偏經常事與願違。這個時候，除了可能是消費者不願吐露實情，另外一種可能就是在研究時出現了「誤差（Error）」與「偏誤（Bias，這裡的偏誤係指抽樣偏誤 Sampling Bias）」，而這些都應該是在執行行銷研究時，必須極力避免的事。

在進行行銷研究時，常常會有誤差（Error）與偏誤（Bias）出現的情況，這兩個名詞感覺很像，但到底哪裡不一樣？

首先，所謂的誤差（Error），指的是「近似值」與「真實值」的差異，在研究程序的每一階段，都有可能出現誤差。「誤差（Error）」的來源非常多，可能在從建立假設之初就已產生，例如內容效度的問題，而在建立衡量工具時，也會出現信度、效度不足或是效度污染的現象。

其次，像是抽樣設計中各種抽樣的誤差、訪談者與受訪者的誤差。再者，如受訪者可能會答錯題目，或者受訪者都答對了，但資料處理人員在進行資料編碼時，遺漏某些數值，尤其在鍵入資料時，卻 Key 錯欄位，導致整個研究結果嚴重「走精」。最後，更有可能因為統計方法的使用錯誤，或是分析結果判讀錯誤，甚至是產生推論的錯誤，這些都是誤差的來源。如圖 7-28 所示。

事實上，由於各種誤差隨時都有可能發生，克服的方式則是加強實施研究的訓練、建立研究的標準程序，以及加派人手來進行交叉查核。

建立假設 （例如：內容效度問題）
衡量工具 （例如：各類信度、效度問題）
抽樣設計 （例如：各類抽樣誤差）
資料收集 （例如：訪談者問題、受訪者問題、環境問題）
資料編碼 （例如：編碼錯誤、遺漏）
資料分析 （例如：統計方法錯誤、判斷錯誤）
報告撰寫 （例如：推論錯誤）

圖 7-28　誤差的來源
繪圖者：曾琦心

至於（抽樣）偏誤（Bias）則專指，在問卷調查的統計分析中，樣本平均值與母體平均值之差異。例如：抽樣調查某校學生平均成績為 80 分，結果母體的真實平均分數只有 75 分。如圖 7-29 所示。

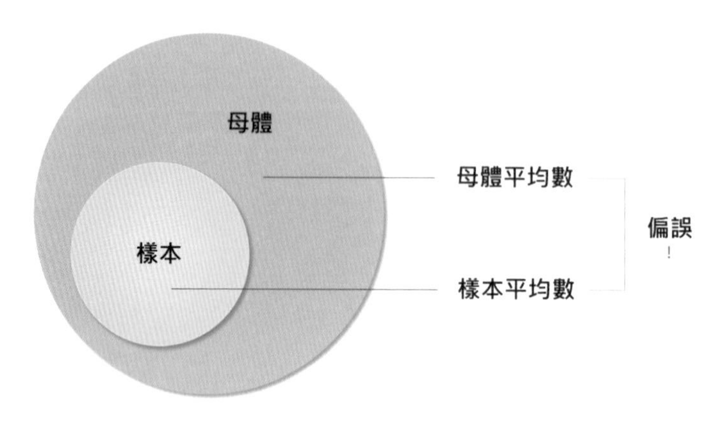

圖 7-29 （抽樣）偏誤
繪圖者：王舒憶

之所以會產生這樣的情形，常常是因為抽樣過程中不夠嚴謹或是樣本數量太少，導致樣本代表性不足。要解決抽樣不夠嚴謹問題，必須嚴格遵守抽樣程序，最好能確保採用隨機抽樣，讓每個樣本都有同樣被抽到的機會。不過，反過來看，要求樣本越大，資料的收集就越麻煩，所花費的時間與成本也就越大。

行銷研究與行銷資料科學中的抽樣觀點

有用且可靠的情報，能協助企業做好決策。企業在蒐集情報時，常常會因為預算、時間等限制，無法對母體進行「普查」，所以會採取「抽樣」的方式。以下，我們就從「抽樣」觀點，來檢視行銷研究與行銷資料科學。

如果企業想要調查的目標（母體），是包含已經來消費過的現有顧客，以及尚未消費的潛在顧客。其中，針對消費者調查，行銷研究的「工具箱」裡常用的工具，包括：讓消費者填答實體問卷或網路問卷、對消費者進行一對一訪談、與消費者舉辦焦點群體（一對多，或少對多）訪談…等；行銷資料科學常用的工具則包括：透過網路爬蟲，了解消費者在網路上討論自家產品的內容、或是透過企業內部資料庫分析，分析消費者過去使用自家產品的經驗（包括量化資料與質化資料），找出特定區隔或個別消費者的特有模式（事實上，會累積這類質化訪談資料的企業比例通常較低）…等。

重要的是，由於要調查的對象可能很多，透過這些不同的工具進行調查時，分別會對母體進行不同方式的抽樣，如圖 7-30 所示。這些工具背後的抽樣架構、抽樣方式、抽樣誤差…等，都不相同。

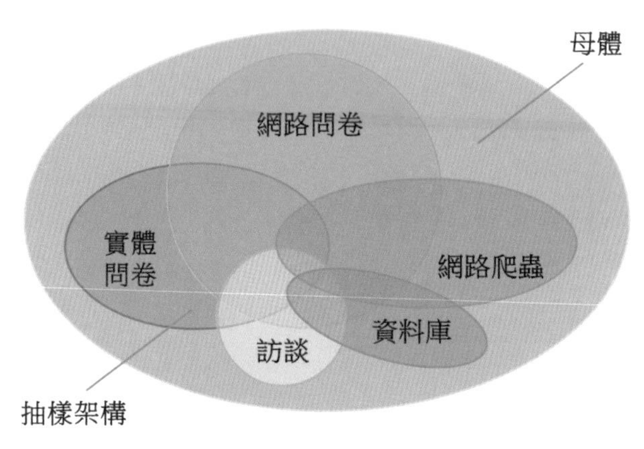

圖 7-30　行銷研究與行銷資料科學中的抽樣觀點

舉例來說，在實務上由於不太可能訪問過每一位目標對象，行銷人員在發放實體問卷時，通常會受限於實施時的人力和各項成本等因素，加上考量樣本架構的地域性問題，因此針對調查目標進行有限數量的抽樣，勢不可免。更何況，一場市場調查下來，往往花費不貲。如果不是大型企業，一般中小公司更難以負擔，尤其還要考量整體調查的精準度。

同樣的，把場景搬到網路上來，在進行網路問卷發放時，要做到真正的隨機抽樣，難度很高；而即使透過網路爬蟲技術進行資料的蒐集，雖然有機會爬下所有消費者所討論的評論，卻無法蒐集到不願上網或是不願在網路上留言的消費者的資料。

為了解決這些問題，我們只好透過多樣性的工具，來進行消費者調查，一點一點慢慢累積，才能還原消費者行為的全貌，真正調查出消費者的認知。

程序正確還是可能出錯——胃潰瘍成因的發現

我們都知道，在科學研究的過程中，透過適當程序收集數據和資料很重要，因為不當的程序，有時會直接毀了後續研究結果的正確性，但「凡是規則就有例外」，有時程序對了，還是找不出任何正確的結果，像是胃潰瘍成因的發現就是帶點意外。

都市生活壓力大，使用不少人都有胃潰瘍，以往一般人普遍認為，造成胃潰瘍的元凶與個人的生活習慣有密切關係，像是長期面對工作壓力、生活緊張、抽菸、喝酒過量、進食不定時不定量。在 1990 年以前，一般人都認定胃潰瘍是由壓力或是遺傳所造成，而傳統治療胃潰瘍的方式，輕者以服用胃藥（制酸劑）為主，嚴重者得開刀切除部份的胃。

1981 年，年輕的澳洲實習醫師巴里・馬歇爾（Barry Marshall）和同一所醫院的病理學家羅賓・沃倫（Robin Warren）共同合作，開始著手研究如何解決胃潰瘍問題，沃倫觀察到人類的胃壁上可能附著某種細菌。經過近兩年的分析與篩選，終於找出他們稱為幽門螺旋桿菌（Helicobacter pylori）的細菌，但當時他們仍無法確認這種細菌就是造成胃潰瘍的原因，畢竟胃酸的 PH 值高達 1.5~2.5，具有強烈的腐蝕性，在那種環境下，細菌根本無法生存。

後來，馬歇爾與沃倫找了 100 名潰瘍患者進行臨床實驗，然而在前 30 位病患的體內，並沒有發現幽門螺旋桿菌的蹤跡，這樣的情況讓馬歇爾備感困擾和失望，但因為研究必須執行完畢才能結案，所以馬歇爾就硬著頭皮繼續執行。不久，轉機意外出現，實驗室的技術人員來敲門告知，他們終於找到了幽門螺旋桿菌。

原來先前的技術人員依據鏈球菌體培養的標準檢驗程序，只將培養菌保存兩天。沒想到後來因為某些意外，技術人員晚了五天才對菌體進行檢測，終於發現了幽門螺旋桿菌存在。醫界人士在得知這個「弄拙成巧」的意外後，難免喟歎，儘管科學研究所收集數據或資料都透過嚴謹的程序，還是有可能出錯，但錯誤的資料，總是得到錯誤的結果。幽門螺旋桿菌的確認，竟然是這麼意外。

不過，故事還未結束。

1983 年，馬歇爾與沃倫將研究結果發表在英國《刺胳針》(Lancet) 醫學期刊，但並沒有引起廣大的回響。馬歇爾為了證明自己的發現，吞下從某位病患身上採集到的幽門螺旋桿菌，而且很快就得了胃炎。他也為自己做了切片，培養出幽門螺旋桿菌，並且服用了抗生素後，胃炎痊癒。後來，經過期刊和新聞媒體的報導，馬歇爾與沃倫的發現慢慢開始受到重視，醫學界終於停止對胃潰瘍患者實行胃切割手術。馬歇爾與沃倫也因為獲得 2005 年諾貝爾生理醫學獎。

巴里・馬歇爾 (Barry Marshal) 在諾貝爾獎的頒獎演說中，引用歷史學家丹尼爾・布爾斯廷 (Daniel Boorstin) 的一句話：「知識最大的障礙不是無知，而是對知識的成見 (The greatest enemy of knowledge is not ignorance, it is the illusion of knowledge)。

PART 3

執行篇

輸入—資料蒐集

☑ 資料來源

☑ 外部資料的重要性

SECTION 8-1 資料來源

企業內外部資料使用型態矩陣

進入行銷資料科學時代，企業如何蒐集和使用資料成為與競爭者一拚高下的決勝關鍵。如果您的企業尚未意識到資料的重要性，建議您應該急起直追。如果您已有收集資料的習慣，不妨進一步善加利用，從內部外部個別呈現，並將其加以結合，甚至融合互用，屆時應該可以從這個寶貴的礦脈中，不斷掏出屬於企業本身的黃金或石油。

我們曾經一再提醒，「資料」是大數據時代，企業坐擁的礦脈。像是擁有大量消費者資料的零售業與金融業，現在等於都蹲坐在資料的寶貴礦脈上，只是如何將這些珍貴礦產，挖掘出來並將它們變成現金。

然而，我們發現，還是有些企業並未覺察到資料的重要性。有些企業因為人手不足，甚至連蒐集和貯存資料的想法都沒有，現在我們就以能否善用內外部資料的狀況進行分類，大致上將企業分成以下四種類型，如圖 8-1 所示：

外部資料 \ 內部資料	不使用	善用
善用	**善用外部資料** (1)下載、購買外部次級資料、問卷調查 (2)網路爬蟲 (3)透過開放資料進行競爭者分析、新產品、新事業開發等	**整合內外部資料** (1)各別呈現內外部資料 (2)結合內外部資料 (3)融合內外部資料
不使用	**不使用資料** (1)沒有累積相關的資料 (2)有累積相關的資料，但沒有資料分析的概念	**善用內部資料** (1)簡單的Excel報表 (2)複雜的ERP、商業智慧儀錶板 (3)資料庫精準行銷預測

圖 8-1　企業內外部資料使用型態矩陣

1. **不使用資料**

這類企業不會進行資料分析，原因通常是（1）沒有累積相關的資料，或是（2）有累積相關的資料，但沒有資料分析的概念。

舉例來說，一家手搖飲店如果知道累積資料與分析資料的重要性，它起碼可以知道，哪些飲品賣的最好，哪些最差，藉以調整進貨和庫存項目。或是每一週的哪些時段是銷售高峰或低谷，店長可以藉此調配人手。而這些資料如果沒有累積，或者有累積而沒有分析，店家就不會知道以上資訊。

2. **善用內部資料**

這類企業有累積內部資料，並且會對資料進行分析。程度上從（1）簡單的 Excel 報表，到（2）複雜的 ERP、商業智慧儀表板呈現，甚至還會做到（3）資料庫精準行銷預測。

舉例來說，稍具規模的店家每日、每週和每月會有結算的 Excel 報表，負責人可以知道每段時間的營業狀況，以便儘速進行調整。至於大型零售商則可以透過數位儀表板，掌握即時的銷貨、存貨等資訊。而擁有資料探勘能力的企業，則可透過模型的建立，預測消費者行為，提供客製化的產品與服務。

3. **善用外部資料**

這類企業會主動蒐集外部資料並進行分析。程度上從（1）購買外部次級資料、問卷調查，到（2）網路爬蟲，甚至（3）透過開放資料進行競爭者分析、新產品和新事業開發等。

舉例來說，許多貿易公司在進行市場評估時，會採購外貿協會相關的市場調查報告。而某企業有意開發新的洗衣機，則會上網爬文，了解不同目標族群對洗衣機有何不同的需求。而政府資料開放平台上，有非常多的資料集[1]，可供各類組織發想相關應用與服務。例如：獲得 108 年資料開放應用

1 截至 2020 年 10 月。

獎的交通部「高速公路 1968 APP」，便透過地理資訊系統（GIS）整合各式路況資訊，讓使用者隨時查看即時路況與即時影像⋯等。

4. **整合內外部資料**

這類企業能整合內外部的資料。例如：美國沃爾瑪整合（內部）過去消費者購買的歷史資料，以及（外部）臉書 3,400 萬名粉絲的討論內容，藉此預測消費者對於新產品（電動榨汁機、蛋糕機等）的數量需求，進而提升業績，並做好庫存管理。

得注意的是，企業整合內外部資料的程度，一樣由低到高，從（1）各別呈現內外部資料，到（2）結合內外部資料，再到（3）融合內外部資料。整合程度越高，背後的難度越大，但產生的效益也越大。

現代行銷資料的三大來源

大數據時代來臨，不少企業紛紛從自家資料庫和網際網路上翻出消費者的資料與留言，做各種分析，企盼能更深入了解消費者。學者庫馬（Kumar, V.）等人指出，其實除了傳統資料（Traditional Data）和數位資料（Digital Data）之外，還有一塊在服務業行銷中較少受人關注的，是直接來自消費者本身的神經生理學資料（Neurophysiological Data）。

庫馬等人於 2013 年在服務管理期刊（Journal of Service Management）上，發表了一篇名為《連結世界中的資料驅動服務業行銷（Data-driven services marketing in a connected world）》的文章，呼籲行銷人與學界應特別注意新型態行銷資料－神經生理學資料的出現，以及其與傳統行銷之間的整合。由於與數位資料一樣，過去傳統資料和數位資料如何結合，曾經深深困擾行銷人，而未來神經生理學和數位資料、傳統資料之間的整合，則是企業要面臨的主要挑戰。

在這篇文章中，庫馬等人將當代行銷資料的來源分為三類：傳統資料（Traditional Data）、數位資料（Digital Data）、神經生理學資料（Neurophysiological Data）（如圖 8-2 所示）。

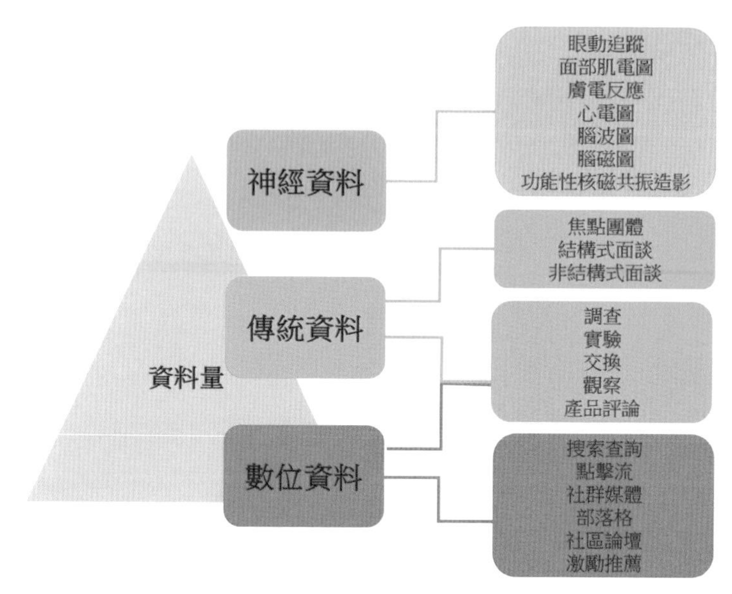

圖 8-2　現代行銷資料的來源
繪圖者：鄭雅馨

* 資料來源：Kumar, V., Veena Chattaraman, Carmen Neghina, Bernd Skiera, Lerzan Aksoy, Alexander Buoye and Joerg Henseler (2013), "Data-driven services marketing in a connected world," Journal of Service Management, Vol. 24 No. 3, 2013, pp. 330-352.

1. 傳統資料

傳統資料的來源，包括：調查、焦點群體、實驗、訪談、觀察、交易（如透過掃描所獲得的資料）等。在網路行銷出現之前，傳統資料主要透過行銷研究工具來獲得。

2. 數位資料

這類「數位資料」係透過人與網路服務（例如：搜尋引擎）互動後，所產生的資料（例如：關鍵字），以及人與網路上的其他人互動（例如：眾人在 FB 上分享的資料）。

現在，許多傳統資料與數位資料重疊之後，可透過網路進行存取。例如，透過物聯網裝置加以追蹤、測量、並記錄消費者行為。此外，在實體與數位的環境裡，觀察消費者的行為可以同時進行。無論是在實體店面觀察消費者的購買行為，或是網路商店裡記錄消費者的瀏覽行為，這兩種資料不但可以個別蒐集，還可以進行橋接。

3. **神經生理學資料**

庫馬指出，無論是傳統資料或是數位資料，雖然都來自消費者，但要了解顧客的想法，還是以進入客戶的腦子裡最直接。儘管有成本和道德因素存在，神經生理學工具在行銷研究中，越來越受歡迎。而這些神經生理學資料，指的是行銷過程中，使用非侵入性、生理學或神經學工具所進行的測量和指標，像是透過檢測儀器，記錄人類器官（大腦、眼球等）運作所產生的資料。例如：透過眼球追蹤技術，記錄眼睛瀏覽網頁的畫面資料。

舉例來說，眼動儀可以追蹤和記錄眼睛的運動，包括「跳視（saccade）」與「凝視（fixation）」等，都被認為是測量視覺注意力的有效工具。在行銷研究中，眼動追蹤資料主要用於廣告研究，例如：檢查戶外廣告的視覺注意力，以及和印刷廣告的視覺複雜性[2]。此外，學者尚東（Chandon）等人（2009）結合眼動追蹤資料與店內零售環境中的購買資料，研究後發現，與消費者自己回答的調查報告相比，「眼動追蹤」能更有效地捕捉超市貨架上品牌的實際視覺注意力[3]。

在行銷資料的來源當中，依圖 8-2 的數據量多寡進行排序。數位資料被認為是數量最多，因為可以在網路上蒐集到大量個人所產生的資料。相對的，神經資料的數量最少，主要的原因是因為蒐集資料的技術還不普遍，而且相當昂貴，但這樣的狀況未來會隨著新工具的不斷問市，產生改變。

2 Pieters, R., Wedel, M. and Batra, R. (2010), “The stopping power of advertising: measures and effects of visual complexity”, Journal of Marketing, Vol. 74 No. 5, pp. 48-60.

3 Chandon, P., Hutchinson, J.W., Bradlow, E.T. and Young, S.H. (2009), “Does in-store marketingwork ? Effects of the number and position of shelf facings on brand attention and evaluation at the point of purchase”, Journal of Marketing, Vol. 73 No. 6, pp. 1-17.

最後，庫馬提到，利用資料驅動，可以改變企業的根本體質，讓資料單位從成本中心轉變成價值創造中心。雖然目前有 91% 的企業行銷長知道應該採行資料驅動行銷，但仍有 29% 的企業，只擁有少量的顧客資料。

現代行銷資料的來源——神經資料[4]

過去我們曾經提到，在進行傳統問卷調查時，常會遭遇消費者「口是心非」的答案。因為一碰到類似在公共場合吸菸、亂丟垃圾等道德爭議時，消費者常常有問卷上說一套、私下做一套的反應，導致調查結果失準。近年神經生理學資料在服務行銷中越來越普遍，就是要避免受訪者出現認知偏誤，降低過往「自陳式報告」研究中，固有的社會期望偏誤問題。

由於神經生理學可直接在消費者身上實測，神經科學資料又被稱為「掃描儀資料」。過去十年，使用神經生理學資料來衡量行銷投資報酬率和品牌資產，越來越多，並已成為資料驅動研究的另一種「典範轉移」。而專做神經生理學工具的公司也越來越多，像是著名的尼爾森研究公司（Nielsen Research）就大力投資一家叫做神精聚焦（NeuroFocus）公司。

事實上，神經生理學資料意指透過檢測儀器，記錄人類器官（如大腦、眼球、皮膚等）運作所產生的資料。例如：透過眼球追蹤技術，記錄眼睛瀏覽網頁的畫面資料。儘管其中仍存有成本偏高和道德問題，但這類非侵入性研究的神經生理學工具，在行銷研究中越來越受重視。

以下簡單介紹神經生理學資料的種類，如圖 8-3 所示。

4 資料來源：Kumar, V., Veena Chattaraman, Carmen Neghina, Bernd Skiera, Lerzan Aksoy, Alexander Buoye and Joerg Henseler (2013), "Data-driven services marketing in a connected world," Journal of Service Management, Vol. 24 No. 3, 2013, pp. 330-352.

大腦追蹤

提供行銷研究人員測量大腦活動區域的刺激與反應

眼動追蹤

測量視覺注意力的有效工具

皮膚追蹤

提供行銷領域衡量正負面情緒、廣告刺激等資料的蒐集

圖 8-3　三種神經（生理學）資料的種類
繪圖者：鄭雅馨

1. **大腦追蹤**

神經學工具，例如腦電波儀（EEG）、腦磁波儀（MEG）、功能性核磁共振造影（fMRI）等提供行銷研究人員測量大腦活動區域的刺激與反應。更有越來越多的神經學方法應用於行銷、品牌、廣告、媒體、產品研究和服務體驗等。

2. **眼動追蹤**

若想了解消費者正在觀看哪些訊息，觀察眼球的位置與動作是個不錯的方式。眼球運動主要有三種形式：凝視（Fixation）、跳視（Saccade）與追隨運動（Pursuit Movement）。「凝視」是指將眼睛對準所觀察的事物，事實上凝視時眼睛並非完全不動，其伴隨微弱的漂移（Drift）、眼震顫（Tremor）、還有微小的眼跳視（Involuntary Saccades）；「跳視」是指在觀看事物時，眼睛先在某個位置上停留，待凝視後又快速跳到另一個位置，然後再進行凝視。這期間眼球跳躍的過程即稱為跳視；「追隨運動」則是指為了對一個移動的物體進行凝視，眼睛會跟隨著物體移動的方向而移動。

透過眼動儀的「眼動追蹤（Eye Tracking）」，研究者能追蹤眼睛的運動。而許多研究也證實，眼睛運動與個人喜好、主觀態度有著高度的相關性。

3. 皮膚追蹤

面部肌電圖（fEMG）和皮膚電導反應（SCR）等，提供行銷領域中，衡量正負面情緒與收集各類廣告刺激的資料。

值得注意的是，上述每項神經生理學工具都有其自身的優點和缺點。主要限制是施做樣本數量仍然有限，而且執行過程費用相當昂貴，但神經生理學工具的好處，除了可規避認知偏差外，調查過程不容易受到社會期望偏差的影響。一些神經生理學工具可以在服務體驗展開時，可以「連續」蒐集相關資料，從而識別行銷變數之間的因果關係。

最後，神經生理學工具對行銷最大的貢獻在於，這些消費者行為的資料，直接來自於人類器官（如大腦、眼球、皮膚等）的運作，已有別於透過自我認知填答的問卷所獲得的資料。

現代行銷資料的來源──再談數位資料[5]

美國哥倫比亞大學商學院和美國行銷協會曾經做過一項調查，發現高達 91%的行銷主管和 100%的行銷長（CMO）都認為，企業品牌必須改以資料驅動行銷決策，未來才能在業務上獲得成功，但同一份研究也指出，29%的行銷主管卻表示，他們很少或根本沒有客戶資料來實現；至於收集大量資料的人中，39%的人認為無法將資料，轉換為實務上可以具體操作的洞見。

除了傳統行銷資料之外，目前來自各種數位來源（例如：電子郵件行銷、線上內容（網站，播客，博客）、社群媒體（Facebook 和 Twitter）以及網路和行動廣告的「數位資料」爆炸，則是不斷增加行銷人的挑戰。

5 資料來源：Kumar, V., Veena Chattaraman, Carmen Neghina, Bernd Skiera, Lerzan Aksoy, Alexander Buoye and Joerg Henseler (2013), "Data-driven services marketing in a connected world," Journal of Service Management, Vol. 24 No. 3, 2013, pp. 330-352.

「數位資料」指的是透過人為與網路所提供的服務（例如：搜尋引擎、網頁）互動之後，所產生的資料（例如：在搜尋引擎上輸入關鍵字、點擊行為），以及人們與網路上其他人的互動所產生的資料（例如：眾人在 FB 上分享的資料），如圖 8-4 所示。以下簡單說明數位資料的範例。

圖 8-4　三種數位資料的種類
繪圖者：陳靖宜

1. **關鍵字資料**

   監控搜尋引擎的關鍵字對網路行銷人員來說，非常重要。因為關鍵字監控為行銷人員提供了修改網路廣告、設定關鍵字和撰寫文案等的機會。

2. **點擊資料**

   點擊資料是指使用者訪問網頁後的點擊行為資料。分析使用者的點擊數據，有機會增加訪客流量。點擊資料大致上包括頁面瀏覽次數（Page Views）、造訪頻率（Visit Frequency）、查看項目特徵（Characteristics of Items View）以及每次造訪停留時間（Visit Duration）。

3. **社群資料**

   社群資料是指透過社群網站所獲得的資料。根據 Rogers 和 Sexton（2012）的調查，有 85% 的行銷人透過社群媒體進行行銷。社群媒體行銷更是當今行銷的顯學，行銷人正努力地了解該如何利用社群媒體中所發現的大量訊息。

值得一提的是，以奧蘭多環球影城（USO）為例，以不久前在籌備宣傳「哈利波特魔法世界」的新主題設施時，他們曾經計算過，如果透過傳統行銷方式，向大約 3.5 億的民眾傳播消息，可能得耗資數百萬美元，然而透過七個哈利波特超級粉絲團，卻只花很少的預算，就可達成這樣的行銷目標。

社群網站也是一個讓企業可以更了解客戶的地方。像是客戶如何使用公司的服務，以及應該如何改進。而這些客戶需求資料，只要從網路社群和論壇中就可以獲得。當行銷人希望了解哪些客戶正在使用他們的產品，以及產品如何被使用時，網路論壇往往成為可以提供消費者想法的最大來源。因為單是觀察和參與論壇，就可讓企業得知消費者的實際使用情況，以及是否符合公司目標。

此外，社群媒體目前也為企業最新的行銷前哨站，企業必須將在社群媒體上的「口碑播種」策略與公司績效指標連結起來。以美國運通（The AmEx Sync），2012 年執行的同步廣告為例，推動之初即訂下希望「增加客戶支出」的策略目標，結果美國運通透過麥當勞、Whole Foods、百思買等合作夥伴公司的優惠券來達成，只要卡友每次發布 AmEx 指定的主題標籤，或者在預定的臉書頁面按讚時，就會自動將優惠券下載到客戶的運通卡上。一來一往間，讓客戶和公司都獲益。更重要的是，如此做法，也讓這一系列廣告促銷活動背後，完成都有數位資料來支持，活動告一段落之後，更容易衡量相關指標是否成功。

最後，社群媒體的另一項作用是，鼓勵消費者推薦親朋好友，而透過顧客推薦計劃所帶來新客戶，不僅行銷成本低，滿意度也比較高。

零售資料的四大類型——數值、文本、語音、影像

人工智慧（AI）越來越夯，但如何一語貫串什麼是人工智慧？德州 A&M 大學教授凡卡德許・尚卡爾（Venkatesh Shankar）指出，AI 指的是能夠展示智慧的應用程式、演算法、系統或機器的組合，它也是可以強化產品、服務或解決方案智慧的一組工具。值得注意的是，將零售業中的數值、文本、語音資料和影像（圖像、視頻）資料，對應到 AI 分析後，有機會重新形塑整個「零售業」。

尚卡爾在刊載於 2018 年「零售業期刊（Journal of Retailing）」一篇「AI 如何重新形塑零售業」的文章中指出，零售業中擁有四大類的資料類型：數值資料、文本資料、語音資料和影像（圖像、影片）資料。其中財務、會計、銷售和行銷、庫存管理和營運活動等都屬於數值資料，而應用到 AI 分析後，可用在店址選擇、訂單系統、定價、推廣和投資決策。

其他的資料類型還有文本分析、語音資料、圖像 / 影像分析等三種形態，圖 8-5 簡單介紹這四種分析，以及其零售上的應用與決策。

AI 分析類型，零售應用與決策		
AI 分析類型	零售應用	AI 影響之決策
數值分析	財務、會計、銷售和行銷、庫存管理、營運活動	店址、下訂單、分類、定價、推廣、投資
文本分析	顧客滿意度、產品評論分析	產品修正、新產品介紹、服務增強
語音分析	顧客服務、訂單管理	購買預測、服務補救、訂單執行
圖像/影像分析	購物者行為分析、購物者行銷、產品分類	店面布置、貨架空間、品項位置、數位內容、生產建議

圖 8-5　AI 分析類型、零售應用與決策
繪圖者：趙雪君

★ 資料來源：Shankar, Venkatesh, (2018), “How Artificial Intelligence (AI) Is Reshaping Retailing,” Journal of Retailing, December, 2018, Vol.94(4), pp.vi–xi.

1. 數值分析

對企業裡與營運活動相關的行銷、銷售、財務、會計、庫存等數值資料進行分析，以作為店址選擇、訂單管理、定價、推廣等依據。

2. **文本分析**

社群媒體（如：Facebook，Twitter）裡充斥消費者對於各種品牌的討論，以及各種產品的評論，將這類資料，透過自然語言處理（NLP），對文字進行分析，可以作為產品修正、新產品推廣、服務強化等依據。

3. **語音分析**

語音分析演算法能先將語音資料轉換成文字資料，進而透過 NLP 進行分析。語音聊天機器人或是 AI 助理就是典型的範例，這些機器人或是助理能協助企業做好顧客服務與訂單管理。透過語音分析，企業能進行購買預測、服務補救、以及訂單執行。

4. **影像分析**

使用攝影機，零售商可以分析賣場中各產品的曝光率，以及消費者走動的動線分佈。將這些資料與銷售資料、線上調查、會員卡資料等加以整合。零售商還可以透過偵測消費者的面部表情，以及手部動作對商品的反應。

這將有助於企業進行購買者行為分析、購買者行銷、產品分類，理解產品及賣場陳設如何影響消費者，進而進行店面布置、貨架空間、品項位置、生產建議等。

值得一提的是，另一種有用的 AI 工具是使用所謂的「虛擬試衣鏡」（例如 Neiman Marcus 和 Rebecca Minkoff 等零售商已提供）。使用這些工具，消費者可以嘗試在無需進入更衣室穿脫衣服的狀態下，來確定哪件衣服以及哪些配件最適合自己。

資料類型——潛在重要資料、重要資料、極重要資料

大數據越來越重要，讓很多企業積極投入，但是仍有很多企業不曉得自己手上握有的資料到底重不重要？根據「國際資料資訊有限公司（IDC）」的預估[6]，從人類社會的整體觀點來看，到了 2025 年，全球有 4 成以上的資料，將具備即時、重要或極重要等特徵，而無論是企業或個人透過網路進行金流交易，背後所傳輸的交易資料，或是醫生透過網路進行遠端醫療，背後所傳輸的醫療監控資料，甚至是自駕車的自動行駛背後的「車聯網」資料。由於牽涉到人命和財產安全，這些資料都屬於重要資料（Critical Data）與極重要資料（Hyper-Critical Data）。

將資料適當地加以分類，對企業攸關重大，因為會牽涉到這些重要和極重要資料在哪裡出現？哪些資料需要保護？什麼是保護的最佳方法？要花多少預算來保護？更重要的是，上述的資料在傳輸時碰到連線中斷或丟失，可能造成重大的生命和財產損失。

如圖 8-6 所示。IDC 指出，如果把資料加以分類，對使用者的日常生活連續、方便操作，可能所需要的資料，都屬於「潛在重要資料」（藍色部分），從 2015 年到 2025 年，它的年均複合成長率達 37%；「重要資料」（黃色部分）則是對使用者日常生活的預期連續性，已知重要者，而從 2015 年到 2025 年，它的年均複合成長率達 39%，至於對用戶的健康與福祉有直接和立即影響的資料，包括商業的航空旅行、醫療應用、控制系統和遙測等則屬於「極重要資料」（紅色部分）。這類包含來自嵌入式系統和後設資料為主。而它的年均複合成長率達 54%，成長幅度最為驚人。

6　https://www.bnext.com.tw/article/54203/ai-edge-computing

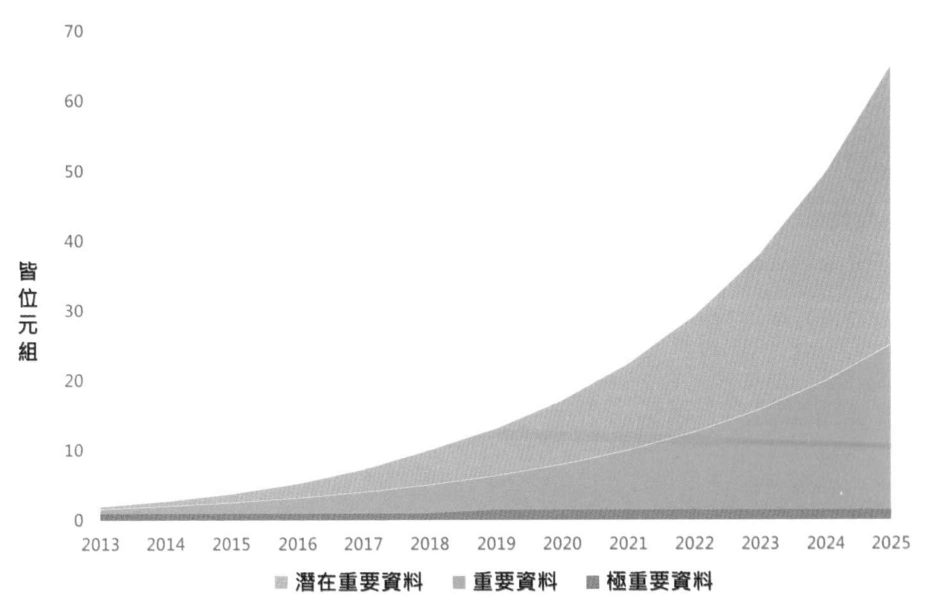

資料種類	2015到2025年均複合增長率
所有資料 包含在全球數據網的資料	30%
潛在重要資料 用戶日常生活持續且方便的操作可能需要的數據	37%
重要資料 這些資料對於用戶日常生活的預期連續性是必要的	39%
極重要資料 對用戶的健康和福祉產生直接和直接影響的數據。例子包括商業航空旅行，醫療應用，控制系統和遙測。此類別包含來自嵌入式系統的元數據和數據	54%

圖 8-6　資料分類
繪圖者：曾琦心

★ 資料來源：IDC's Data Age 2025 study[7]

對於航空公司、旅行社和醫療院所而言，因為所處的行業別，許多資料的重要性不言可喻。一旦資料遭到破壞，企業將面臨財務損失、破產，甚至得面臨龐大的法律訴訟問題甚至倒閉的風險。

7 https://assets.ey.com/content/dam/ey-sites/ey-com/en_gl/topics/workforce/Seagate-WP-DataAge2025-March-2017.pdf

為了正確識別和保護關鍵資料，企業需要自問以下四個問題[8]：

一、哪些資料需要保護（What）？

有些企業不知道哪些資料需要保護，因為他們不知道哪個環節需要資料。其實，只要牽涉到利害關係人、產品服務、以及金錢…等的資料，都需要保護。像是對內的員工資料（例如姓名，地址和稅務帳戶）是薪資系統的必需資料。對於電子商務零售商而言，客戶的身分證號碼、出生日期、信用卡卡號等，也是處理交易的必要資料。此外，以上這些資料不但重要，背後還牽涉到個人資料保護法的問題，不可不慎。

二、資料在哪裡（Where）？

當企業一旦確認營運流程，下一步則可思考，如何在流程中擷取資料，進而將這些資料儲存起來。舉例來說，一家快遞公司透過物聯網裝置，偵測、記錄服務流程，產生重要資料，或是醫院在執行遠距醫療服務時所產生的極重要資料。

三、保護資料的方法為何（How）？

要確認保護資料的最佳方法，需要 IT 安全系統專家的建議。如果已證明現有的網路安全偏低或無法提供足夠的安全性時，則必須立刻對其流程和框架進行改善。

四、企業保護資料的資源有多少（How Much）？

確保關鍵資料的安全性和完整性是有代價的。企業願意為保護關鍵資料支付多少代價？如何找到資源投入與風險控制之間的平衡點，考驗著決策者的智慧。請記住，安全系統永遠必須與時俱進。資料被盜或意外洩露可能使企業蒙受龐大損失，並威脅到財務穩定和商業信譽。

8 參考並修改自 Outsource Workers, https://outsourceworkers.com.au/identifying-business-critical-data/

物聯網資料

在眾多種資料的來源裡，「物聯網（Internet of Things, IoT）」資料一直較不為行銷人所熟悉，主要原因除了背後的技術讓人感覺比較複雜，以及相關應用比較缺乏。對於企業來說，如果沒有提供相關設備或載具，這類資料更是難以蒐集。然而，隨著物聯網的應用越來越普及，勢必帶來龐大的資料商機。學習行銷資料科學的我們，務必對這種資料類型，保持高度的興趣。

目前就物聯網的發展趨勢與應用範疇來說，大致可以分成個人物聯網、家庭物聯網以及城市物聯網，如圖 8-7 所示。

物聯網資料

圖 8-7　物聯網資料
繪圖者：傅嬿珊

首先，個人物聯網的裝置包括智慧手機、智慧手錶、智慧手環、智慧耳機、智慧眼鏡、智慧服裝、AR、VR…等。家庭物聯網的裝置則有智慧電視、智慧音箱、智慧燈光、智慧冰箱、智慧溫控、智慧保全…等。城市物聯網的裝置或系統則包括智慧學校、智慧辦公室、智慧商場、智慧交通、智慧安全防護、智慧電網…等。

這些裝置有些跟著「人」走（如智慧手機），有些則被固定設置在某些場域裡面（如智慧冰箱）；這些裝置有些服務個人（如智慧眼鏡），有些服務系統或組織（如智慧電網）。

對於有機會成為物聯網裝置設備的供應商來說，如何透過自身企業或是與其他企業策略聯盟，共同打造背後的商業生態系，並進一步善用所蒐集的資料，只是其中一項作法。而企業也可以透過打造智慧商場，蒐集相關資料，或是運用政府推行智慧城市所發布的公開資料，來對這些資料進行分析，進而創造價值，亦是可行的做法。

與行銷人比較有密切關係的是，物聯網係通過將日常物品連接在一起來改變著人們的生活。例如，在雜貨店中，所有物品都可以相互連接，形成一個智慧購物系統。在這種物聯網系統中，可以將便宜的射頻識別（RFID）標籤黏貼到每個產品上，消費者只要將其放入智慧購物車後，就可以由配備有 RFID 閱讀器的購物車自動讀取。而最終結果就是，智慧賣場在購物車本身，就可以讓消費者進行結帳，如此一來，除了可以讓顧客在結帳時免於排隊，節省時間之外，也可有效降低商品失竊。

此外，將智慧貨架添加到配備 RFID 讀取器的系統中，企業藉此可有效監視庫存變化，讓倉庫管理的中央伺服器隨時讀取存貨資料。實際擔任過生產管理的人都知道，在傳統倉庫中，以往每盤點一次就要爬上爬下，經常搞得筋疲力竭，而物聯網的好處是讓庫存管理變得更加容易，因為所有品項都可以由 RFID 讀取器自動讀取，不必再由人工手動掃描。

另外，目前在物聯網中，還有許多研究等待探索，例如在企業組織中採用物聯網所需的功能，以及行銷所涉及的不同面相的研究。尤其像是強調「夥伴關係管理」的企業組織，如何利用物聯網產生「共創價值」的研究；其他類似消費者對採用可穿戴設備、人機互動，以及對這些智慧產品的抗拒，都是行銷人未來可研究的主題。

過去，物聯網資料一直較不為人所熟悉，但在未來，物聯網資料的累積，勢必蓬勃發展，值得行銷人好好探究與學習。

SECTION

8-2 外部資料的重要性

企業經營的「系統觀點」

企業經營是否受到環境所影響，答案是肯定的。但每家企業受環境的影響程度不同，有些企業所處的環境變化不大（例如某些食品吃了數十年都沒有改變），有些企業所處的環境變化劇烈（例如報紙內容每天都在改變）。

從管理學的「系統觀點」角度來看，系統有所謂的開放與封閉。對應到企業經營，開放系統（Open System）強調企業深受環境所影響，而且環境是動盪且不容易預測的。同時，當環境變動時，企業也必須適時調整以因應環境；至於封閉系統（Closed System）則強調企業較不受環境所影響，環境是穩定且可預測的，以及強調企業內部的效率。

所謂「系統（System）」觀點，是指從輸入（Input）、轉換（Process）、到最後輸出（Output）的整體過程。而對應到企業經營，系統意指「企業從環境中獲得資源（即輸入資金、人力和土地），經過企業的轉換（加工或加值），到輸出（產品與服務）」，如圖 8-8 所示。

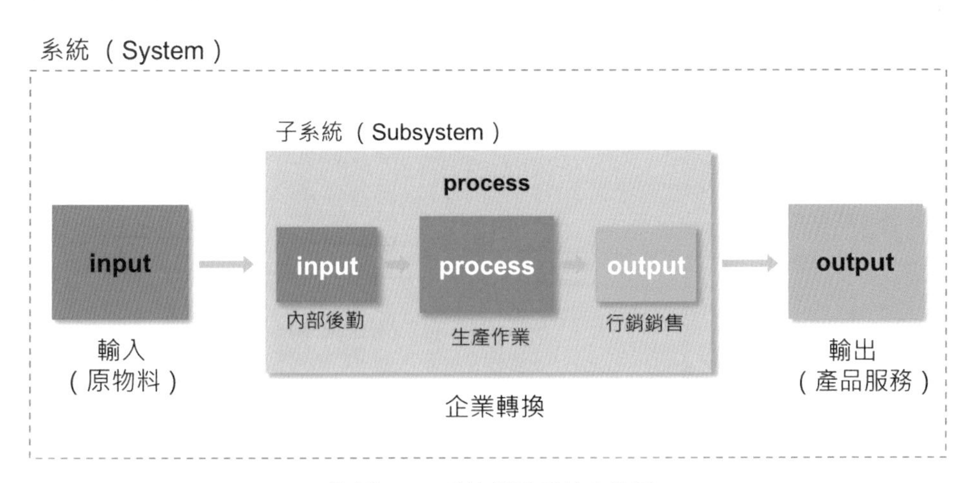

圖 8-8　系統與子系統之內涵
繪圖者：彭煖蘋

而系統當中，還有子系統（Subsystem）的存在，而一個大的系統往往是由許多的子系統所組成。舉例來說，企業從上游輸入原物料，經過內部轉換，輸出產品及服務到下游，這整個流程可以視為一個系統。而上游企業本身是個子系統，自己企業是一個子系統，下游企業又是一個子系統。再以自身企業來看，公司內不同的部門，如內部後勤、生產作業、行銷銷售，每一個部門都是不同的子系統。

採取「系統觀點」的學者強調，企業內的各個部門（即不同的子系統）之間彼此相互影響，至於企業績效取決於子系統之間的互動。

以圖 8-9 為例，A 系統裡有 A1 與 A2 兩個子系統，A 系統的最大產值應該等於 A1 子系統的最大產值加上 A2 子系統的最大產值（亦即 Max A ＝ Max（A1＋A2）＝ Max A1＋ Max A2）。

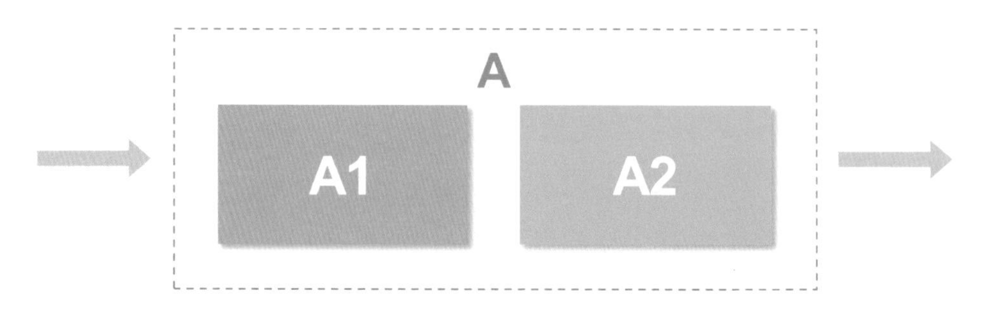

Max A = Max（A1+A2）= Max A1+ Max A2

圖 8-9　子系統之間的互動

但如果以「系統」觀點來看，上述的推論往往忽略了子系統之間，可能產生的損耗（1+1<2）或者綜效（1+1>2）。所以系統 A 最大的產值，可能大於（或小於）A1 與 A2 最大產能的加總。

採取系統觀點的好處，可以協助管理者從宏觀的視野出發，對系統中各個子系統的地位、作用以及它們之間的互動，得到更清楚的輪廓與瞭解。進而透過溝通協調來達到產值的最大化。

其次，以系統觀點來看企業經營，幾乎所有的企業都身處於開放系統當中，只是開放程度大小不一而已。因此，管理者在制定決策時，不僅要分析組織的內部因素，還必須了解組織與外部環境之間的關係，以因應環境所帶來的機會與威脅。

系統觀點的重要性——混沌理論、蝴蝶效應、長鞭效應與系統思考

先前我們提過以「系統觀點」來看企業經營，強調企業不應該只聚焦在企業內部的效率，還應該考量外部環境所帶來的機會與威脅。因為從「見樹又見林」的視角出發，往往才能讓企業或個人，有全然不同的想法。

以下我們簡單介紹系統觀點裡的一些重要名詞，包括：混沌理論（Chaos Theory）、蝴蝶效應（Butterfly Effect）、長鞭效應（Bullwhip Effect）和系統思考（System Thinking）。

首先，將「混沌理論」應用於企業經營，指的是企業身處於一個複雜的系統，所面對的環境是混亂、不可預測的。在這個複雜的系統中，一個因素的微小變化，配合背後的連鎖反應，就會對整個系統造成巨大的影響。而這樣的現象，又被稱為「蝴蝶效應（Butterfly Effect）」。

「蝴蝶效應」是由美國氣象學家，也是麻省理工學院的教授愛德華・諾頓・羅倫茲（Edward Norton Lorenz）所提出，講的是一隻小蝴蝶在中美洲的古巴拍動翅膀，有沒有可能在數百公里外的美國德州引起威力強大的龍捲風？（Does the Flap of a Butterfly's wings in Brazil Set Off a Tornado in Texas ？ ）。第一次聽到這個理論的人都會覺得不可思議，但不妨想想看，某軍事強人決定向太平洋發射一枚飛彈做為警告，起因是他昨天心情不好。而他心情鬱悶的原因，可能是前晚和太太吵架，至於引發這次吵架的原因，源自於他太太沒有買到一件漂亮的衣服…。

因此，無論是蒙古的沙塵暴影響到美國夏威夷海域的漁獲；美國華爾街的股市崩盤，引發全球金融海嘯；非洲突尼西亞的一起自焚事件，在臉書等社群媒體的推波助瀾之下，帶來了「阿拉伯之春」，讓多名北非與西亞的國家領導人下台。這些都是蝴蝶效應的真實案例。

如果再將蝴蝶效應應用到企業經營，可以用一個有趣的遊戲來說明。在《第五項修練（The Fifth Discipline）》[9] 這本書中，麻省理工學院教授彼得・聖吉（Peter Senge）提到了系統觀點的應用。聖吉教授透過一個名為「啤酒遊戲」的案例，來說明消費者需求的微小變化，將對上中下游供應鏈產生多大的影響。

所謂的「啤酒遊戲」，指的是有一款叫做小情人的啤酒，某天需求突然增加（從每週 4 箱需求變成 8 箱需求，之後也是 8 箱，沒有繼續增加），但因為初期存貨不足，導致缺貨，讓上游的批發商、製造商誤以為需求暢旺，結果訂單不斷追加，但又因為初期存貨有限，製造不及，導至缺貨情況日益嚴重。隨後，好不容易生產達到了訂貨量，可以大批交貨，但新收到的訂購量卻開始驟降（因為每週需求之後還是 8 箱，沒有繼續增加）。結果，到了遊戲結束之前，幾乎所有的參與者，都只能坐看自己無法降低的龐大庫存，而前端的零售商每星期還是只能賣出 8 箱。透過啤酒遊戲，我們可以了解，在產銷過程中，一個小小的變動，經由整體系統之加乘，最後引發意料之外的結果。

啤酒遊戲呈現出當消費者的需求增加時，離最終消費者最遠的上游製造商，往往會因為時間的落差，導致對消費者需求的誤判，使得越往上游波動越大，這樣的現象又稱為「長鞭效應（Bullwhip Effect）」（如圖 8-10 所示）。

9　資料來源：Peter M. Senge，郭進隆譯，「第五項修練－學習型組織的藝術與實務」，天下文化。

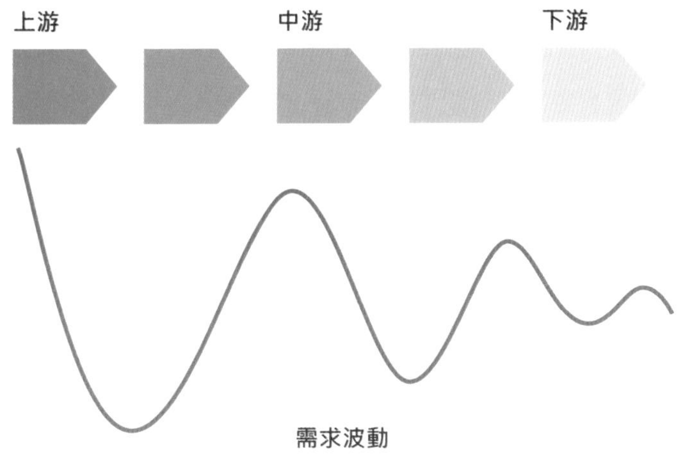

圖 8-10　長鞭效應
繪圖者：傅嬿珊

其實，彼得・聖吉要強調的是，人們的思考模式常常是線性且有侷限、重視個別事件、很少以宏觀系統來思維。彼得・聖吉同時再三強調「系統思考（System Thinking）」的重要性。他認為，系統思考是一種宏觀格局，企業要把自己視為系統當中的一部分，並知道自己在系統中的位置與角色，進而發揮對系統的影響力以解決問題。

再提醒一次，系統（System）是從環境中獲取資源加以轉換，再以產品或服務的形式輸出。它受環境影響，並需要部門與人員等子系統互相合作。由系統觀點看企業經營，意味著企業內某一部分的決策，會影響到其他的部分。因此，管理者必須協調組織內各部門、單位與個人，確保它們能有良好的互動。同時，了解外在的影響因素，以及其對系統的影響，並以宏觀的角度思考問題，避免陷入本位主義。

企業內部與外部資料的差異

為了更了解消費者的喜好和行為，許多企業都會搜集大量的各種內部和外部資料，也因此有「搜集資料是企業的天職」的說法。然而，由於資料的來源各異、搜集目的也不同，因此企業在搜集這些資料時，先要有資料一定「不一樣」的心理準備，才會讓資料處理起來，更得心應手。

目前大家對資料的搜集、貯存、保管和處理分析，越來越有概念。但資料的來源就像是各國語言一樣，往往一開始是您講英文、我說中文，等到要溝通時，再以一個共通的語言來交流。如何「異中求同」就變得很重要。

對於大部分的企業來說，（電子檔形式的）內部資料與外部資料之差異，如圖 8-11，可以分成以下幾點：

	內部資料	外部資料
結構性	程度較高，大多以數字呈現	較多元，包括政府開放資料平台的結構化資料與社群網站的非結構化資料
複雜性	較低，主要來自公司各單位的產出	較高，包括總體環境資料來源及產業環境資料來源
即時性	較低，可能每日或每月編制一次報表	較高，每分每秒都有新資料呈現
儲存性	較高，通常保存較完整	較低，可能隨時被刪除或撤下

圖 8-11　企業內部與外部資料之差異
繪圖者：彭煖蘋

1. 結構性

內部資料通常「結構化」程度較高，無論是業務報表或是財務報表，幾乎都是以數字方式呈現。至於消費者顧客滿意度調查，可能會有部分的文字資料，但這在分析上並不會很複雜。縱使是客服中心的錄音檔（聲音資料），以及現場的錄影資料，大多也只是備存，比較少會拿來分析。

外部資料的結構化程度，通常比較多元，包括各種結構化資料（例如政府開放資料平台）與非結構化資料（例如社群網站上的討論內容）。值得一提的是，現在某些政府開放資料都備有不同格式，提供選擇，行銷人如果有意下載，可以從源頭下載時，就直接選取，以省下下載後要再度轉換的時間。至於社群網站上的資料，則是五花八門，初入行者只能多多練習，求教同行高手或網路文章與論壇，然後將每個步驟和經驗都記錄下來，因為隨著時間變化，學習資料處理的曲線會越來越平滑。

2. **複雜性**

企業內部資料通常複雜性較低，主要來自於公司各單位的產出。外部資料的複雜性較高，來源包括全世界的總體環境（政治、經濟、社會、科技等）資料來源，以及產業環境資料來源（供應商、通路商、競爭者、潛在競爭者、消費者，以及各個產業標竿公司）。

3. **即時性**

企業內部資料通常即時性較低，業務報表可能每日編製，財務報表則每月編製；外部資料則具有即時性，每分每秒在網路討論區或是 IG 上，都有新資料呈現。

這對資料分析來說，在分析的時效性要求上，外部資料的難度較高。

4. **儲存性**

企業內部資料的儲存性高，外部資料則隨時可能被刪除或撤下。所以，在進行內部資料分析時，資料通常保存較為完整。在進行外部資料分析時，如果沒有定時或動態下載資料，資料的完整性可能有所不足。

以上的分析，讓我們看到外部資料的價值，這也是從事行銷研究與行銷資料科學的企業之機會所在。

從系統觀點看外部資料的重要性

自從 2020 年初，新冠肺炎爆發以來，已經造成全世界社會、文化和經濟的劇烈動盪，不曉得已有多少家企業在這一波巨變中，受到重大打擊、嚴重虧損，甚或倒閉。讓人感歎世事的變化往往來得又快又急。而這也是我們常聽到一句話，「世上唯一不變的就是『變』」。

從過去到現在，環境的變化速度不僅越來越快，甚至越來越劇烈。至於未來，我們只能預期，環境的變化只會比現在更快，不會有所稍歇。因此，對於企業來說，如何「即時偵測」外在環境的現況與變化，或是預測外在環境的趨勢與走向，便成為經營管理者的重要課題。

回過頭來看，搜集各種外部和內部資料與資訊，如圖 8-12，就變成企業判斷經營方向的重要依據。對於許多企業來說，「內部資料」的重要性往往大於外部資料。主要的原因在於，內部資料來源明確、易於蒐集，加上通常這些資料都具有「即戰力」（例如：業績數字），亦即馬上可以用於決策。

反之，相對於內部資料，外部資料的來源非常廣泛（例如：政府網站、社群媒體、人力網站…等），常常會讓人不知該如何選擇。同時，許多外部資料不容易蒐集（無論是透過問卷調查、焦點群體訪談或是網路爬蟲…等），甚至需要花費昂貴的費用購買。更重要的是，這些資料對企業來說「感覺」沒有立即的必要性，因為它們通常無法直接運用在某一項決策上。

內部資料

- 來源明確
- 易於蒐集
- 許多資料可立即用於決策

外部資料

- 來源廣泛
- 許多資料不易蒐集
- 某些資料昂貴
- 感覺沒有立即的必要性

圖 8-12　一般企業對內外部資料的認知

繪圖者：彭煖蘋

企業之所以會有這樣的思維（或許也可說是錯覺），其實源自於許多企業對於系統觀點的認知，不自覺地從「內部觀點（封閉系統）」出發，而不是站在「外部觀點（開放系統）」來看。同時，企業對於身處環境的認知，也都還停留在環境相對「穩定」，而非「動盪」。

事實上，企業如果能從「系統觀點」來看事情，便能以更宏觀、全面的角度，來看待外在環境對企業的影響（比方說，透過系統性思考，看到各個子系統背後連鎖反應的影響）。而這個時候，外部資料的蒐集與掌握，就成為企業經營的成敗關鍵因素之一。

換言之，如果從系統觀點來看，企業在制訂公司政策時，也應著眼於如何透過企業內部各個子系統之間的互動，來回應外在環境的變化。以免淪落於推動某些政策時，都是某些部門一直往前衝，但似乎沒有其他部門的事，結果拖累企業整體衝刺的速度（例如：公司欲推行顧客滿意度政策，結果只有行銷部門或業務部門在「喊燒」，其他部門好像與自己無關。惟從服務價值鏈（Services Value Chain）的角度來看，人資部對顧客滿意度扮演著相當重要的角色）。

「世上唯一不變的就是變」，從企業經營角度來看，廣泛收集並善用外部資料，它的重要性，可見一斑。

我們不一樣——社群平台個個有差異

從事網路行銷的企業，總是不遺餘力地經營社群媒體，想進入網路市場的行銷人，也對高人氣的各類社群媒體擁有高度興趣。然而「社群媒體」其實不應視為一個籠統的整體概念，行銷人不能只想要靠一招半式闖天下。無論是臉書（FB）、YouTube、LinkedIn、推特（Twitter）、Google+、IG（Instagram）、Pinterest 或是 Snapchat 等，都屬於社群媒體（Social Media），但它們都有著不同的特性。企業在進行社群媒體行銷時，應針對不同的社群媒體，進行行銷研究與行銷執行。

沃維爾德（Voorveld）與諾特（Noort）等人在 2018 年的「廣告期刊（Journal of Advertising）」上發表了一篇：《社群媒體及社群媒體廣告之參與度：平台類型的差異化角色（Engagement with Social Media and Social Media Advertising: The Differentiating Role of Platform Type）》[10]，首先指出在進行網路行銷時，如果單用「社群媒體」來描述眾多的社群媒體平台是不恰當的，因為它無法切確反映出各平台的特點。廣告主應該根據自身產品與品牌的特性，選擇合適的平台去投放廣告，如圖 8-13 所示。

圖 8-13　投放社群媒體廣告策略
繪圖者：彭媛蘋

過去有關社群媒體上顧客參與（Consumer Engagement）如何驅動廣告評價（Advertising Evaluation）的研究，大多關注在廣告中的「內容」因素。而有別於目前多數的研究都專注在同一個平台，沃維爾德與諾特等人的這項研究，則著眼於跨平台的廣告情境（即平台本身）。

10 資料來源：Voorveld, A. M. Hilde, Guda van Noort, Daniël G. Muntinga & Fred Bronner (2018), "Engagement with Social Media and Social Media Advertising: The Differentiating Role of Platform Type," Journal of Advertising, 1, 38-54 .

沃維爾德與諾特等人發展了八項社交平台用戶的參與研究。他們透過十一種體驗維度：1. 娛樂；2. 與內容有關的負面情緒；3. 與平台有關的負面情緒；4. 消遣時間；5. 啟發新想法；6. 自我辨識；7. 可實際應用；8. 社交互動；9. 創新 / 引領潮流；10. 時效性；11. 賦予能力，了解各種社群平台在十一個體驗維度上的差異，進而證明社群媒體參與會因社群媒體平台的不同而有所差別。

舉例來說，在社交互動上，臉書就排行第一，Youtube 就排最末；Pinterest 和 Youtube 的娛樂性則分居一、二，遠高於 IG；同時，各平台間廣告出現的頻率和對廣告的評價有很大的不同，研究進而證明社群媒體廣告效果會因平台不同而有所差異。

根據沃維爾德與諾特等人研究的發現，不同社群平台的功能會造成不同的用戶體驗。而不同的用戶體驗，其廣告體驗也有所不同。此外，企業和行銷人應切記，每個平台都有其擅長與不擅長之處，帶給消費者的作用也會不同。現在在各企業大力投入社群媒體行銷的同時，不應將社群媒體視為一個籠統的整體概念，反而是應針對不同的社群媒體，展開行銷研究與活動。

處理—資料分析

- ☑ 資料分析的工具與技術
- ☑ 多變量分析與機器學習

SECTION
9-1 資料分析的工具與技術

常用的數據分析工具——Python、R、SPSS

過去，行銷人和商管人在進行資料（數據）分析[1]時，經常會使用 MS Excel、SPSS 或者是 SAS 等套裝軟體。因此，讀過商研、心理或社會學等研究所的學生對這些軟體都不會太陌生。但是，現在隨著 R 和 Python 電腦語言的崛起，加上其免費、後續衍生的套件功能強大、可處理資料容量也讓 SPSS 等軟體難以望其項背。因此，許多研究生和商管人已有逐漸改用 R、Python 的趨勢。

商管研究所學生要畢業之前，大都被規定要寫一本論文，因此做量化問卷和用 SPSS 跑統計是很稀鬆平常的事。而在寫論文之前，就會聽到很多學長姊或同學一直在詢問，哪裡可以找到 SPSS 軟體。

SPSS 套裝軟體的好處是，它很容易於操作與學習，但必須要付費，而 R 和 Python 語言的最大好處是「免費」，而且有龐大的社群在背後支持，加上不斷地開發出新的套件，供使用者使用。

不過，這些套裝軟體或是程式語言，都有優缺點與其適用性，在進行資料分析的學習與實作時，可以根據自己的需求與條件，選擇適合的套裝軟體或是程式語言來學習。

以下，簡單就 SPSS、R 和 Python 進行比較，如圖 9-1 所示。

1 有關「資料分析」與「數據分析」經常混用的問題。由於「數據分析」已經成為一個專有名詞，因此一旦單獨說明這個觀念時，本書均以「數據分析」說明。而在進行「資料蒐集、資料分析、資料視覺化」說明時，則不會用「數據蒐集、數據分析、數據視覺化」來呈現。不過，此種作法難免會造成閱讀上的困擾，仍請各位讀者多多包涵。

	SPSS	R	Python
價格	十數萬	免費	免費
資料量	小資料	不建議過大	大小皆可
繪圖	弱	豐富	豐富
應用	統計分析 資料探勘	統計分析 資料探勘 資料視覺化	數據分析 資料探勘 網頁後端 各大應用框架串接

圖 9-1 SPSS、R、Python 比較

1. SPSS

SPSS 是 IBM 旗下的一套統計分析軟體。它的歷史悠久，最早的版本是於 1968 年提出。本書作者在學校做研究時，大都使用 SPSS 來進行。SPSS 的售價並不便宜，大約十萬元起跳，如果需要用到其他進階功能，還需加購其他進階模組。

至於在資料量的處理上，相對於 Python 與 R，SPSS 處理的資料量相對較小（當然，處理能力還牽涉到電腦效能）。在資料分析上，SPSS 適合進行統計分析與資料探勘，但繪圖功能卻比 Python 與 R 要來的弱。

總之，SPSS 是一套相當好上手的套裝軟體，也廣受許多研究機構、學校、企業所使用。

2. R 語言

R 語言是由紐西蘭奧克蘭大學的羅斯・伊哈卡（George Ross Ihaka）和羅伯特・傑特曼（Robert Clifford Gentleman）於 1993 年所開發。R 語言是一套免費的程式語言，而且背後有廣大的社群不斷地在研發新的套件。在資料量的處理上，R 語言適合處理較大的資料量（相對於 SPSS，如果資料量更大，用 Python 更適合）。

在進行資料分析時，R 適合進行統計分析與資料探勘，而且 R 的繪圖功能非常強大，能呈現出良好的資料視覺化。目前幾乎所有統計系的學生，都被要求學習 R。

3. **Python**

Python 是由荷蘭程式設計師吉多・范・羅蘇姆（Guido van Rossum）於 1991 年所提出。它與 R 一樣，是一套免費的軟體，而且背後有龐大的研發社群進行支援。

在資料量上，Python 適合處理大資料與小資料。Python 除了適合進行數據分析，Python 還適合連結網頁後端，並與各大應用框架進行串接。這樣強大的延展性的功能，已經讓資料科學家跳脱數據分析的範疇，而進入到資料產品服務的研發設計上。

行銷資料科學的學習層次

行銷資料科學為行銷人帶來全新的學習領域，傳統行銷人擔心自己跟不上資料科學的光速步伐，新加入的行銷人則擔心要學習的東西太多、太廣泛，因此不免憂心忡忡，其實，我們要鼓勵大家自學，並且多學多看，因為「學習是一件好事」，同時不妨趁此機會，將基本數理統計重新複習一下，有空也可以去學學 Python 和 R 語言，了解這些全新的研究工具，能為自己的工作帶來什麼幫助。

值得一提的是，以往許多統計老師可能比較「不食人間煙火」，因此都把統計教的艱難深澀，並帶來大量的計算，使得學生一談到統計，往往退避三舍，但最近數十年，平易近人的統計教材大量問市，有些統計入門書，甚至以漫畫和大量圖示來教學，讓統計學已經不再那麼可怕。

在學習行銷研究時，需要有基本的數理統計能力。一般來說，只要有學習過統計學裡的敘述性統計與推論性統計，並且會操作統計套裝軟體，就能快速進入行銷研究的領域。

不過，對於學習行銷資料科學來說，除了要有數理統計能力外，還需要有程式設計的能力。圖 9-2 呈現行銷研究與行銷資料科學的學習層次（從調查研究，到數據分析，再到 AI 系統）。

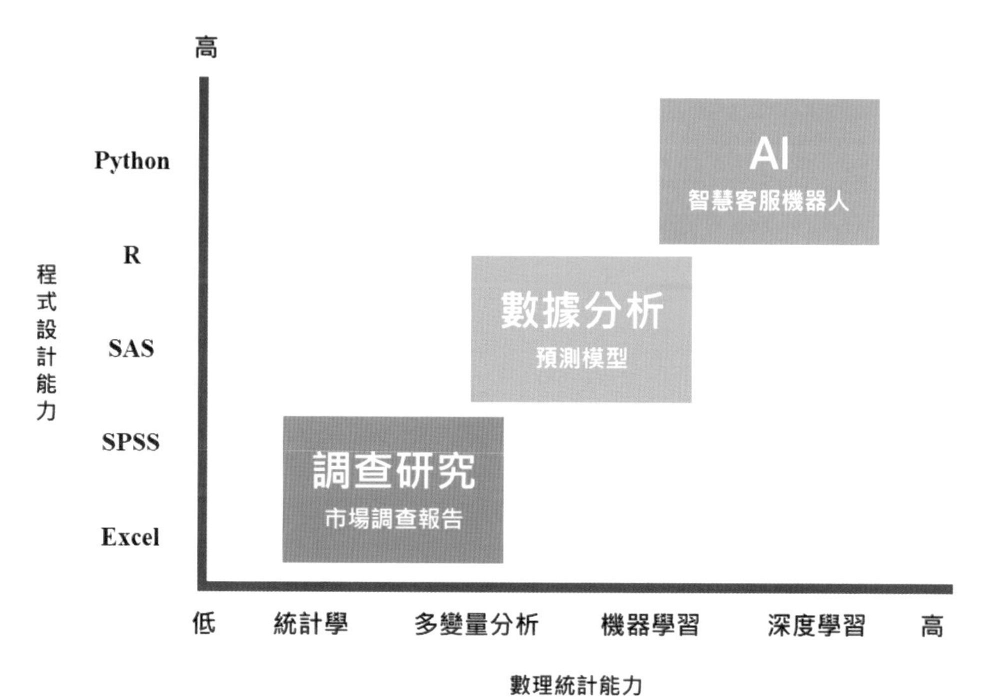

圖 9-2　行銷研究與行銷資料科學學習層次
繪圖者：彭煖蘋

如果說，要構建新一代行銷人的基礎研究能力，我們不妨拿「程式設計能力」和「數理統計能力」兩種基本能力，做為縱橫座標軸來解析。

從圖 9-2 中可發現，如果將「數理統計能力」擺在橫軸的 X，所需知識從最基礎的統計學、到多變量分析、機器學習，再到深度學習。縱軸的 Y 是「程式設計能力」，則由不須寫程式的 Excel，到專業統計分析軟體 SPSS 的操作，再到 SAS、R、Python 程式（與資料科學、AI 相關的程式語言，其實不只有 R 與 Python，而本書則只集中介紹這兩種）。

圖 9-2 裡，左下角的區域是「調查研究」，是在這兩種能力所形成的場域中，所需的數理統計能力與程式設計能力最低的。事實上，擁有這樣的能力已經足夠滿足眾多行銷實務上的需求。

舉例來說，無論是顧客滿意度調查，或是新產品測試，擁有數理統計的基礎，並且熟悉 Excel 軟體，就能協助企業完成這類型的調查研究報告。因為目前大多數的企業還是利用 Excel 產製每日、每週，甚至是月報表。

接著，在圖 9-2 中間的部分是「數據分析」，這部分所需的數理能力與程式設計能力已經要有一定的程度。在數理統計上，則需熟悉「多變量分析」與一些機器學習工具。程式設計部分則可使用 SPSS、SAS，或是要有一定程度 R 或 Python 的基礎。舉例來說，當企業如果想建置顧客忠誠度模型，或是發展「精準行銷」方案，就需要擁有這些編寫程式的技巧與能力。

至於圖 9-2 右上角「AI」的部分，則要擁有機器學習與深度學習的知識，並且對 Python 非常熟悉。對於企業來說，發展 AI 行銷系統，像是智慧客服機器人，就高度需要擁有這個層次的能力。

行銷資料科學的技術與應用

近年「行銷資料科學」不斷竄起，坐擁大量資料的企業可能還不知道這樣的寶礦如何開採？更不知道這些珍貴的礦石開採出來之後，如何運用？其實，提到行銷資料的應用時，不妨先從相關技術來切入。

從蒐集資料的角度來看，企業可以蒐集到視覺資料、語音資料、文字資料和一大堆數值資料等，而部分視覺資料與語音資料還可以透過辨識系統轉換成文字資料。一旦這些資料蒐集到手後，透過自然語言處理（Natural Language Processing，俗稱 NLP）、知識圖譜（Knowledge Graph，俗稱 KG）和機器學習等技術，就可以發展出其他新的應用。

以下我們以視覺辨識、語音辨識、自然語言處理為例，簡單地說明這些常見的技術以及可做後續應用的場景，如圖 9-3 所示。

視覺辨識	語音辨識	自然語言處理
技術	**技術**	**技術**
包括：人臉辨識、生物特徵辨識、圖像辨識、視頻辨識、場景辨識、行為辨識、物體辨識、文件辨識、證件辨識、票據辨識、手寫辨識...等	包括：聲音辨識、語音文字轉換、語音合成、語音喚醒、口語測評...等。	包括：情感分析、情緒識別、關鍵詞提取、關聯詞提取、文本糾錯、機器翻譯...等。
場景	**場景**	**場景**
智慧家庭、智慧社區、智慧校園、智慧辦公園區、智慧城市、娛樂、商品辨識、保全影像分析、製造生產檢測、身分驗證、內容文件審核...等。	智慧客服、智慧機器人、智慧語音助手、虛擬角色(主播等)、語音搜尋、語意搜尋、智慧語音翻譯、智慧會議、智慧家庭以及教學評測...等。	輿情監控、翻譯、人機交流、語意搜尋、語音內容審核、智慧表單管理、推薦系統、自適應學習...等。

圖 9-3 行銷資料科學的技術與應用
繪圖者：傅嬿珊

1. 視覺辨識

常見的視覺辨識技術，包括人臉辨識、生物特徵辨識、圖像辨識、視頻辨識、場景辨識、行為辨識、物體辨識、文件辨識、證件辨識、票據辨識、手寫辨識…等。這些技術應用的常見場景則會出現在智慧家庭、智慧社區、智慧校園、智慧辦公園區、智慧城市、娛樂、商品辨識、保全影像分析、製造生產檢測、身分驗證、內容文件審核…等。

2. **語音辨識**

常見的語音辨識技術，包括：聲音辨識、語音文字轉換、語音合成、語音喚醒、口語測評…等。這些技術應用的常見場景為：智慧客服、智慧機器人、智慧語音助手、虛擬角色（主播等）、語音搜尋、語意搜尋、智慧語音翻譯、智慧會議、智慧家庭以及教學評測…等。

3. **自然語言處理**

常見的自然語言處理技術，包括了情感分析、情緒識別、關鍵詞提取、關聯詞提取、文本糾錯、機器翻譯…等。至於常見的應用場景為輿情監控、翻譯、人機交流、語意搜尋、語音內容審核、智慧表單管理、推薦系統、自適應學習…等。

當然，以上的技術還可以結合其他技術，例如像是知識圖譜、機器學習等，並且相互搭配，發展出其他相關的應用。舉例來說，醫院或診所的智慧問診（簡單的病情診斷）的商品開發，就可能會用到以上視覺辨識、聲音辨識、自然語言處理、知識圖譜等技術。

事實上，資料科學相關技術的商業應用非常廣泛和多元。在商業領域上，舉凡行銷管理的個人化搜尋引擎、動態定價、智慧客服、顧客購買行為預測、推薦系統等；風險管理的理財機器人、智慧風險控管、風險預警、反詐欺等；生產管理的品質檢驗、最佳路徑規劃、供應鏈網路優化等，甚或是知識問答、智慧創作等。

至於這些技術，目前已有許多大廠都已著手開發相關的應用程式介面（Application Programming Interface，簡稱 API），讓從事行銷資料科學的人員，能夠藉力使力，發展出更多新的應用。

蒐集與分析消費者資料——語音轉文字（Speech2Text）的應用

生活中，您有沒有曾經打電話到某一家公司，去客訴他們公司服務或產品的經驗。想像一下，客服人員如果在接聽完您的電話之後，會如何把您想傳遞的訊息，一路轉達到部門主管，或者是公司高層？

答案通常是由客服人員將客訴內容，打字輸入到客服系統裡，然後才有機會送到相關主管手上。當然，在這過程中，客服人員輸入的內容，與消費者想傳遞的內容，可能會不一致。畢竟客服人員輸入的，可能是經其過濾、整理之後的產物。所以，如果能夠透過系統，將語音轉成文字，對於真實傳遞消費者的意見，將會有很大的幫助。

此外，許多大型企業，像是電信和金融服務業者都會成立大規模的客服中心（Call Center）來服務消費者。在服務的過程中，會留下大量的語音記錄。有時候，錄音的用意是為了讓客服人員保護自己，有時候則是避免雙方在未面對面溝通的情況下，出現爭議時，做為後續協調的基礎。而這些記錄通常絕大部分只是儲存起來，以備不時之需。現在，在音語辨識、語音轉換文字（Speech2Text）…等技術越來越成熟的情況下，這些龐大的聲音記錄，將有機會產生更多的價值。

語音和文字之間的轉換技術已經存在許久，這個技術目前也已普及到智慧型手機，這部分只要看看許多人，對著手機內建的語音辨識輸入系統講話就可知道。而現在許多 Youtube 的影片，也都能自動附上英文字幕。

至於在商業的應用上，企業可以透過語音轉文字技術，再加上自然語言處理（Natural Language Processing，俗稱 NLP），對於龐大的聲音記錄進行「說話者自動分段標記（Speaker Diarization）（即同一段語音當中，不同人之間所說的話）」分析、「情緒偵檢（Emotion Detection）」分析…等。

有了文字來輔助之後，企業行銷人員就可對聲音記錄的類型進行分類，例如：企業可以分析出顧客究竟是對產品、服務、定價、通路、推廣、流程、人員、實體設施…等，有哪些不同意見。然後再對各分類進行更進一步的分析，例如：比較各種問題的比例差異、不同消費者對相同產品的看法、或是進一步分析所討論產品、服務的優缺點…等，如圖 9-4 所示。

圖 9-4　語音轉文字（Speech2Text）的應用
繪圖者：傅嫵珊

關於顧客的語音記錄分析，理想的情況是讓企業可以直接判斷顧客的語音內容、語調、情緒，甚至是顧客言談之中的「弦外之音」。就好像某些顧客打電話到客服，東聊西聊就是不肯快速切入正題，如果電腦能像精明高竿的客服人員一樣，很快地判斷出他是「夭鬼假細禮」，是來索討一些優惠或好處，當然就可以更快速地完成服務。當然，這樣的應用目前的技術還未完全到位，所以語音轉文字的技術，還有很大的運用空間。

身處高度競爭的商業環境，哪些企業能夠快速解決顧客的問題，就能獲得顧客的認同和擁戴。企業在設置客服中心之後，如果還能對語音資料進行後續的分析與決策，相信更能緊緊抓住顧客的心。

SECTION

9-2 多變量分析與機器學習

多變量統計模式

在統計學中，研究「單一變數」或是同時研究兩個變數之間的關係，是最初階的分析方法，而如果同時研究兩個以上的變數（通常是一個自變數，以及兩個或兩個以上的依變數）就是俗稱的多變量統計。

舉例來說，在現實環境中，我們所關心的某種現象，往往不只跟一個變數有關，像是影響 5G 手機銷售績效的變數，不只是手機本身的功能屬性而已，可能還與電信公司的搭配策略、基地台建置數量、顧客可支配所得等因素具有密切關係，因此多變量分析應該對實際的行銷研究工作，較有幫助。

根據周文賢教授在《多變量統計分析》一書中的歸納，多變量統計分析架構如圖 9-5 所示。

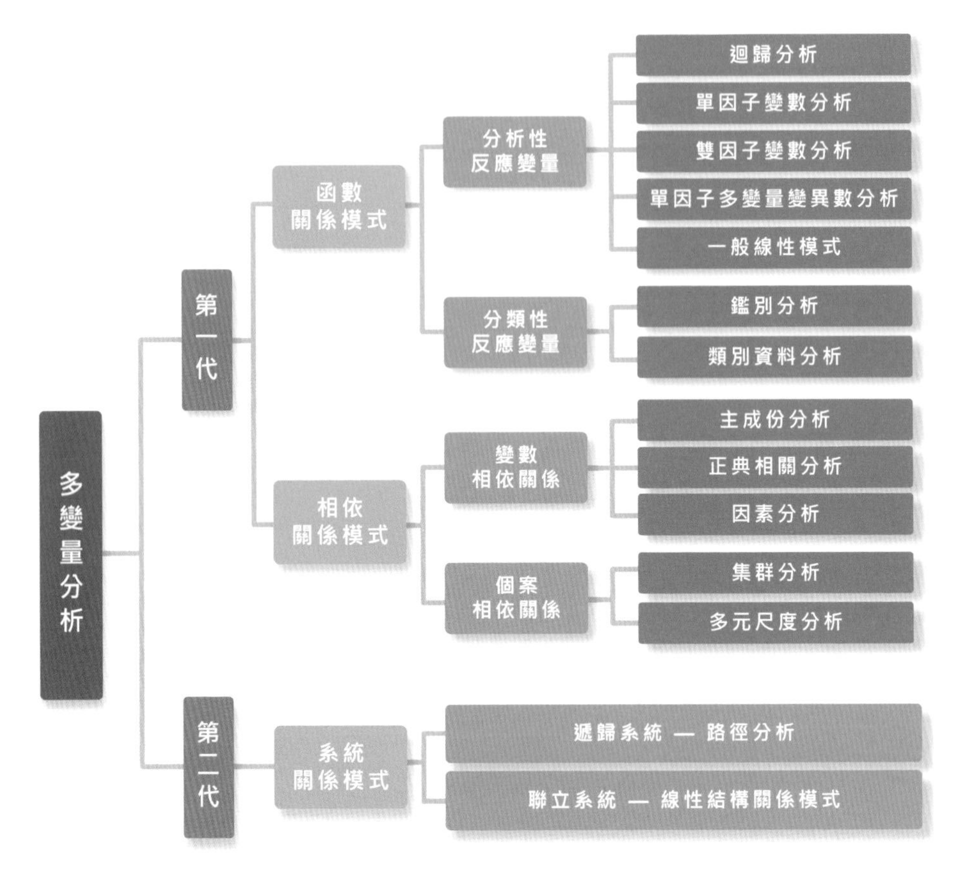

圖 9-5　多變量統計模式歸類
繪圖者：彭媛蘋

★ 資料來源：周文賢，多變量統計分析 SAS/STAT 使用方法，智勝文化。

周文賢教授將多變量統計分成三大類：函數關係模式（Functional Relation Model）、相依關係模式（Interdependence Relation Model）、系統關係模式（System Relation Model）。

其中，函數關係模式又依反應變量的不同，區分為「分析性反應變量統計模式」與「分類性反應變量統計模式」。

分析性反應變量統計模式，包括迴歸分析（Regression Analysis）、單因子變異數分析（1-Way ANOVA）、雙因子變異數分析（2-Way ANOVA）、單因子共變數分析（1-Way ANCOVA）、單因子多變量變異數分析（1-Way MANOVA）、一般線性模式（GLM，General Linear Model）等六種。至於分類性反應變量統計模式則包括：區別分析（Discriminate Analysis）、類別資料分析（Categorical Data Analysis）等兩種。

相依關係模式則依構面減縮對象的不同，分成「變數相依關係統計模式」與「個案相依關係統計模式」。

其中，變數相依關係統計模式包括：主成份分析（Principal Component Analysis）、正典相關分析（CANCORR, CANonical CORRelation Analysis）、因素分析（Factor Analysis）等。另外，個案相依關係統計模式則有，集群分析（Cluster Analysis）和多元尺度分析（Multidimensional Scaling Analysis）等。

至於系統關係模式，主要在探討變數之間是否存在因果關係，內容包括遞歸系統的路徑分析（Path Analysis），以及聯立系統的線性結構關係模式（LISREL, Linear Structure Relation）。

有人形容，消費者的行為有時像是一團「迷霧」，藉由統計分析，讓行銷人得以抽絲剝繭，可以逐步釐清其中的關係。有別於傳統統計方法所注重的「參數估計」和「假設檢定」。多變量分析主要透過分析擁有多個變數的資料，同時探討變數和變數彼此之間的關聯性，或者用以釐清資料的結構。

舉例來說，在系統關係模式中的「路徑分析」主要在於探析變數間的因果關係（Causal Relationship），通常以兩變數之相關係數來衡量其相關程度，但相關係數並無法說明變數間的因果關係。例如：研究者懷疑貧民窟的居民收入與犯罪率之間有正相關，然而在未做路徑分析之前，就不能斷言居民收入是犯罪率高的原因。「多變量統計模式」無論是在社會學或是行銷研究裡，都是一項非常重要的統計工具，值得每位行銷研究者好好學習。

區別分析、因素分析、集群分析

在行銷研究中，行銷人經常為了要區辨出特定消費者的類型，為了解析某些事件的原因，以及將某些物品分門別類，因此會大量用到「多變量分析」中的區別分析、因素分析和集群分析，以下簡單進行說明。

一、區別分析（Discriminant Analysis）

在發展行銷企劃時，企業常常需要將顧客進行「區別」，區分出誰是對公司忠誠度較高的常客？誰是忠誠度較低的非常客？或者誰是對公司貢獻度較大的貴客？要找到這些不同類型的顧客，可透過區別分析（Discriminant Analysis）來完成。

區別分析的目的，乃是根據一組自變數上的測量值，將個體或個人分類至互斥的不同組別當中。實務上，它就是在探討單一分類性變數（如忠誠或非忠誠），對 N 個解釋變數（影響忠誠度與否的許多原因）之統計分析模式。也就是說，區別分析能將每位顧客，分類成忠誠顧客或非忠誠顧客，如圖 9-6 所示。

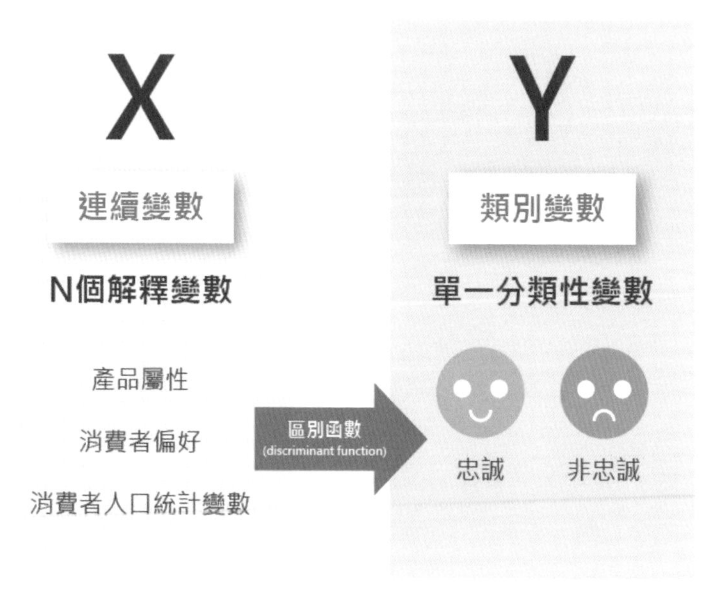

圖 9-6　區別分析
繪圖者：傅嫕珊

區別分析的依變數為類別變數（Categorical Variable），而自變數為連續變數。區別分析適用的情形，主要是依變數的每一個類別都經過清楚和明確的定義，每個受試者或個體屬於其中之一，且事前就已明確了解。因此，區別分析就是以此依變數作為分類或分組的基準，並根據個體在一組自變數上的得分組合方式（稱為區別函數（Discriminant Function），以達成將個體分派到已知組別。

換句話說，依變數中的每個類別（如忠誠或非忠誠）都被清楚定義，裡面的個體屬於哪個類別也很清楚（亦即哪位顧客是忠誠顧客，或非忠誠顧客能明確區分）。區別分析的目的，在於找出有解釋力的變數以及進行預測，這一點與迴歸分析相當類似。同時，依照解釋量的大小，行銷研究人員可以決定要選取多少個區別函數，作為分組或分類的標準。

再進一步看，區別分析在行銷實務上的應用，也可將消費者分成已購買或未購買，並根據產品屬性、消費者偏好、消費者人口統計變數…等，發展出「預測模型」。行銷人員即可透過模型，找出可能購買者的條件，進而發展相關行銷計畫，來接觸與滿足這群消費者。

最後，區別分析除了可以找出資料庫裡忠誠顧客和非忠誠顧客之間的差異，也可以發掘出市場上潛在購買者的樣貌，甚至是分析出會購買競爭者產品的消費者是誰，進而與自己的忠誠消費者進行比較。

區別分析在行銷研究中被廣泛地使用，尤其是對於了解用戶和非用戶之間的差異，以及識別出用戶的某些特質等方面，特別有效。

二、因素分析（Factor Analysis）

行銷人和學界在製作和收回消費者填答行銷研究的問卷時，對於動輒數十題的題項，往往會產生一種困擾，認為究竟有沒有一種方式，可以用比較少的構面（或稱變數）來代表這些眾多的題項，因為題項太多，最終反而容易讓解答太過發散。

事實上，因素分析（Factor Analysis）就是解決這類問題的一種工具。

因素分析法是由英國心理學家查爾斯・斯皮爾曼（Charles Spearman）於 1904 年所發明，他並將此技術應用於智力相關的研究。因素分析可以抽離出各變數背後存在的共同概念（亦稱「共同因素（Common Factor）」）。因素分析能從 N 個可觀察的變數中，萃取出 M 個不可觀察的潛在因素的統計方法，其中 M<N。

斯皮爾曼之所以會有這樣的想法，在於他發現到學生的各科成績之間，往往存在著一定的相關性。因為其中一科（例如數學）成績好的學生，往往其他各科成績（物理、化學）也比較好，從而推想是否存在著某些潛在的共同因素，或者一般智力條件也會影響學生的學習成績。而因素分析可在許多變數中找出隱藏、且具有代表性的因素，將本質相同的變數歸類成一個因素，藉此減少變數的數量。因素分析的概念圖如圖 9-7 所示。

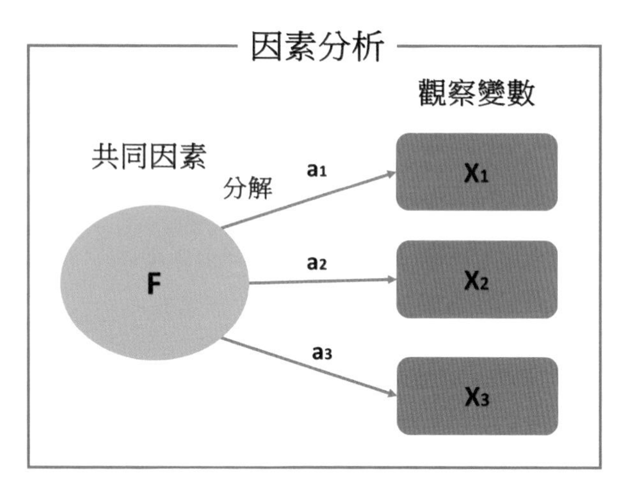

圖 9-7　因素分析
繪圖者：鄭雅馨

因素分析在行銷管理上的應用非常多元。舉例來說：行銷研究人員透過文獻探討與進行專家訪談，發展出數十題網路行銷市場區隔的量表，接著，再根據問卷調查結果，找出具有代表性的關鍵因素，以作為企業在發展網路行銷市場區隔策略時的參考。

三、集群分析（Cluster Analysis）

有一句俗話說「物以類聚」，但是在行銷資料的世界裡，如果沒有人為的處理，性質相同的資料還是不會類聚。我們總要把類似的資料儘量排在一起，才能找到共有的特徵，而「集群分析」正是一種精簡資料的方法，依據樣本之間的共同屬性，將比較相似的樣本聚集在一起，形成集群（Cluster）。

從視覺化的觀點來看，如果每一筆資料在縱橫座標軸上，是一個點。那麼通常以距離作為分類的依據，相對距離愈近，相似程度愈高，資料分群之後可以使得群組內差異小、群組間差異變大。

換句話說，集群分析（Cluster Analysis）的目標，是將樣本分為不同的數個組，以使各組內的同質性最大化，以及各組之間的異質性最大化。而這樣的概念，其實與市場區隔裡的「組內同質、組間異質」，不是很類似嗎？學者邁爾斯（Myers）與陶伯（Tauber）就發現[2]，在市場區隔技術方面，集群分析會優於因素分析。

集群分析能將 N 個樣本，集結成 M 個群體的統計方法，其中 M<=N。

如果所有樣本最後被分為一組，代表這一組裡的成員彼此相對不可區分。

目前，集群分析技術主要有兩大類：階層式分群（Hierarchical Clustering）和切割式分群（Partitional Clustering）。

階層式分群（Hierarchical Clustering）不用指定分群數量，演算法會直接根據樣本資料之間的距離，將距離最近的集結在一群，直到所有樣本都併入到同一個集群之中。階層式分群的結果，可透過樹狀圖來呈現，如圖 9-8 所示。

2 Myers, J.H. and Tauber, E., Market Structure Analysis, Chicago, American Marketing Association, 1977, pp. 68-90.

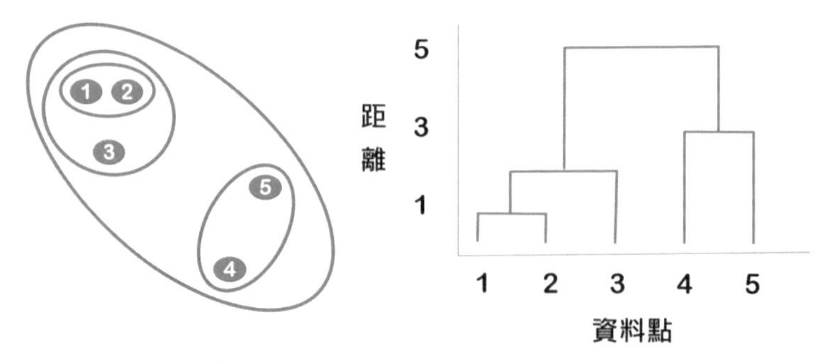

圖 9-8　集群分析——階層式分群
繪圖者：何晨怡

切割式分群（Partitional Clustering）則會事先指定分群數量，並透過像 K-means 等演算法，讓組內同質性和組間異質性最大化。

集群分析主要用於將人分群，所依據的變數通常是描述消費者的特徵（如，人口統計變數、態度、需求…等）。

再舉一個例子，美國職籃就曾將 ESPN 選出的前 25 名球星，包含得分、籃板、助攻、火鍋及抄截等資料。以集群分析法將 25 名球星分成五大類，分別是主力得分群、防守猛將群、控球後衛群、雙能衛與強力前鋒群，供球隊和經理和教練在選秀和調度時參考，這也是集群分析的主要運用方式。

值得一提的是，集群分析的結果往往會隨著「時間」而有所改變，因此在透過集群分析做決策時，應特別考慮到這一點。

人工智慧、機器學習和深度學習哪裡不一樣？[3]

人工智慧（AI）最近越來越紅，但是您知道，人工智慧底下其實還包含「機器學習」及「深度學習」嗎？這三個名詞很容易搞混。事實上，深度學習是機器學習的一部分，而機器學習又是人工智慧的一部分。且三者出現的時間間隔約 30 年，人工智慧早在 1956 年就已出現，機器學習在 1980 年代左右冒出頭來，

3　本篇文章由林欣華（臺灣行銷研究特約編輯）、蘇宇暉（台科大管研所博士候選人）所撰寫。

至於深度學習則是到了 2010 年代才興起，主要是因，深度學習需要足夠數量的資料以及強大的電腦運算速度才能完成（如圖 9-9 所示）。

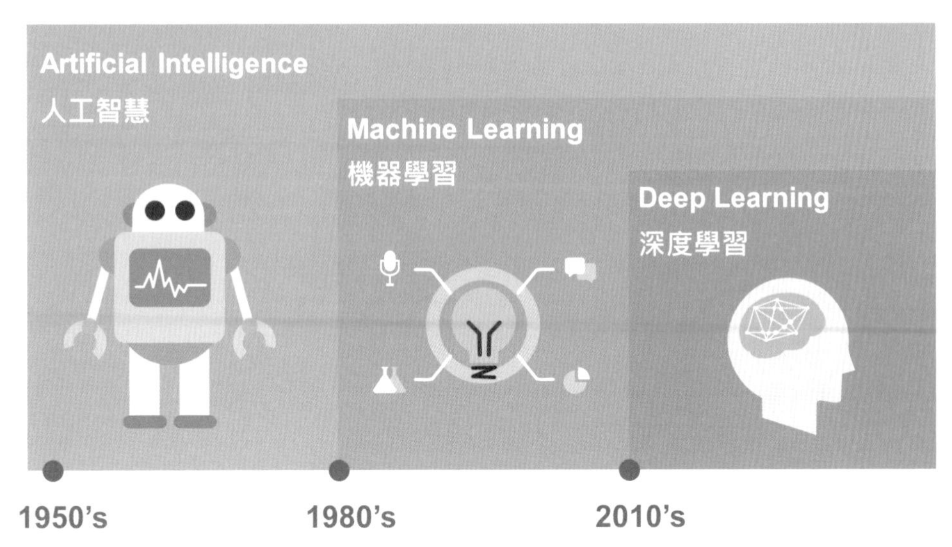

圖 9-9　人工智慧、機器學習與深度學習
繪圖者：彭煖蘋

★ 資料來源：修改自 https://blogs.nvidia.com/blog/2016/07/29/whats-difference-artificial-intelligence-machine-learning-deep-learning-ai/

簡單來說，「人工智慧」就是會自行運算、解決問題的機器。人工智慧最早可以追溯到 1950 年代，身兼計算機科學、數學家、密碼分析學和理論生物學家的英國學者艾倫・圖靈（Alan Mathison Turing），他被視為現在計算機科學與人工智慧之父。

艾倫・圖靈在二次世界大戰期間，負責敵方的密碼破譯工作。而圖靈對於「人工智慧」的發展有諸多貢獻，例如圖靈曾寫過一篇《計算機器和智慧》的論文，一開始就提問「機器會思考嗎？」（Can Machines Think？）內容在闡述機器的思考。他同時提出如何判定機器是否具有智慧的測試方法，即著名的「圖靈測試」。而英國最近為了紀念他，還將他的頭像放上 50 元英鎊新鈔上。

依照學者的分類，人工智慧簡單還可再分為「強人工智慧」及「弱人工智慧」。強人工智慧是指電腦能具有與人相等、甚至超越人類的思考能力，能表現出像人類的智能行為；而弱人工智慧便是「模擬」人類具有思維的行為表現，如圖 9-10 所示。

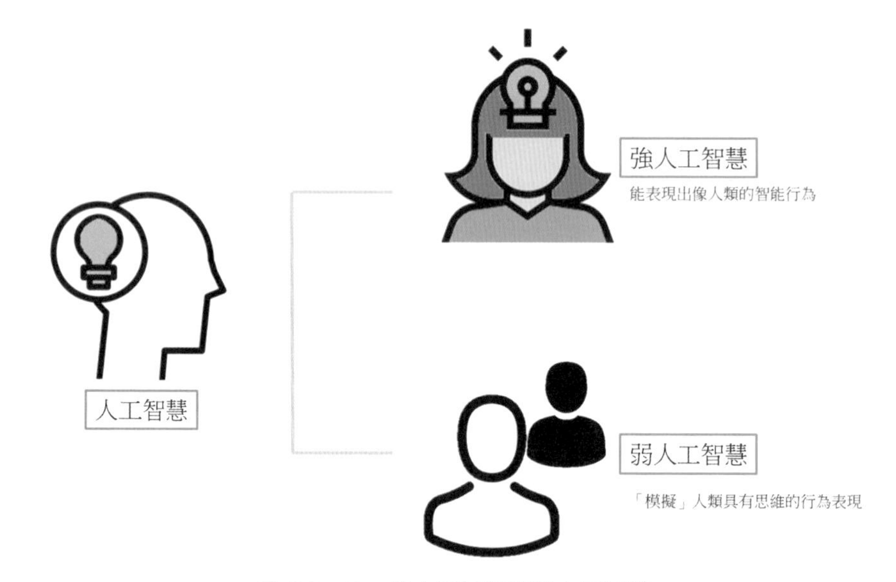

圖 9-10　強人工智慧與弱人工智慧
繪圖者：何晨怡

舉例來說，強人工智慧就像是主動型的學生，會舉一反三的回應老師，內化所吸收的資訊，並藉由所學所思來解決問題；而弱人工智慧則屬被動型的學生，會接收老師所交代的作業，但每往下走一步，都需要老師的指令。事實上，即便至今，電腦的發展還處於弱人工智慧的等級，儘管有自行運算的能力，但都只依照人類希望達成的功能去加以延伸，而非 AI 有意識地去達成。

至於機器學習，單就字面上來看就是機器會自行學習。它其實是訓練機器具有人工智慧的方法，機器學習還可再分成監督式學習（Supervised Learning）、非監督式學習（Unsupervised Learning）、半監督式學習（Semi-supervised Learning）及增強式學習（Reinforcement Learning），如圖 9-11 所示。

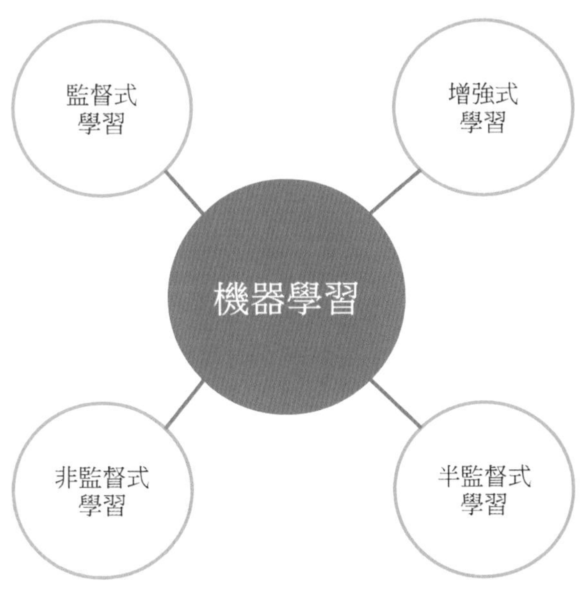

圖 9-11　機器學習的種類
繪圖者：鄭雅馨

台科大資管系教授陳正綱指出，這裡所提到與「監督、半監督和非監督」有關的學習法，其實可以把它想像成有個老師在旁邊給您教材和監督。

以最常被拿來舉例的貓及狗的圖片來説。監督式學習是指給機器 100 張圖片，告訴他哪些是貓，哪些是狗，再讓機器自行找出貓狗各自的特徵。而非監督式學習便是不告訴機器答案，完全讓機器自行判斷，同樣的例子，便是給機器 100 張貓狗的圖片，但不告訴機器哪些是狗，哪些是貓，讓機器自行找出貓狗各自的特徵。

半監督式學習，依上述邏輯，不難發現它就是只給一部份的答案，例如只給機器 20 張的貓狗圖片的答案，剩下的變讓機器自行判斷。最後「增強式學習」是指在學習的過程中，機器會因為每次運行所得到的答案納入學習，便會不斷地強化，例如線上影片平台 Netflix 會因為您每次點的影片不同，而不斷的改變推薦的影片，同時不斷地在一次一次的點擊中，增強自己的推薦能力。

至於「深度學習」其實是機器學習的一個分枝。人類在學習時，大腦會經由神經傳導來學習，而深度學習是仿造人類大腦學習的方式，一層一層下去交互運算，最後判斷出結果，這個原理就叫做人工神經網路，在這個原理中，主要有三層結構，分別為輸入層、隱藏層及輸出層，隱藏層指在內部的運算，而因為隱藏層通常都多達上萬層，才會被稱為深度神經網路，如圖 9-12 所示。

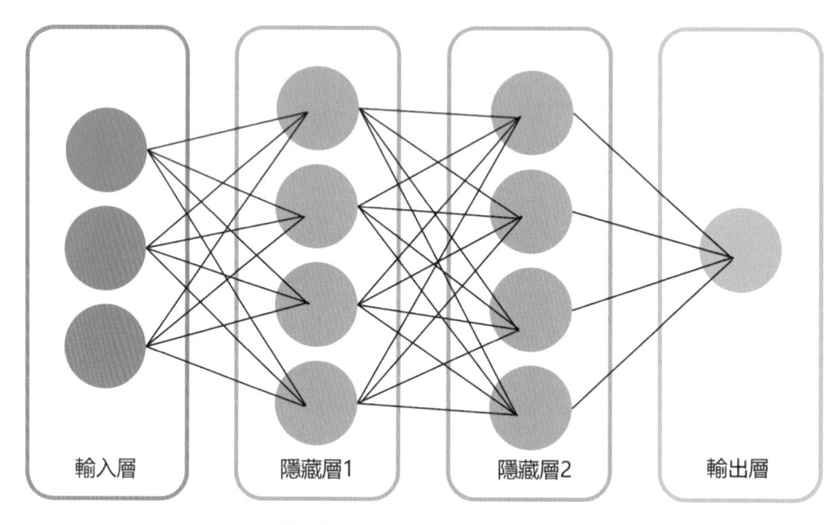

圖 9-12　神經網路的結構
繪圖者：周晏汝

談到 AI 的代表作，就要談談眾所皆知的超級電腦 AlphaGo。2016 年它在與韓國九段棋士李世乭的比賽中，擊敗李世乭而震驚全人類，但其實在與李世乭的比賽中，AlphaGo 是有小失誤的，因此 AlphaGo 團隊 Deepmind 繼續研究改善。到了 2017 年 Deepmind 推出的 AlphaGo Master 便是升級後的版本，AlphaGo Master 在網路上不斷的擊敗許多高手，其中甚至包含了世界第一的高手柯潔。

半年後，AlphaGo Zero 出現了，它沒有得到任何人類的學習經驗，只給它規則，它是靠自己與自己對奕，從中累積經驗及學習，而這便是非監督式學習及增強式學習。而這個毫無任何經驗，只靠自我學習的 AlphaGo Zero 後來還戰勝了 AlphaGo Master。

目前已有許多深度學習的實例，出現在日常生活中，例如：Google 圖片檢索、圖片的偵測人臉、自動駕駛及 Google 的即時翻譯等等。未來，可以確定的是，隨著更多的 AI 科技應用的出現，人類的生活會越來越方便。不過，值得一提的是，也有許多科技人士已開始呼籲，人類千萬不要過度發展 AI，以免到頭來被太過聰明的 AI 所反噬。

機器學習演算法

為了加速理解人類行為，許多科學家每天埋首在電腦前，構思各種不同的機器學習演算法，希望能在被收集到的人類資料中，爬梳、整理和建立出不同的行為模式，以便更佳理解人類這種「奇怪」的動物。企業亦是如此，無不希望藉由各類的機器學習演算法，用來理解百變的消費者。

到目前為止，所謂的「機器學習」並不是指電腦能像人類一樣能夠自我學習，而是從大量的資料中，自動分析以獲得某種規律的模式，同時利用規律模式對未知資料加以預測或分類。

由於在機器學習演算法中牽涉大量的統計和推論統計，並跨越到資訊程式的編寫，加以在資料上，還要加以定義和標記，因此從這個觀點出發，機器學習可以分成「監督」與「非監督」式學習。兩者的差異在於所收集到的資料是否有被標籤（Labeled）。換言之，資料是否有被定義。

假設要讓機器學會如何分辨一張照片上的人，究竟是成人還是幼童，那我們就必須要先有一系列的幼童和成人圖片，同時每一張都有明確標註哪一個是幼童哪一個是大人，讓程式可以藉由標籤來分類，這種方式像是有個老師在旁監督，因此就稱為「監督式學習」。至於「非監督式學習」應用的資料無需被定義，因此只有特徵沒有標籤，若是以前述案例而言，此時演算法僅能根據特徵區分出兩大類型，然而，卻無法得知哪一個類型分別為哪一種。

常見的機器學習演算法，如圖 9-13 所示。

類別	功能	演算法
監督式學習 Supervised	預測 Predicting	Linear Regression Decision Tree Random Forest Neural Network Gradient Booting Tree
	分類 Classification	Decision Tree Naive Bayes Logistic Regression Random Forest SVM Neural Network Gradient Booting Tree
非監督式學習 Unsupervised	分群 Clustering	K-means
	關聯 Association	Apriori
	降維 Dimension Reduction	PCA

圖 9-13　常見的機器學習演算法
繪圖者：謝瑜倩

在監督式學習（Supervised Learning）裡，通常要達到預測（Predicting）與分類（Classification）的目的。在預測方面，例如消費者購買行為預測，一般會以線性迴歸（Linear Regression）、決策樹（Decision Tree）、隨機森林（Random Forest）、類神經網路（Neural Network）、梯度提升決策樹（Gradient Booting Tree）等演算法來進行。

在分類方面，則是對消費者加以歸類，一般會運用決策樹（Decision Tree）、單純貝氏（Naïve Bayes）、邏輯迴歸（Logistic Regression）、隨機森林（Random Forest）、支持向量機（SVM）、神經網路（Neural Network）、梯度提升決策樹（Gradient Booting Tree）等。

至於在非監督式學習（Unsupervised Learning）的部分，常見的功能為分群（Clustering）、關聯（Association）與降維（Dimension Reduction）。實務上，在進行分群時，例如進行市場區隔，一般常用的演算法為 K- 平均（K-means）；在發展推薦系統時，則會用到先驗（Apriori）演算法。至於在降維，則常用主成分分析（Principal component analysis，PCA）。

共生分群的三種規則[4]

「共生分群（Co-occurrence Grouping）」又名「關聯規則探索（Association Rule Discovery）」，是一種常見的非監督式學習。共生分群是在一個資料集當中，探索不同項目之間的關聯性。

關聯規則的應用領域很多。例如在醫學領域[5]，利用關聯規則對參與者進行是否患有異位性皮膚炎的判斷；在農業領域[6]，採用關聯規則網路（ARN）分析綠肥（Green Manure）分解時間的關鍵參數，以便根據這樣的參數培養綠肥，藉此提高生產力。

在行銷實務中，共生分群應用最廣泛的就是超市量販店的購物記錄分析，也就是分析「買 X 商品的人，同時也會買 Y 商品」這樣的問題。例如購買電腦、手機的用戶愛買耳機。企業會根據客戶的購買記錄，尋找何種商品會被一起購買，藉此了解客戶的購買行為和隱藏在背後的商品銷售關係。所以，共生分群又也被叫做「購物籃分析」，如圖 9-14。

4 本篇文章由林孟臻、羅凱揚所撰寫

5 G. Serban, I.G. Czibula, A. Campan, “Medical diagnosis prediction using relational association rules” Proceedings of the international conference on theory and applications of mathematics and informatics (ICTAMI’07) (2008): 339-352.

6 D. Calçada, S.O. Rezende, M.S. Teodoro, “Analysis of green manure decomposition parameters in northeast Brazil using association rule networks” Computers and Electronics in Agriculture 159 (2019): 34-41.

圖 9-14　購物籃分析
繪圖者：鄭雅馨

想像一下我們在大賣場裡推著推車，裡面放了一盒牛奶、一包起司、2 顆蘋果、3 罐飲料、2 瓶清潔劑、一袋洗衣精補充包，如圖 9-14 所示。企業即可針對不同購物籃裡所放置的商品進行分析，進而探討各商品之間背後是否有「關聯」。舉例來說，牛奶和起司是否會一起被購買？購買蘋果的人，通常會購買哪些商品…。企業即可根據這些分析結果，進行商品陳列的設計，或是制訂優惠組合方案，促進購買。

此外，對於透過共生分群分析出來的結果，有時可能有用，有時可能無用。學者將其歸納出三種規則[7]。

- 可操作執行的規則（Actionable Rule）

  此規則包含高品質的資訊，並能協助企業訂定可操作執行的方案。例如：「啤酒與尿布」的故事。禮拜五晚上新手爸爸幫忙到超市買尿布時，也會順便買週末看球賽時喝的啤酒。雖然這個故事被北愛荷華大學教授丹尼爾・包爾（Daniel J. Power）驗證為捏造的，但是共生分群的作用依然顯著。在上述的啤酒與尿布的故事裡，通路商就可以在尿布貨架旁擺設啤酒來捆綁銷售。

7　M. J. A. Berry, G. Linoff, Data mining techniques for marketing, sales, and customer relationship management, 2nd ed. Indianapolis: Wiley, 2004.

- 廣為人知的規則（Trivial Rule）

  有些規則非常通俗易懂，甚至已經成為行業規則，在行銷上已經人盡皆知，並沒有太大價值。例如：許多買修正帶的人會加購替換帶，所以廠商就設計出修正帶加替換帶的促銷包裝方案。

- 無法解釋的規則（Inexplicable Rule）

  這種規則可能找不到原因，可能只是一次的巧合，也無法作為行銷活動的參考。就像烘焙賣場開幕時，銷量最高的卻是廚房用紙。後來發現可能的原因，是因為衛生紙業者在媒體上放出錯誤信息，造成民眾恐慌。

以上三種規則中，廣為人知的規則與無法解釋的規則最常出現。而當出現可操作執行的規則時，也需要進行多次嚴謹的分析，以確保正確。

共生分群——在產品階層的應用[8]

消費者的心是多樣且善變的，有時候，他們的流行喜好在某些因素催化下，可能在一夕之間就完全改觀。有時候，在喜歡 A 產品的同時，也會搭配 B 產品，而不同產品之間的共同喜愛（吃鬆餅配咖啡很對味），或是搭配使用（中秋節要吃月餅也要烤肉），有時是出自故意，有時是出自意外。而隸屬「非監督學習」下的「共生分群（Co-occurrence Grouping）」的關聯規則探索法，則在找出不同資料發生的關聯性。

「共生分群」主要在探索多維度、超大量複雜的資料時非常有效。當您拿到一份非常複雜的資料時，一時間不知道從何下手，那麼不妨先跑一次共生分群的分析可能就會找到一些有用的特徵。運用在非監督式資料採礦上，分析不同形式的原始資料，可以產生簡單明瞭的結論。更重要的是，所採用的計算模式簡單易懂，因此常成為企業行銷或是內部的研發常用的分析工具。

8 本篇文章由林孟臻、蘇宇暉所撰寫

由於處理資料的多樣性是「共生分群」的強項，運用產品階層（Product Hierarchies）[9] 來歸納商品時，項目分得越精細，分析的結果越實用，如圖 9-15 所示。

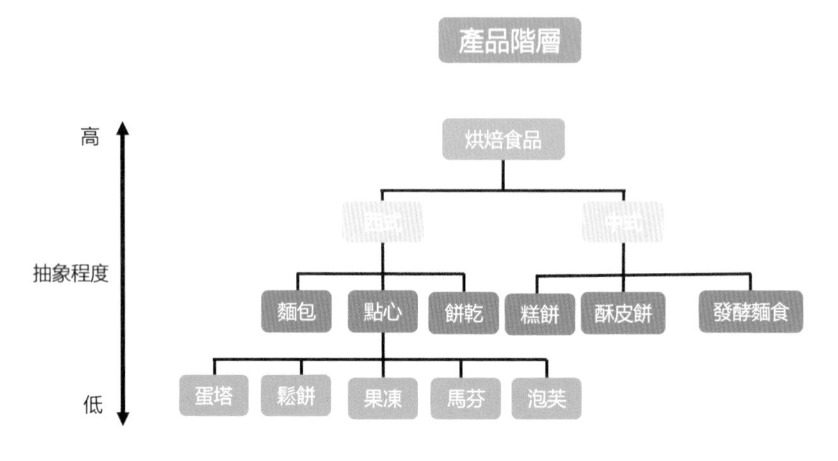

圖 9-15　產品階層
繪圖者：曾琦心

例如在分析一筆有關「中西式烘焙食品」資料時，比起簡單地將資料分為中西式點心，可能會有幾百筆與這兩種烘焙食品有關聯的規則，得到的結果會是「總交易筆數 1000 筆，西式點心與飲料之間出現 860 次，支持度為 86%」。代表西式點心與飲料間有關聯規則，但這樣的規則會因為太籠統而無法應用。

若將西式點心細分為麵包、點心、餅乾；中式點心分為糕餅、酥皮餅、發酵麵食和發粉麵食，再進行關聯分析，得到的結果會是「總交易筆數 1000 筆，餅乾與茶飲料之間出現 600 次，支持度為 60%」，代表餅乾與飲料之間存在著關聯規則，就可以將餅乾和飲料的食品擺放在一起或捆綁銷售。

9　K. Zhang, Y. Cheng, W.K. Liao, A. Choudhary, “Mining millions of reviews: A technique to rank products based on importance of reviews” Proceedings of the 13th International Conference on Electronic Commerce, ACM, New York, NY, USA (2011): pp. 12:1–12:8.

關聯結果可以用來「捕獲」特定消費者，因此企業可以做為商店行銷的目標。如果想要得到更清晰可行的結果，還可以將點心分為蛋撻、鬆餅、果凍、馬芬和泡芙，或是更細的加入品牌、尺寸和倉貯序號。

這種分析方法常用於實體商店或電商的跨品類推薦、購物車聯合行銷、貨架布局陳列、聯合促銷與行銷等，達到關聯項互相銷量提升與共贏，藉此提升客戶體驗和尋找潛在客戶。另外，在推薦系統上，在購物網站中可以根據顧客的瀏覽記錄或購物車清單來推薦其他有關聯性的產品。好比您在購物商城選購了瑜伽墊後，系統就會相應推薦瑜伽服飾和彈力球，甚至是健康食物這類的產品。

除了零售業外，共生分群也常應用在信用卡消費、銀行服務和保險配套服務等領域。不過，在應用上，進行「共生分群」必須注意資料的類型和大小。與其他機器學習方法不同，它分析的資料集格式是交易型資料，分析客戶每一筆交易的內容。如果交易資料量太少、商品種類太少或是客戶一次只買一樣商品，就沒辦法進行分析。另外，如果一筆資料中商品種類太多時，共生分群的運算會以幾何級數增加；如果分類過於繁雜，進行分析時也容易產生沒用的關聯結果。

資料探勘與文字探勘的比較

資訊科技快速進步，使用企業能夠大量蒐集、儲存消費者資料，然而如果這些資料未經整理、萃取和分析，就與堆積在地底下、沒有開發的礦產一樣，無法加值。因此如何由龐大的資料庫中，以「資料探勘」技術有效地提取資訊、自動地發掘可用知識，甚至更進一步整合成企業不可或缺的「商業智慧」，逐漸成為本世紀全球企業所需面對的重要課題。

依據維基百科的定義，「資料探勘」的目標，在於從一個資料集中提取資訊，並將其轉換成可理解的結構，以進一步使用。而資料探勘使用人工智慧、機器學習、統計學和資料庫的交叉方法，而它也是在相對較大型的資料集中「發現模式」的計算過程。

事實上，在企業行銷上，常會使用到資料探勘（Data Mining）和文字探勘（Text Mining）技術。它們的目的，在於使用自動或半自動的方式，從大量的用戶資料中，發掘出隱藏在背後的有用資訊。企業透過資料探勘技術，能找出一些模式或規則，以協助進行商業決策，並帶來更大的商業利益。至於文字探勘則是資料探勘的延伸，要進一步從非結構化的文字資料（Textual Data）中，萃取出對企業行銷服務或商品有意義的資訊。

傳統資料探勘所處理的資料，多以數字為主，比較精確（可以算到小數點後面好幾位），並以「結構式」資料為主。因為這些資料往往有一個固定結構的表格，每個欄位有其明確的定義及數值。資料探勘以這些結構性的資料為輸入，並經過極端值和遺漏值的處理，再透過演算法進行計算，就可得到一些預測模型。

相對於資料探勘，文字探勘（Text Mining）就複雜許多，原因在於它的原始輸入資料，多屬文字的型態，且大多數是由人類語言所構成，許多都沒有特定的結構。這些文字資料的來源，反映在日常生活當中，就像是新聞、或是人們在臉書、LINE、Twitter 和微博上所發表的近況、以及部落格文章…等。不過，儘管它們看似雜亂，而且沒有一定的結構，但這些由自然語言構成的文字型資料中，一樣蘊藏著許多有價值的資訊。表 9-1 是資料探勘與文字探勘的比較表。

表 9-1　資料探勘與文字探勘之比較
製表者：周晏汝

	資料探勘	文字探勘
資料「類型」	結構式資料	非結構式資料
資料「範例」	數字	文字
資料「明確」	數字精確	文字意義可能模糊、文字與背後情緒牴觸等
資料「品質」	遺漏值、異端值等	拼字錯誤、翻譯品質等
資料「分析」	統計分析、預測模型等	情緒探勘、意見探勘等

由於在企業內、外大部分的資料中，以文字資料為大宗，因此，文字探勘也非常重要。文字探勘的重點，在於從非結構文字資料中找到有用的議題或顧客情緒。文字探勘能有系統地識別、擷取、管理、整合與應用文字資料背後所隱藏的知識。

儘管文意可能模糊，文意與背後隱藏的情緒可能完全相反或牴觸，加上有拼字寫法錯誤，或者翻譯品質不佳等問題，但現在拜文字探勘技術的快速進步與搜尋引擎的崛起，還是能在文字探勘中，做出文章的情感與意見探勘。

避免機器產生偏見有方法

美國賓州大學華頓商學院（Wharton School of the University of Pennsylvania）的博士生亞歷克斯・米勒（Alex P. Miller）與教授卡蒂克・霍薩納加爾（Kartik Hosanagar），2019 年 12 月於哈佛商業評論（HBR）數位版上發表了一篇文章《定向廣告和動態定價如何產生偏見？（How Targeted Ads and Dynamic Pricing Can Perpetuate Bias）》。

在這篇文章裡，米勒與霍薩納加爾開宗明義地提到，企業透過「機器學習」所提供的個人化服務，竟然很像普通人一樣，對客戶出現「歧視」。而這些態度與行為，不但會傷害顧客，也會傷害企業。企業主管必須了解這些自動提供個人化服務的決策流程，以求因應之道。

「個人化」的概念非常美好，畢竟能提供每位顧客量身訂製的消費體驗，有機會讓顧客與企業雙贏。但根據米勒與霍薩納加爾的研究，結果卻不是如此。他們研究了數十項電子商務公司的定價模式，並對這些定價模式背後的「定向折扣（targeted discount）」（對不同顧客發放不同類型的折扣）與「動態定價」的方式進行深入探討。研究結果發現，即便系統不知道顧客的收入，但這些動態定價演算法，會自動將較低的價格，提供給收入較高的人。等於收入越高的一群人，拿到越好的價格。

為何會有這樣的狀況出現？

通常企業在發展定向折扣與動態定價系統時，都以利用過去的歷史資料，來進行機器學習，找出不同顧客所能接受的不同價格與折扣。同時，在實際的社會裡，人們所居住的社區，與收入呈現高度相關性。結合以上兩點，這些機器學習系統發現，所得較高區域的人（透過 IP 位址得知）對折扣的回應，比所得較低區域的人來的高。之後，機器透過對這些歷史資料進行學習，並把較好的交易條件（如折扣），提供給最有可能使用折扣的人，如圖 9-16 所示。

圖 9-16　透過機器學習發展折扣策略
繪圖者：彭煖蘋

2015 年，美國一家輔導學生考試的公司「普林斯頓評論（Princeton Review）」，被人發現，他們的線上課程會根據顧客居住地點的不同（透過郵遞區號辨識），而有不同的收費。這樣的差別取價能創造更高的營收，然而一旦被顧客發現，卻可能大幅降低對公司的信任感。

現在，有越來越多自動提供個人化服務的平台不斷地出現，無論是協助企業進行 A/B 測試，優化使用者體驗，或是協助企業進行精準行銷，將廣告投放給特定族群，但也就在這樣的發展趨勢下，導致機器自動產生「偏見」。

米勒與霍薩納加爾建議，類似企業行銷和客服部門主管應該要定期對這些自動化系統進行監督與查核，以避免產生類似上述的問題。

不平衡資料集問題

這位顧客是否會回傳我們精心製作的問卷資料？這張信用卡是否會變成銀行的呆帳？這張保單是否會讓保險公司產生理賠？這台冰箱，是否為我們工廠生產出來的不良品？資料科學家每天無不在思考，如何利用資料預測哪些問題會出現，機率又有多少？在進行商業分析時，資料科學家偶爾會遇到一種情況，那就是「樣本」的分布極不平均，因為即便使用機器學習分類時，還是得面對這種因為「樣本偏移」的重大挑戰

這問題怎麼來的呢？試想一下，一家銀行的數百萬張發出去給消費者的信用卡之中，出現呆帳者的比例是不是很低？在保險公司上千萬張的保單中，出現理賠保單的比例是不是很低？在所有發出的問卷中，回傳問卷的比例也是否很低？這種不同類別（呆帳、非呆帳；理賠、不理賠；回傳、不回傳）的樣本量，非常不平均（例如：100 ／ 1），一旦出現像這樣的資料集就稱為「不平衡資料集」（以上的類別為兩類，屬於二元分類），如圖 9-17 所示。

不平衡資料集

顧客回傳問卷資料？
信用卡是否成為呆帳？
保單是否產生理賠？
冰箱是否為不良品？
樣本分布
極度不平均

圖 9-17　不平衡資料集
繪圖者：曾琦心

回過頭來看，一旦資料集屬於「不平衡資料集」時，一般的分類方法通常無法正確地加以分類。而如果您所處理、分析的資料集為大數據，雖然是「不平衡資料集」，但各類別中的樣本數，最小的都還有數萬甚至是數十萬筆，這樣在進行分類時問題不大。

反之，如果資料集裡各類別中最小的資料量，屬於非常少數的情況下（例如：10,000 名病患中，得到罕見疾病的病患數只有 3 位），這時在機器學習的分類器效果就會受到很大的影響。因為機器學的分類器在訓練時，會因為這種「類別不平衡問題（Class Imbalance Problems）」而產生偏誤，進而導致在「少數類別（Minority Class Examples）」的預測正確率大幅降低。

在這樣的資料型態中，某個特定類別的樣本數，遠遠超過其他類別的樣本數，樣本的分佈呈現偏斜分佈（Skewed Class Distribution）。但反過來看，相較於多數類別樣本，少數樣本反而是較有趣的類別。例如，出現在醫學診斷中的罕見疾病、信用卡審查中的詐騙資料等。

從資料的角度來看，處理不平衡資料集的方法，主要可以透過「增加少數法（Oversampling），或稱過取樣」、「減少多數法（Undersampling），或稱欠取樣」以及「合成少數法（Synthetic Minority Over-sampling Technique, SMOTE）」等抽樣方式，來提升分類器效果。

輸出—數據分析與人工智慧

☑ 資料視覺化—敘述性統計

☑ 行銷管理程序 SWOT、STP、4P

SECTION

10-1 資料視覺化——敘述性統計

敘述性統計的呈現方式——直方圖

先前我們曾經提過，統計學的前半部是以「敘述性統計」為主軸，主要目的在呈現（Presenting）、組織（Organizing）和彙總（Summarizing）資料。除了先前提到以文字資料加數字的表達之外，還有一種就是讓大家一目了然的方式，使用視覺化的「圖表」來表達。

行銷資料科學，很大程度依賴「統計」為基礎，在與大家分享行銷資料科學的過程中，我們必須常常回過頭來介紹統計基礎知識。舉例來說，「敘述性統計」中的圖表，也是在呈現我們所收集的資料集。而這些內容大致不外乎過去發生了什麼事，儘量客觀呈現事實而已。美國著名的資料科學家湯瑪士・戴文波特（Thomas H. Davenport）就指出，「敘述性統計」中就圖表可以拿來表達企業用了多少人、過去賣出些什麼、達成多少生產目標，其中並沒有很高深的數學。

不過，戴文波特也請大家記住一個原則，意即「表格比文字好，圖像又比表格好」。另外，受限於圖表的特性，一旦您在工作上需要呈現某些資料特性，就最好使用特定類型的圖表，例如：要呈現比例的，最好使用「長條圖」、「圓餅圖」或者「兩者的綜合圖」。

以長條圖為例，外表看似簡單的長條圖，常常一點也不簡單。我們以 CIO IT 經理人的《2017-18 CIO 大調查》為例，裡面有一張直方圖《搶攻市場商機 MarTech 不可少》（如圖 10-1 所示）來進行說明。

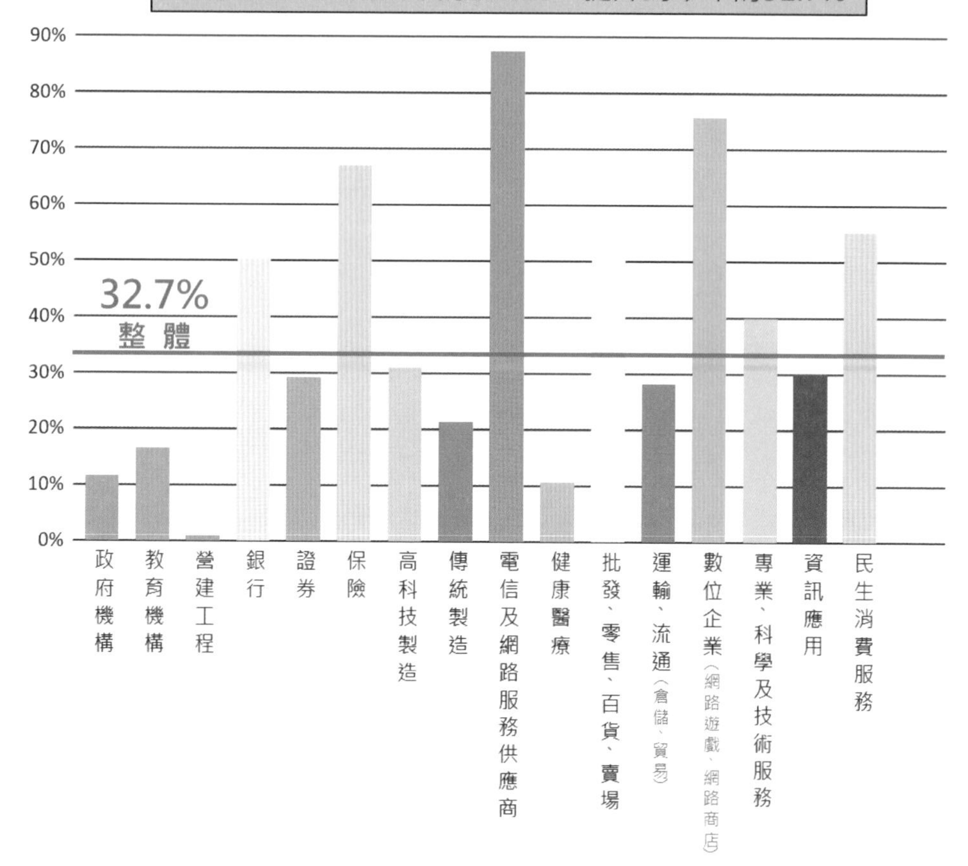

圖 10-1 2017-18 CIO 大調查
繪圖者：王舒憶

★ 資料來源：旗訊科技 CIOIT 經理人 2017-18 CIO 大調查 http://survey.cio.com.tw/download/2017-18ciosurvey.pdf

這張直方圖揭示各產業採用「行銷科技（MarTech）」的比例，從 0% 到接近 90% 不等，整體平均 32.7%。

現在，請大家思考一下，「這張圖的背後，有何管理意涵？」對於採用行銷科技（MarTech）程度高的產業來說（例如電信業、數位企業、保險業、民生消費服務業…等），一旦自己的企業尚未採用，可能就是「落後者」，此時，就可以思考所應採取的作法。

反之，對於採用行銷科技程度低的產業來說（像是營建工程業、健康醫療業、教育業、傳統製造業…等），如果自己企業已經採用，可能就是「領先者」，此時，一樣可以思考應該採取什麼作法。

接著，再依平均值來看。在平均值以上的產業屬於「領先群產業」；在平均值以下的產業屬於「落後群產業」。而落後群產業當中的領先者（例如教育產業中有採用 MarTech 的企業），如果要進行標竿學習，就可以針對這些領先群產業中的企業，進行「跨產業標竿學習」。

看似簡單的長條圖，常常一點也不簡單。

直方圖（Histogram）與長條圖（Bar chart）的差異

直方圖是統計學中，最初步也是最簡單的圖形表示方法之一，透過數根長方型的圖示，就可以表達一組資料集的大致樣態。因此，這種簡單明瞭的表達方式也讓它在各類統計應用中，歷久不衰。

直方圖（Histogram）是每一位初學統計的人的入門課程。如果大家還記得，每位統計老師在第一次上課，介紹到資料集的表示方法時，第一個登場的通常就是「直方圖」。

直方圖的英文為 Histogram，第一次看到這個英文單字，會以為直方圖跟歷史 History 有密切關連，但兩者的關係其實是八竿子打不著。而直方圖還有一個長相近似的孿生兄弟，叫做長條圖（Bar Chart），但兩者在表達資料的用法上，還是有一些差異，如圖 10-2 所示，初學者應該特別注意。

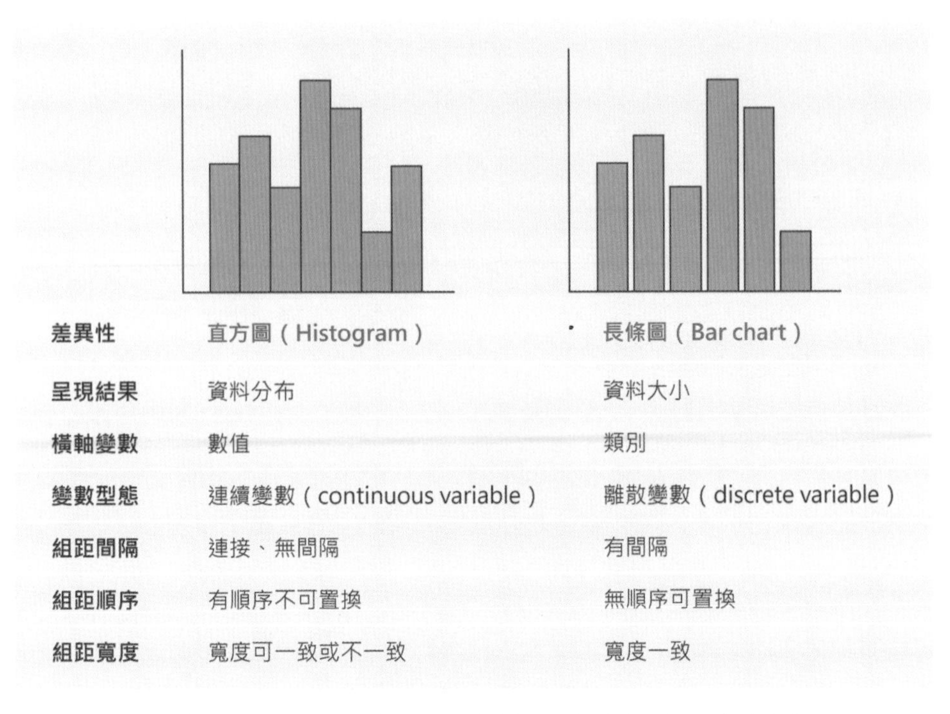

差異性	直方圖（Histogram）	長條圖（Bar chart）
呈現結果	資料分布	資料大小
橫軸變數	數值	類別
變數型態	連續變數（continuous variable）	離散變數（discrete variable）
組距間隔	連接、無間隔	有間隔
組距順序	有順序不可置換	無順序可置換
組距寬度	寬度可一致或不一致	寬度一致

圖 10-2　直方圖（Histogram）與長條圖（Bar Chart）之差異
繪圖者：傅嬿珊

基本上，直方圖主要在呈現資料分布的結果，長條圖呈現的是各組資料的大小。直方圖的橫軸變數為「數值型連續變數」，長條圖則為「類別型離散變數」。至於組距的「間隔」，直方圖各組距之間是連接在一起的，彼此之間沒有間隔；長條圖則是組距之間存在著間隔（有人認為，有間隔才能呈現分布的狀態，並讓直方圖和長條圖能有區隔；但也有人認為，有無間隔，差異不大）。

另外，直方圖的組距是有順序的，所以不可相互置換，而長條圖則無順序，可以置換。但長條圖也因為可以置換，通常在畫出圖形後，可以對橫軸的組別，依次數大小進行排序，以利使用者用在後續的決策制定。

此外，直方圖裡各組距次數的加總，即為條形圖的總面積，每個條形圖背後所佔的面積，就代表每個組距中包含的次數。當組距變大時，會使得條形圖的高度跟著改變，如圖 10-3 所示。

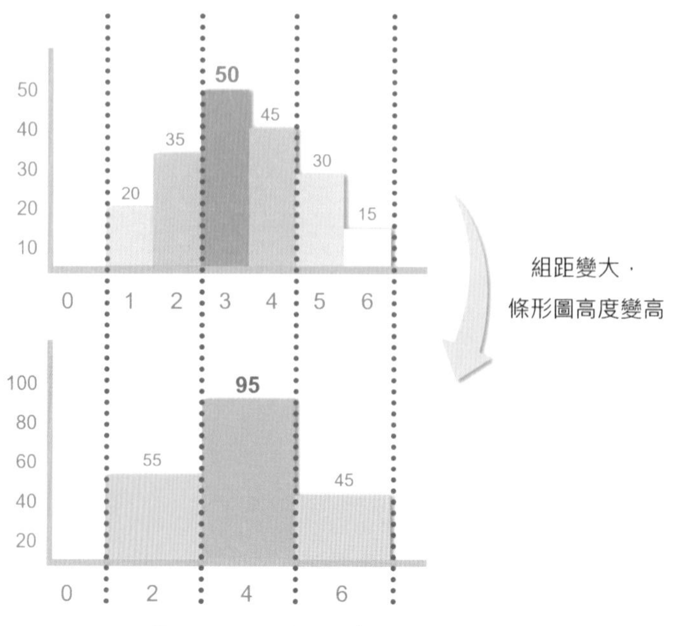

圖 10-3　直方圖各組距次數加總
繪圖者：彭媛蘋

最後，直方圖與長條圖在使用上，有時並不明確。舉例來説，業績報表中常會以「顧客年齡」作為呈現的依據，而年齡是數值型態的連續變數，所以是透過直方圖來呈現（如圖 10-4 所示，在此以有間隔方式呈現）。然而，一旦以顧客業績做為排序的依據時（亦即將顧客業績依高至低進行排列），這時候，各個年齡組距的順序就會被打破，此時就會呈現出企業顧客最重要的年齡組距（如圖 10-5 所示）。

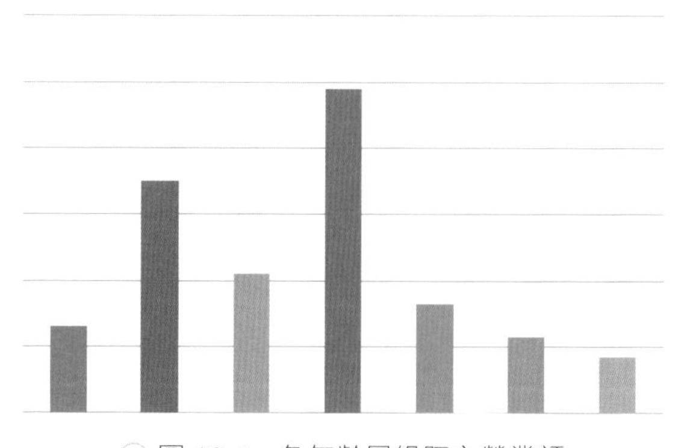

圖 10-4　各年齡層組距之營業額

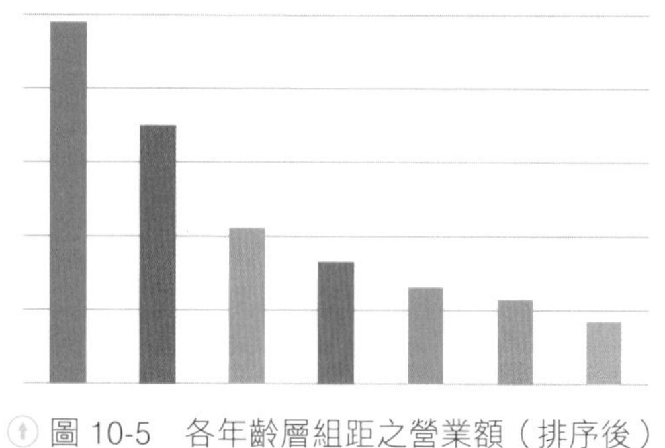

圖 10-5　各年齡層組距之營業額（排序後）

直方圖表面上看似簡單，卻隱藏了一些內涵，值得初學者特別注意。

敘述性統計的呈現方式——其他圖形

統計圖表的類型很多，以大家最常使用的橫排、直排的交叉表（Cross Table）來說，雖然已可大幅簡化收到的資料集，但如果在製作時沒有稍加設計和修飾，直行的變數和橫列的觀察值，在現今表格泛濫的報告中，其實很難吸引使用者的注意。

要顯示變數與變數之間關係的，可以使用「散佈圖」，因為透過縱橫座標的相關位置，搭配各個觀察值散佈的點，可以看出變數間呈現「正相關」、「負相關」或者根本「無關」。此外，像是以前在電玩遊戲中，常用在呈現英雄人物不同特質的「雷達圖」就很適合用來展示多個不同「變數」之間的數量或比值。

至於如果你要展示資料的分佈，可以使用「次數分配表與直方圖」、「莖葉圖」或者統計軟體 minitab 的最擅長的「箱形圖」；至於要呈現「次數分佈」的資料，可以使「次數分配折線圖」、「次數曲線圖」。

再以最近頗流行的「文字雲」來說（如圖 10-6 所示），因為它的顏色七彩繽紛，加上又可清楚看到中、英文文字，就獲得不少好評，但它其實沒有什麼高深學問，它就是「次數分配表」的概念，因為在資料中出現越多次的單字或單詞，會越放在文字雲的中間、字體越大。

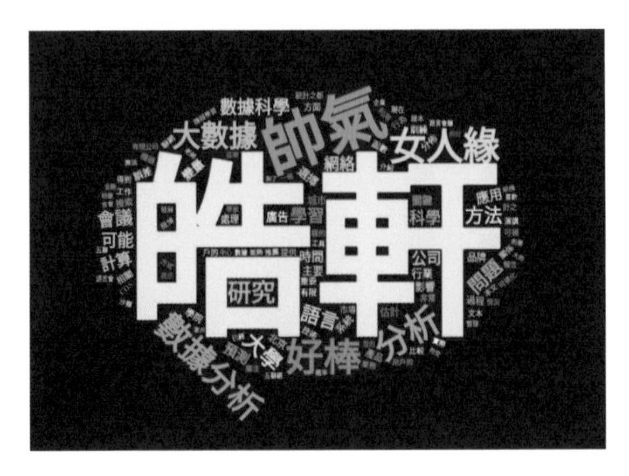

圖 10-6　文字雲

這裡有個有趣的實驗，如果您會使用 R 或 Python，您可以把自己身邊「友達以上、戀人未滿」的男友或女友寄給您的電子郵件，統統輸入進電腦跑一遍，您就會發現在他 / 她在信件中，用的哪些單字或單詞最多，或許他 / 她正在對您表達好感，只是您還沒有發現，「文字雲」可能有助於讓您發現端倪喔。

另外，在表達時間序列上，則以折線圖居多，並搭配上時間或日期為主。資料科學家湯瑪士・戴文波特（Thomas H. Davenport）指出，視覺化分析越來越受重視，主要是資料科學家必先搶得使用者或企業管理者的「眼光」，受到他們的青睞，才有可能進一步使資料受到重視，進一步化為輔助管理者的決策。

倫敦鬼圖（The Ghost Map ）

十九世紀的倫敦，正處於工業革命的浪潮，大量的農村人口往城市移入，形成一個 200 萬人口的工業城市。當時的城市建設發展趕不上快速移入的人口，同時沒有汙水處裡系統，不僅導致糞便滿溢、惡臭頻頻發生，並同時直接排進居民賴以飲用維生的泰晤士河。

當時英國的糞便問題有多嚴重？在 1842 年出版的一份英國公共衛生報告裡，提到為了抑制霍亂的蔓延，英國政府在中部大城里茲（Leeds）一處名為「靴子和鞋場」（Boot and Shoe Yard）的建築裡，清出 75 輛馬車的糞便。

面對霍亂的疫情，大多數的醫生認為霍亂是源自於骯髒環境所生成的瘴氣（miasma）。當時的整治辦法是清理污穢、加強通風、排除積水…等。甚至還有醫生宣稱，只要使用他所研發的除臭劑，就可以降低感染霍亂的機率。當然，這些做法，並沒有辦法抑制霍亂的擴散。

1854 年 8 月 31 日到 9 月 3 日，英國再次爆發了霍亂疫情，倫敦蘇活區（Soho）共有 127 人死於霍亂。一星期內，更有超過 500 人死亡。

這時，約翰・史諾（John Snow）醫師著手進行研究，並對居民進行訪談。同時，由於斯諾醫生之前就懷疑霍亂可能是透過水所傳染。所以，他特別針對水泵進行調查。

史諾醫生發現，幾乎所有的霍亂病例都集中發生在布拉德街水泵（Broad Street Pump）附近。只有 10 個病例更接近另一台水泵。而在這 10 個病例中，其中有 5 人是從布拉德街水泵取得了水源，3 人則是在布拉德街水泵附近上學的孩子。史諾將病患與水泵的位置標誌在地圖上，而這張地圖就是公衛學界俗稱的「鬼圖（The Ghost Map）」，如圖 10-7 所示。

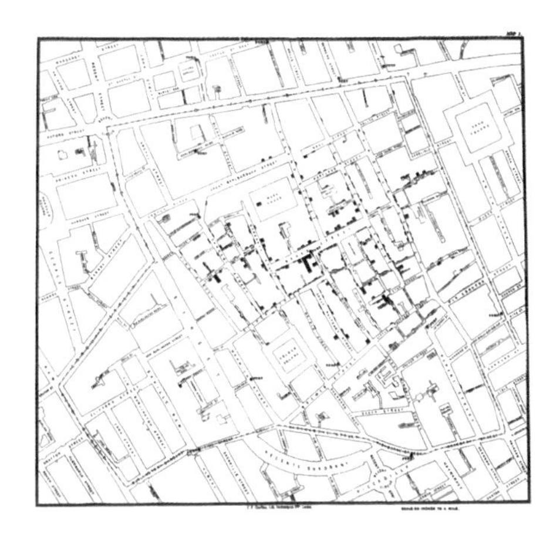

圖 10-7　The Ghost Map

1854 年 9 月 8 日，當時西敏寺・聖詹姆斯教區管理當局正在開會討論如何因應霍亂的疫情，史諾帶著他的調查報告出席，並說服管理當局下令拆除布拉德街水泵的搖把。而不久，市政府就在拆除了搖把之後（如圖 10-8 所示），讓霍亂終於停息。

圖 10-8　布拉德街水泵（Broad Street Pump）

★ 資料來源：CC BY-SA 2.0 https://commons.wikimedia.org/wiki/File:John_Snow_memorial_and_pub.jpg

經過這次事件之後，代表著政府根據科學化的研究，找出解決問題的關鍵，能夠有效抑制霍亂。這也成為流行病學裡的一個重要起始點。而史諾醫師，也因為創意的視覺化資料呈現（把地圖和發病患者相套疊），以及具有洞見的病因推測留名青史，更被後人稱為「現代流行病學之父」。

企業營運「儀表板」建構須知

搜集、分析和運用資料是企業進入大數據時代，必須從事的重要工作之一，而這些資料也必須送到決策者手上，讓他們允分知曉和使用，才能產生價值。但是，資料通常是靜態、散居各處的，當要使用時才去尋找，將導致這些資料無法即時派上用場。因此，庫馬等人主張，將各類資料和指標，整合到一個具有前瞻性的「儀表板」中，並以動態且即時的方式，提供給決策者。

會開車的人都知道，開車時除了必須緊盯著前車與路況外，三不五時還得看一下方向盤後方的汽車儀表板。因為它會告訴您時速、引擎迴轉速和水箱、電瓶等情況，讓駕駛人可以有效診斷資訊、操作車輛並安全抵達目的地。現在，隨著企業所需資料的複雜性和多樣性持續增加，許多企業開始出現「儀表板」的需求，以作為經理人製訂決策時的參考。而學者庫馬（Kumar V.）等人就提出資料種類的架構，協助企業開發具有各種關鍵指標的「儀表板」。

庫馬指出，行銷儀表板可定位成將企業的關鍵指標整合進「單一顯示幕（Single Display）」，才可以避免資料所帶來的資訊超載、散居各處、管理偏見、缺乏透明度和責任分散的潛等問題，以符合企業整體需求。

他們並舉例，類似常新貴客（RFM）資料雖然寶貴，但它們無法即時傳達給行銷人，告訴他們哪些顧客可能會購買、哪些客戶很忠誠，或者他們有多少利潤，因此還必須搭配其他資料，才能告訴行銷人如何有效提高成效機會。那一個好的儀表板究竟該整合多少種類型的資訊呢？

庫馬等人的建議包括（如圖 10-9 所示）：

1. 交易資料：利潤、購買時間、頻率…等
2. 行銷資料：電子郵件、直接郵寄廣告、推廣活動…等
3. 人口統計資料：年齡、收入、職業…等
4. 態度資料：資料分析、神經（生理）資料…等
5. 企業資料：投資、行銷支出、市場占有率…等

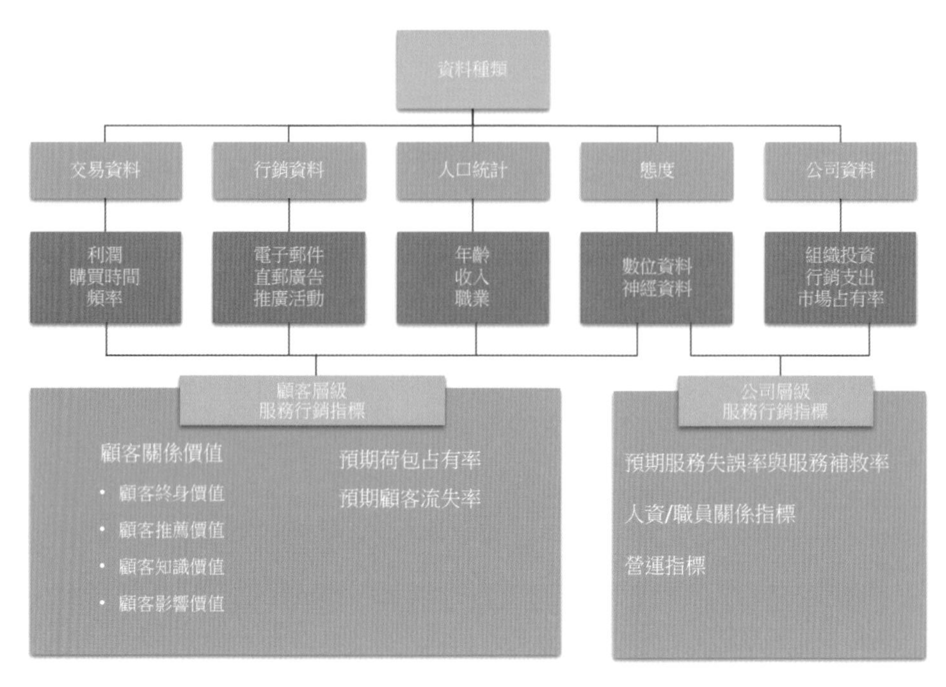

圖 10-9　儀表板的資料種類架構
繪圖者：何晨怡

★ 資料來源：Kumar, V., Veena Chattaraman, Carmen Neghina, Bernd Skiera, Lerzan Aksoy, Alexander Buoye and Joerg Henseler (2013), "Data-driven services marketing in a connected world," Journal of Service Management, Vol. 24 No. 3, 2013, pp. 330-352

其中，前四項資料能協助計算出顧客層級的服務行銷指標，像是顧客關係價值、預期荷包佔有率和預期顧客流失率三項。至於第四和第五兩項資料交叉後，則能協助計算出公司層級的服務行銷指標，如預期服務失誤率與服務補救率、人資 / 職員關係指標和營運指標等。

值得注意的是，在企業設計儀表板時，還要注意分層設計的問題，通常店經理只要查看各分店的相關資訊，區域經理則看到區域儀表板，而執行長會看到 CEO 的儀表板，同時也必須為營運人員和研究人員量身定制不同的儀表板（或報告）。

SECTION

10-2 行銷管理程序 SWOT、STP、4P

AI 行銷學研究議題

芬蘭圖爾庫經濟學院（Turku School of Economics）博士後研究員梅哈伊爾・穆斯塔克（Mekhail Mustak）等人，在 2021 年的《商業研究期刊（Journal of Business Research）》上，發表了一篇文章〈AI 行銷學：主題建模、科學計量分析、和研究議程（Artificial intelligence in marketing: Topic modeling, scientometric analysis, and research agenda）〉。他們透過人工智能（AI）技術（如自然語言處理、機器學習和統計演算法等），分析 AI 行銷學的文獻，並提出 10 項研究主題。

1. 理解消費者情緒（understanding consumer sentiments）
2. 人工智慧的工業機會（industrial opportunities of AI）
3. 分析顧客滿意度（analyzing customer satisfaction）
4. 電子口碑的洞見（electronic word of mouth based insights）
5. 改善市場績效（improving market performance）
6. 人工智慧品牌管理（using AI for brand management）
7. 衡量和增強顧客忠誠度和信任度（measuring and enhancing customer loyalty and trust）
8. AI 和新穎服務（AI and novel services）
9. 使用 AI 改善顧客關係（using AI to improve customer relationships）
10. AI 和策略行銷（AI and strategic marketing）

圖 10-10 為 AI 行銷學文獻年度發的表數量。從圖中可發現，2014 年之後，AI 行銷學的研究開始大量出現，這部分呼應也呼應了行銷資料科學的發展。

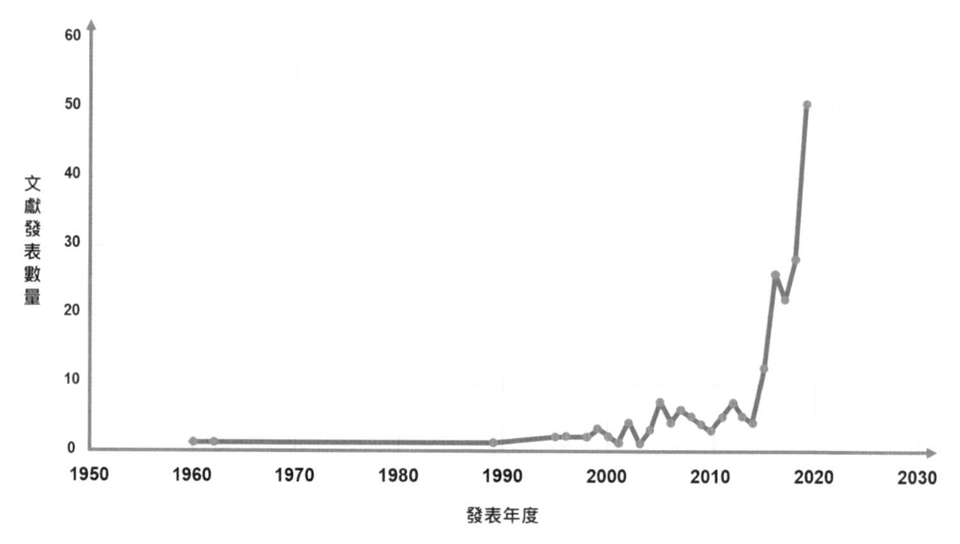

圖 10-10　AI 行銷學文獻年度發表數量
繪圖者：彭煖蘋

★ 資料來源：Mustak, Mekhail, Joni Salminen, Loïc Pléc, Jochen Wirtz, (2021), “Artificial intelligence in marketing: Topic modeling, scientometric analysis, and research agenda,” Journal of Business Research, Volume 124, January 2021, Pages 389-404.

這十大項主題中，又可區分成與消費者有關，以及與組織策略有關兩大類，其中在 AI 行銷學的文獻探討裡，有六項與消費者相關的研究包括：理解消費者情緒、分析顧客滿意度、電子口碑（eWOM）的洞見、人工智慧品牌管理、衡量和增強顧客忠誠度和信任度，使用 AI 改善顧客關係　如圖 10-11 所示。簡單介紹如下：

理解消費者情緒

AI能協助企業理解和預測消費者情緒

人工智慧品牌管理

用戶生成的線上內容提供了重要的資料來源，使其可透過較高的時間頻率，挖掘資料背後的管理意涵

分析顧客滿意度

AI還可協助企業分析顧客的態度和行為，衡量各種行銷計劃的效果

衡量和增強顧客忠誠度和信任度

AI可以協助企業構建顧客忠誠度模型，進而為企業提供增強顧客忠誠度管理的工具

電子口碑（eWOM）的洞見

AI還可協助分析eWOM，並預測eWOM傳播者對產品或服務的態度

使用AI改善顧客關係

透過AI，企業可以建構關係行銷模型，了解影響顧客關係的潛在因素

圖 10-11　AI 行銷學消費者相關研究
繪圖者：彭煖蘋

1. 理解消費者情緒

AI 能協助企業理解和預測消費者情緒。例如，利用大數據分析工具，對消費者在線上的意見、回饋、態度或看法等進行深入的調查，而這些顧客資料通常是非結構化（如文本、圖像、音頻和視頻）。透過 AI，行銷人可識別資料中的結構、基本涵意和主導情緒，獲得顧客尚未滿足需求的洞見，提出產品和服務創新機會。

2. 分析顧客滿意度

AI 還可以協助企業分析顧客的態度和行為，衡量各種行銷計劃的效果。Leminen 等學者曾分析 13 萬名客戶對航空公司服務的意見，以及客戶滿意度的詳細資訊，並預測他們再次使用這些服務的意願。

3. 電子口碑（eWOM）的洞見

AI 還可以協助分析 eWOM，並預測 eWOM 傳播者對產品或服務的態度。企業使用機器學習技術分析大量線上評論，能夠更快更好地洞悉消費者的評論和反應，從而使公司對消費者的 eWOM 做出更迅速的反應。已有研究證明，利用文本分析產生的語言指標，可預測 eWOM 發送者對產品或服務的態度，也為文字探勘的有效性和實用性，提供證據。

4. **人工智慧品牌管理**

用戶生成的線上內容（UGC），為行銷人員提供了重要的資料來源，使其可以透過較高的時間頻率（例如每週甚至每天），挖掘資料背後的管理意涵。此外，企業可透過 AI 進行各種維度的品牌地圖動態分析，無論是品牌定位、品牌個性、品牌競爭關係…等，這些資訊，對於企業在進行品牌管理和提升客戶忠誠度，具有重要的幫助。

5. **衡量和增強顧客忠誠度和信任度**

AI 可以協助企業構建顧客忠誠度模型，進而為企業提供增強顧客忠誠度管理的工具。此外，AI 可以為企業提供各種預測模型，協助建構推薦驅動的數位行銷策略。同時結合大數據和機器學習來協助進行個人化的顧客推薦，以提高顧客忠誠度。

6. **使用 AI 改善顧客關係**

利用物聯網解決方案與關係行銷策略相結合，可提高績效並建立長期成功的關係；透過人工神經網路分析，提供對關係品質潛在決定因素的見解；利用大數據各種來源，研究人員可以創造價值合理的資料基礎架構，例如進一步將顧客進行分類，針對不同類別的顧客，進行不同類型的顧客關係管理，以維持與改善顧客關係。

此外，這十大項主題中，後四項則與組織策略有關，其中的次主題包括：人工智慧的工業機會、改善市場績效、AI 和創新服務、AI 和策略行銷，如圖 10-12 所示。

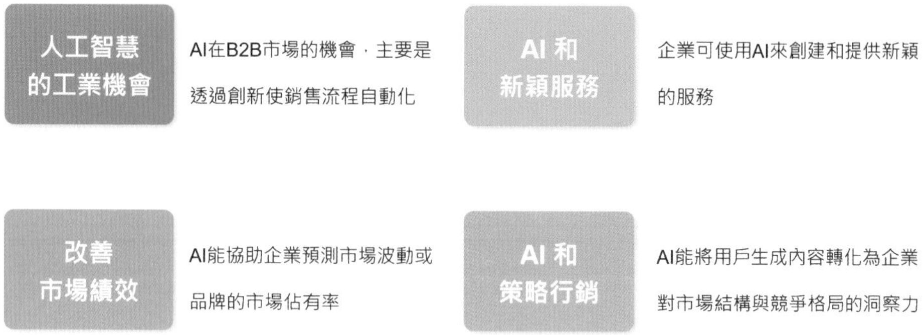

人工智慧的工業機會	AI在B2B市場的機會，主要是透過創新使銷售流程自動化	AI 和新穎服務	企業可使用AI來創建和提供新穎的服務
改善市場績效	AI能協助企業預測市場波動或品牌的市場佔有率	AI 和策略行銷	AI能將用戶生成內容轉化為企業對市場結構與競爭格局的洞察力

圖 10-12　AI 行銷學——組織策略相關研究
繪圖者：彭煖蘋 _

1. **人工智慧的工業機會**

人工智慧在 B2B 市場有什麼商機呢？主要是透過創新讓銷售流程自動化。AI 還能協助企業強化「市場區隔」能力，同時透過資料採礦技術，開發提升獲利能力，有一點與以前不同的是，AI 會促使企業購買更新、附加價值更高的商品和服務，而非購買便宜貨。

2. **改善市場績效**

以往企業做行銷活動都得等到活動結束後，才能計算出活動整體績效，而 AI 能協助企業預測市場波動或是品牌的市佔率。此外，研究也證實人工神經網路，會比傳統用人口統計變數來做顧客定位的主成分分析，有更高的準確性。

3. **AI 和創新服務**

企業可使用 AI 來創建和提供創新服務。例如已有飯店業透過服務機器人來取代第一線的工作人員。此外，目前已有研究，調查究竟是人型外表機器人，或具有社交功能的機器人，比較能有效增進顧客信任。

4. AI 和策略行銷

AI 能將用戶生成內容（UGC）轉化為企業對市場結構與競爭格局的洞察力，但 AI 對策略的影響還不只這樣。從策略發展角度來看，經理人的策略意圖和物聯網的整體產業驅動力，如果再結合客戶、企業家精神、技術和策略發展的文化取向，為策略性 AI 發展做出貢獻。

從行銷研究到行銷資料科學

行銷人以調查消費者行為為職志，行銷公司更是隨時在追蹤消費者行為、態度的變化，而如果您曾經搜尋過從事行銷研究公司的官方網站，一定可以發現他們的業務範疇包括競爭者調查、消費者調查、價格調查、商圈調查和民意調查的市場調查；收視率調查、媒體效果研究的媒體研究；品牌管理、產品概念測試、廣告效益評估的專案執行，以及行銷策略和各類行銷業務諮詢的顧問諮詢等，如圖 10-13 所示。而整體看來，這些業務範疇的本質，無非是以「調查」為主，而這一部分更呼應我們之前提到的，行銷研究多以調查、分析為主要目的。

- 競爭者調查
- 消費者調查
- 價格調查
- 商圈調查
- 民意調查的市場調查

- 收視率調查
- 媒體效果研究的媒體研究

- 品牌管理
- 產品概念測試
- 廣告效益評估的專案執行

- 行銷策略
- 各類行銷業務諮詢的顧問諮詢等

圖 10-13　行銷研究公司常見的業務範疇
繪圖者：傅嫵珊

至於行銷資料科學，主要是透過「機器學習（Machine Learning）」對內部和外部資料加以分析與建模，為企業帶來「數據分析（Data Analysis）」與「人工智慧（Artificial Intelligence, AI）」的成果。這也是提供行銷資料科學服務的公司，主要的業務範疇。

基本上，這樣的業務範疇本質，其實不只是「調查」，還包括「預測」與「系統」，如圖 10-14。這部分也呼應我們之前提到的，行銷資料科學不只包括研究分析，還包括資料產品。

圖 10-14　行銷資料科學的業務範疇
繪圖者：謝瑜倩

從行銷研究到行銷資料科學，就業務的本質來看，可以分成：調查（Survey）、預測（Prediction）與系統（System）。這裡的系統，主要又以人工智慧系統為主。

一般來說，行銷資料科學的「調查」與行銷研究的調查頗為類似。多半是在資料蒐集、資料分析與資料呈現上工具的應用。例如：企業透過網路爬文技術，調查網路口碑，至於「預測」則是能針對企業所欲了解的行銷變數（如消費者的態度與行為）加以預估。例如：全美第二大連鎖量販店塔吉特（Target）公司透過數據分析，進一步預測女性消費者可能已經懷孕，以及未來妊娠期間的消費需要。

至於人工智慧（AI）系統，在實務上，則包括：「＋人工智慧（AI）」與「人工智慧（AI）＋」，如圖 10-15。

+人工智慧（AI）

將企業現有的產品或服務，透過人工智慧（AI）產生價值。

人工智慧+教育
打造因材施教的
智適應學習系統

人工智慧（AI）+

透過人工智慧（AI）的視角，用顛覆傳統的方式，重新檢視現有產業，甚至創造新的產業。

圖 10-15　＋人工智慧（AI）與人工智慧（AI）＋
繪圖者：謝瑜倩

所謂「＋人工智慧（AI）」，意指將企業現有的產品或服務，透過人工智慧（AI）產生價值。例如：教育＋人工智慧，就是現有教育產業的業者，思考如何透過人工智慧（如 AI 自動批改英文作文），來為自己的服務進行加值。

更進一步的「人工智慧（AI）＋」則是指透過人工智慧（AI）的視角，用顛覆傳統的方式，重新檢視現有產業，甚至創造新的產業。以人工智慧＋教育為例，中國的松鼠 AI 公司，透過 AI 技術，打造出「智適應學習」系統，讓每一位學生，透過檢測系統，診斷出學生在學科上知識點的不足之處。接著根據不同學生的弱點，推播他應該先行了解的知識點課程，以確保之後的學習能夠更有效。最終來看，這種「人工智慧（AI）＋教育」的模式，已經相當貼近孔子一生所追求的「因材施教」。

Google 店家評比分析與示警

消費者的行為是不斷在改變的，進入網路時代，消費者的行為已和以往大不相同。不知道您是否跟我一樣，在考慮上門光顧一家餐廳之前，都會先上 Google 瀏覽一下，這家餐廳所提供的菜單、必點菜色、服務、價位和附近交通，同時也會看多數消費者給這個店家的評等星級，以及評論內容，然後在心中逐步建構出對這家餐廳的印象。

一個有趣的現象是，如果這家餐廳的評論非常多，多達幾百則以上，而且它的星級評等分數很高（4.5 分以上），網友評論的內容，又讓您覺得很中肯（感覺不是寫手寫的，或是老闆故意操作、斧鑿很深）。這時候，我們光顧它的機會就會大增。

反之，較低的星星數以及負面不佳的評論，可能就會讓我們在還沒踏進店家之前就先止步，將該店家列入不考慮的名單中。幾個簡單的星星和評論，就已經在左右我們這些消費者上門光顧的意圖。

從以上的敘述來看，這些星級評走強走弱，會直接影響到自己的生意，尤其是對於那些在全國各地有很多分店的連鎖型企業，更是必須隨時注意這些消費者所給予的資訊。但是，如果一家企業要用人工來搜尋、整理、示警、分析、回應這些評論，相當沒有效率。現在，透過行銷資料科學的應用，企業可以開發出 Google 店家評比分析與示警系統，即時做好店家評比的管理。

以下，便以某連鎖企業的系統畫面為例來說明。該企業透過 Python 撰寫了一套系統，並透過 Selenium 動態爬蟲抓取各分店的評分資料。之後，再定期對各分店的評分資料進行量化與質化的比較，同時進行（不同時間點的）趨勢分析。此外，該系統透過 Python 連結 line Bot 機器人，即時讓行銷人員獲得消費者在網路上的評分與留言，讓行銷人員能立即針對正面與負面評價進行回應，以做好 Google 店家評比管理。

圖 10-16 即是該系統的 Google 店家評比分析與示警系統的畫面。該畫面呈現出各分店在 Google 上的評分分布狀況。

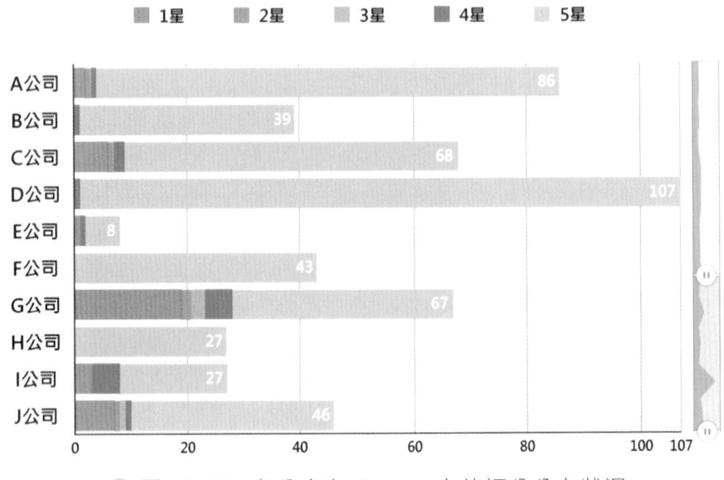

圖 10-16　各分店在 Google 上的評分分布狀況
繪圖者：傅嬿珊

此外，該系統還能針對所蒐集的資料進行情緒分析，針對星等、情緒與聲量的分布進行呈現，如圖 10-17 所示（註：圖 10-17 和圖 10-16 為不同資料集）。

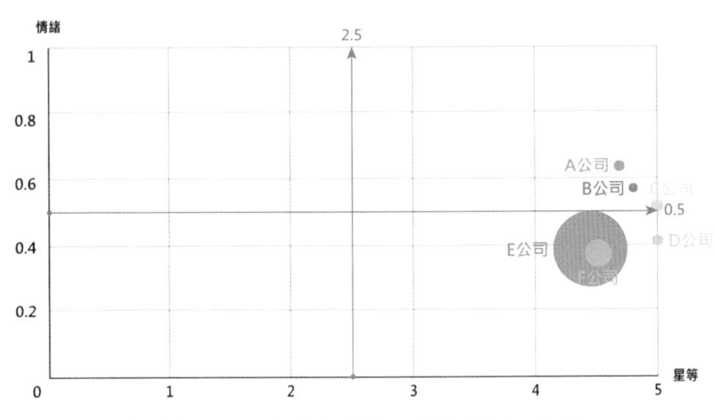

圖 10-17　各分店星等、情緒與聲量的分布
繪圖者：傅嬿珊

這些視覺化工具，能夠協助各級業務主管與行銷人員，針對 Google 評論進行「管理」。

AI 來助陣——企業價值鏈的再擴充

哈佛大學教授麥克波特（Michael E. Porter）在研究企業生產產品，銷售給消費者多年後，提出一個迴異於過去的「價值鏈（Value Chain）」的理論。他認為，「價值鏈」是指企業投入資源，經過轉換至輸出，以「創造顧客價值」的活動過程，其中包含企業各項主要活動和支援活動（如圖 10-18 所示）。而各個企業如果能透過價值鏈的分析，就有機會獲取「低成本」或是「差異化」的競爭優勢。

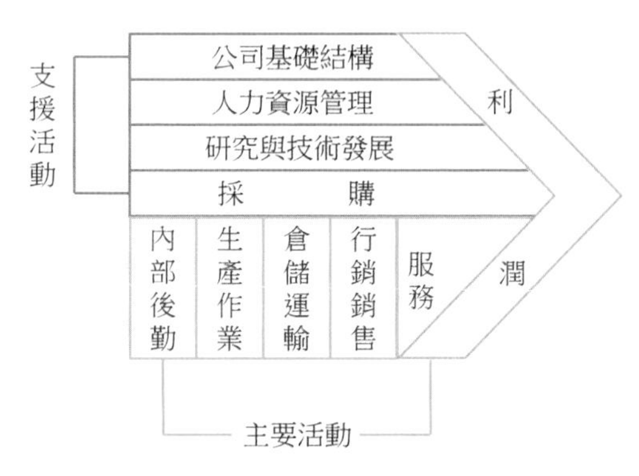

圖 10-18 企業價值鏈
繪圖者：鄭雅馨

★ 資料來源：Michael E. Porter (1985), Competitive Advantage.

現在我們以價值鏈傳遞的視角，來說明不同企業在各項活動中，可能運用的 AI 作法。

一、主要活動（Primary Activities）

首先，主要活動可以與系統觀點（IPO）相互呼應，在原料「輸入」之後，進入生產「處理」的過程，然後輸出成產品與服務。

1. 內部後勤（Inbound Logistics）

內部後勤活動與儲存、分配物料有關，包括：原物料進貨、運送、倉儲、庫存與退貨…等。

舉例來說，協助顧客冷藏食品的公司 Lineage 利用 AI，預測商品進貨出貨的順序，以便將商品放到最適合的位置。透過這套系統，Lineage 效率提升了 20%；法國樂華梅蘭集團（Leroy Merlin）則使用 AI 對過去的銷售資料，以及其他影響銷售的資訊（如天候資料）進行分析，此舉協助樂華梅蘭業績提升 2%，並增加了存貨周轉率，讓存貨減少 8%。

2. 生產作業（Operations）

生產作業活動乃是將投入轉換成最終產品的形式，例如：製程、包裝、設備維護、測試…等。

台灣紡織業裡的宏遠興業，就透過人工智慧檢驗布料，取代肉眼檢驗，讓檢驗部門的人力減少 24%，效率同步提升 27%。

3. 倉儲運輸（Outbound Logistics）

倉儲運輸活動與實體配送、儲存相關，例如：產品倉儲、物流運輸、訂單作業…等。

總部位於瑞士的 Swisslog，是一家專門為倉庫、物流中心提供自動化解決方案的一家公司。其所研發的 AI 系統，能彙整電子商務公司（如線上購物平台）的行銷活動資料、天氣預測和生產、物流等資料，預測消費者下單的可能性，進而做好倉儲管理。舉例來說，如果電子商務公司正在為某家銷售冰淇淋的公司進行促銷。Swisslog 的系統會根據平台過去的銷售狀況，以及未來一週的天氣預報（天氣是否炎熱等），提醒倉管理人員，可能需要增加多少冰淇淋的庫存，以因應消費者的需求。

根據經濟學人的報導，UPS 流程管理總監 Jack Levis 提到，在美國，只要卡車司機們每將物流的路徑減少一英里，公司每年就能節省大約 5,000 萬美元。同時，投資銀行高盛分析，物流業是一門競爭激烈且低利潤的行業，而 AI 能協助這些企業將物流成本降低至少 5%。此外，UPS 讓其顧客能透過亞馬遜的語音助理 Alexa 追蹤包裹。

4. 行銷與銷售（Marketing And Sales）

行銷與銷售活動包括：定價、促銷、廣告、通路管理…等。

例如：高盛金融服務集團的銷售人員，在接受債券的訂單時，能立即收到具有類似風險特徵的債券資訊，以便向顧客進行推薦；至於著名的凱薩（Caesars）賭場酒店集團透過 AI 技術計算顧客潛在的消費水準，進一步挑選出顧客並進行排序，以便進行電話行銷，並為他們提供客製化的促銷活動與折扣。

此外，德國零售商 Metro Group 讓顧客在結帳時，透過相機記錄與辨識購物籃中的商品，以協助結帳。這樣的結帳系統，每小時約可協助 50 名顧客結賬，效率比傳統結帳的方式提升了一倍。

5. **服務（Service）**

服務活動主要提供顧客售後服務。例如：客服、安裝、維修、零件供應…等。

根據經濟學人的報導，中國招商銀行透過客服機器人，每天處理微信上 200 萬件的訊問，如果這些回應需要透過人工來處理，則大約需要 7000 名的員工來執行。凱薩（Caesars）賭場酒店在旗下的旅館裡，設置「虛擬迎賓員 Ivy」來照應顧客的需求，讓顧客呼叫服務生的次數減少了 30%。

另外，AI 也可以透過語音辨識顧客的聲音，來判斷是否為本人。如果來電者假冒身分，系統則會提出示警。最後，AI 不但可以分析顧客的談話，也可以分析客服的回應內容，如果客服犯了錯誤或是忘記提醒某些事情，系統還可協助提醒。

二、支援活動

價值鏈中的支援活動提供主要活動運作上的協助。

1. **公司基礎結構（Firm Infrastructure）**

公司基礎結構協助處理公司所有價值創造的活動，包含：一般管理、財務、會計、法務、公共關係、品質管理活動…等，同時也包含了組織結構、控制系統與企業文化…等。

例如：在財務部分，企業可透過 AI 來掃描發票，以預測哪些顧客會延遲付款。

2. **人力資源管理（Human Resource Management）**

人力資源管理包括：人員招募、甄選、聘雇、訓練、發展、薪資、福利…等活動。

舉例來說，在人員招募上，企業可透過視頻進行面試，AI 系統會對面試者的臉部表情進行辨識，透過分析 50 個左右的微表情的變化，來判斷面試者是否說謊。

3. **研究與技術發展（Technology Development）**

研究與技術發展支援各種價值活動背後所需的不同技術，包括：基礎研究、產品研發，製程設計、服務程序改善…等。

例如：通用電氣（GE）建立一支人工智慧團隊，以監控其各類飛機發動機、動力分散式列車和燃氣輪機，並透過 GE 機械的「雲監控」軟體模型來預測故障機率，可以有效降低故障機率和控管發動機的定檢週期。

4. **採購（Procurement）**

採購通常存在於公司的各個部門，不同的採購項目也會由不同層級或不同部門進行採購。採購活動包括原物料、零件、耗材、機械設備、辦公用品、甚至是廠房等。

一家名為 Unvired 的公司推出了聊天機器人 Chyme 採購管理解決方案，能夠提供關於訂單、發貨、庫存、價格等查詢。

透過 AI 的協助以及價值鏈的分析，企業有機會獲得低成本或是差異化的競爭優勢。

顧客抱怨管理讓 AI 來

想像一下，如果您是一家連鎖商店的客服經理，為了廣納消費者的購後心聲，您可能會建置一套消費者意見蒐集系統，讓消費者透過電子郵件進行意見回饋，當然最可能的狀況是，這些回饋內容通常是「抱怨」多於「感謝」。

剛開始由於分店數不多，原本每天數十封的申訴抱怨電子郵件，您都還能每封一一閱讀。但隨著公司擴大規模，將開店範圍向全國各處延伸之後，申訴抱怨信也同步成長，一旦每天有數千到上萬封，這時，您開始慌了手腳，因為連看都看不完了，更遑論還要分類指派到各相關單位回應處理。每天上班就冷汗直流，不曉得該如何收拾這個爛攤子？

事實上，只要是規模稍大企業的客服經理，這類問題，可能會是日常生活中的夢魘。但透過人工智慧系統的開發，有助於這類問題的解決。英國的生鮮電商歐卡多（Ocado），每天大約要收到上萬封顧客抱怨的電子郵件。由於客服人力已無法因應申訴郵件的龐大壓力，該公司便透過人工智慧技術，開發出一套系統，分析這些信件裡的抱怨內容，並將這些抱怨信依輕重緩急進行排序，然後分發給所對應的相關單位。

英國生鮮電商歐卡多（Ocado）

https://www.ocado.com/

此外，從行銷管理的角度來看，消費者願意透過電子郵件對公司進行抱怨，公司還有機會進行「服務補救」，甚至讓消費者從「不滿意」變成「滿意」。但現在社群媒體的發達，當消費者心生不滿時，通常就會直接在臉書、Google 地圖上分享。舉例來説。某家連鎖商店就曾經提出一項需求，希望我們協助開發出一套系統。該公司每天都有顧客在各分店的 Google 地圖上發表評論，該公司希望能即時將這些評論匯集到總公司，並且進行情緒分析，辨別這些評論是正面還是負面，同時給予輕重緩急的評分，以利公司快速回應這些消費者的評論。

根據以上兩個案例，我們可以發現，消費者意見蒐集系統的建置，除了要透過電子郵件、客服中心…等，來蒐集內部消費者的回饋意見（通常是抱怨與讚美），同時還要透過社群媒體、線上討論區…等，來蒐集外部消費者的回饋意見（通常是負面口碑與正面口碑），如圖 10-19 所示。

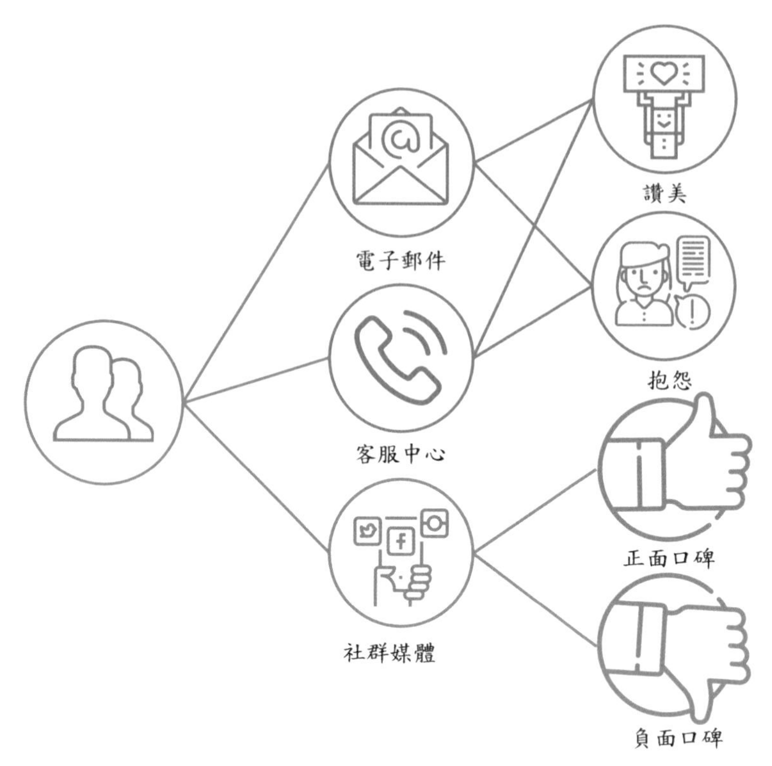

圖 10-19　AI 消費者意見蒐集
繪圖者：鄭雅馨

以前這類型的工作，需要靠龐大的人力來完成，而且一旦人力不足時，分類與回應的時間還會再延宕，但是透過這類 AI 系統越來越普及化之後，不但大幅減少人力，而且能夠縮短回應顧客抱怨的時間。AI 全面提昇管理抱怨的效率與效能，將指日可待。

噓！小心，別被顧客發現——零售商透過個人化定價來探底

美國定價策略顧問拉菲・穆罕默德（Rafi Mohammed）有一次，在使用手機搜尋紐約的假期方案（包括航班機票、旅館房型、價格…等），覺得相當滿意，結果稍後他想利用筆記型電腦下訂時，卻意外發現，同樣的方案，價格卻高出 117 美元。後來，他又請旁邊的朋友一起用手機測試相同方案的價格，沒想到

朋友的價格竟然又高出他 50 美元，這樣的結果不僅讓他很驚訝，也讓他氣到不想再相信這種服務。

穆罕默德後來在 2017 年 12 月的哈佛商業評論上，發表一篇〈零售商如何透過個人化定價測試您的底價（How Retailers Use Personalized Prices to Test What You're Willing to Pay）〉分享了以上的經驗。他研判，造成價格出現大幅差異的原因，可能在於訂房網站正在進行 A/B 測試，也可能是該公司透過機器學習正在進行「個人化定價」。

「個人化定價」的背後，來自於差別取價的概念（亦即針對不同顧客提供相同的產品或服務，但收取不同的價格）。對於那些非買不可的顧客，給予較高的價格，而對於那些購買意願較低的顧客，提供折扣的服務，這樣的訂價機制能夠有效增加企業的收益。

事實上，個人化定價由來已久。穆罕默德提到，以大多數的汽車經銷商來說，其實都會採取個人化定價。汽車銷售人員會透過觀察顧客的衣著、目前所開的車、以及閒談之間，了解顧客的背景與動機的強弱，進而針對不同的顧客，給予不同的報價或折扣。穆罕默德將這樣的行為稱之為「定價側寫（Pricing profile）」。

隨著大數據的出現以及資料科學的發展，網路零售商也可以透過顧客的瀏覽記錄，來對顧客進行定價側寫。無論是顧客使用何種裝置、作業系統、IP 位址，或是瀏覽、購買何種商品，何時、多久造訪網站。透過機器學習，企業便能根據定價側寫，發展出個人化定價的系統（如圖 10-20 所示）。

而這樣的技術，目前已經開始產生了爭議，畢竟個人化定價是否符合道德倫理，背後還有很大的討論空間。不過，這個爭議，關鍵還是在顧客本身是否願意接受差別取價，畢竟我們可能會接受對於不同信用評等的人，貸款利率會有很大的不同（縱使利率差異 2 倍以上），但對於同時下訂某旅館客房的兩位朋友來說，那怕差 1%，可能都無法接受。或者，下次您在預訂假期出遊計畫時，也可以使用不同的載具（手機、NB 或平板），或在不同時間都測試一下，說不定又可以省下一筆錢，拿去吃一頓美食。

圖 10-20　定價側寫（Pricing profile）
繪圖者：黃亭維

擁抱新科技才能駕馭零售業的未來

由於技術的演進和不斷變化的消費者行為，零售業正在以更快的速度發展。德魯夫・格魯瓦爾（Dhruv Grewal）等學者指出，整合各種通路與大數據的力量，未來將不再是企業的競爭優勢，而是企業保持競爭力的前提。往後零售業的發展甚至將取決於以下的新興力量，包括：物聯網（如圖 10-21 所示）、虛擬或擴增實境、人工智慧、機器人、無人機甚至是自動駕駛汽車等。

德魯夫・格魯瓦爾等學者，在 2017 年的《零售業期刊（Journal of Retailing）》發表的這一篇〈零售業的未來（The Future of Retailing）〉的文章中指出，零售業者必須加緊了解這些新創科技正在改變遊戲規則，以便有效掌握未來的發展方向。

他們指出，在現代、多面相且全通路的消費環境中，消費者經常被各式商品和服務資訊不斷轟炸。而未來能夠精準區隔和定位，並提供附加價值的零售商，更能脱穎而出，同時創造出與客戶高度互動的潛力。

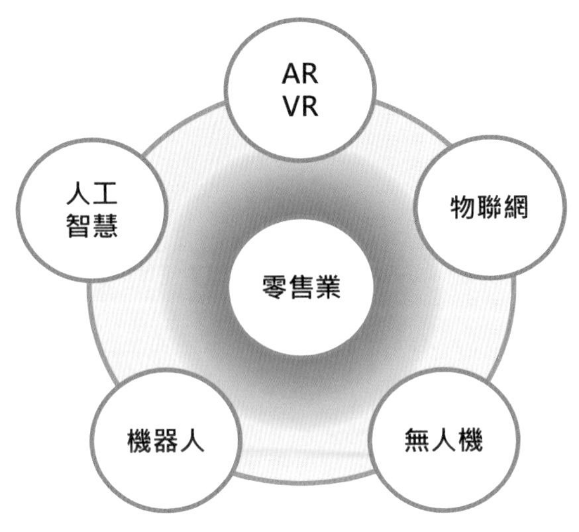

圖 10-21　科技對零售業的影響
繪圖者：曾琦心

他們並説，並不是每一個消費者決策，都依賴於廣泛的搜索資料和詳細的決策過程。例如在網上或在商店購物時，消費者某些決定是自發的、衝動性地做出來的，而這些有時候還是由零售商精心製作的策略性視覺展示和商品組合所引起。

目前，拜科技創新之賜，各式交易已為零售商提供大量不同的資訊，包括各類交易數據（例如，購買價格、購買數量、購物籃組成…等）、人口統計數據（例如，性別、年齡、家庭組成和教育程度…等）和環境數據（例如，溫度等）。零售業者可以從大數據中獲得有效的洞見，並對消費者行為做出更好的預測，設計更具吸引力的價格。藉由更有效地定位，並開發讓消費者做出有利於購買產品的工具。因此，善用「大數據」便可啟動消費者有益的、週期性的消費和參與過程，進而提高獲利能力。

德魯夫・格魯瓦爾等學者認為，物聯網正在影響購物行為。智慧家庭裡配備了許多智慧家電設備（例如，智慧冰箱），這些設備可以在庫存不足時主動訂購產品。因此，企業應該進一步思考物聯網，如何增強零售商與消費者的互動，或者反而減少消費者的參與度，畢竟一旦所有「互動」與「對話」都轉移到機器上（例如，虛擬實境、擴增實境（AR）和智慧助理等），未來會如何演變，仍有待觀察。

此外，虛擬實境（VR）與擴增實境（AR）強化了感官知覺。例如，時尚零售業者透過虛擬實境技術來讓消費者參與虛擬時裝秀；汽車零售商也透過擴增實境技術，讓消費者查看汽車上不同配備等。

AI 智慧助理與智慧客服的出現，也對購物帶來極大影響。例如，亞馬遜 Echo 上的 Alexa 就是智慧助理典型的範例。這些智慧助理可以協助消費者搜尋有關產品的相關訊息，以及協助消費者購買產品。而企業的智慧客服則可以為消費者回答有關產品功能的問題，並根據消費者的歷史資料預測分析、推薦消費者可能購買的產品。

此外，許多製造商和零售商開始利用機器人與無人機協助營運。例如亞馬遜。

德魯夫・格魯瓦爾等學者指出，新興的科技力量正不斷影響消費者的購買行為。線上與線下世界也在快速融合，了解這兩個世界之間的差異與相似之處，以及新興技術將如何影響兩者，對於未來的零售業至關重要。

AI 在零售業的運用

過去消費者去買東西時，得先帶著從銀行或 ATM 提領出的現金給超商櫃台的收銀員，現在不少行動支付工具逐漸上線後，只需要在手機的 app 上按幾個鍵就可以轉帳過給對方，未來呢？美國德州農工大學（Texas A&M University）教授文卡塔斯・尚卡爾（Venkatesh Shankar），2018 年在《零售期刊（Journal of Retailing）》上，發表了一篇〈人工智慧（AI）如何重塑零售業（How Artificial Intelligence（AI）Is Reshaping Retailing）〉的文章中提到，往後消費者在使用手機付帳過程中，不得手續簡單，未來甚至還可以得到管理個人財務和制定購買決策的建議。

尚卡爾指出，美國銀行（Bank of America）在去年 6 月推出的 AI 理財助理艾莉卡（Erica）不僅可以快速完成消費者與零售商兩端所需的交易，還提供了一系列財務問題建議，包括告訴銀行客戶如何透過遵循再融資選項、如何節省抵押貸款，以及提醒客戶帳戶中的異常活動。同時還會展示他們的信用評級分數，並提供客戶如何改善財務的建議，這也讓 Erica 在推出後三個月內就吸引了 100 萬用戶。

隨著零售業務資料每 1.2 年增加一倍，連帶零售資料持續爆炸。他說，零售資料包括消費者購買數據、線上瀏覽資料、社群媒體數據、行動交易使用資料和客戶滿意度資料。例如，像沃爾瑪這樣的零售商每小時就可以收集大約 100 萬筆交易的數據、貢獻出 2.5TB 的資料。零售業是人工智慧使用和發展上的豐富來源。

為了利用這些迅速發展的資料，零售商正在投資各種 AI 應用程式，估計到 2022 年，預計零售商對人工智慧的支出可達 60 億美元。而 AI 的勢力正同時影響需求和供給兩端。

在需求方面，人工智慧能協助零售商更佳了解和預測客戶需求，並做出最佳決策以提高客戶的終身價值。AI 並可使供應鏈變得更有效率並優化庫存管理與物流。而 AI 能還協助購物者和消費者做出決策，改變他們與零售商的關係。

尚卡爾教授在該篇文章中提出 AI 在零售業的運用架構，如圖 10-22 所示。

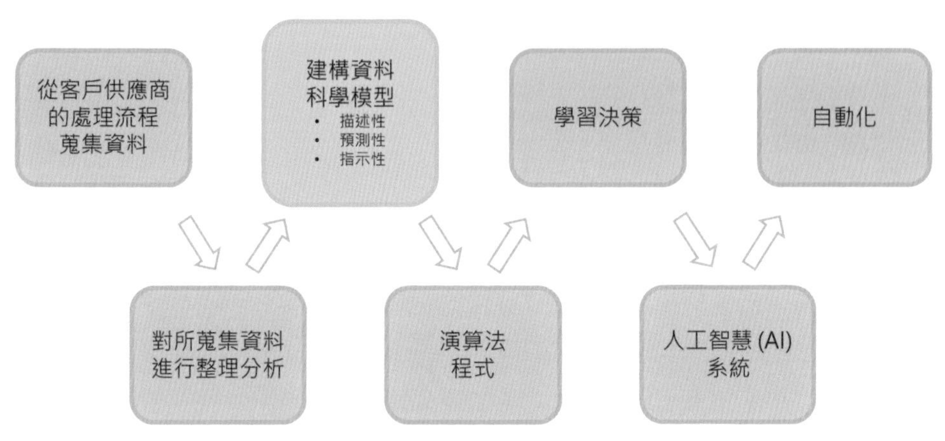

圖 10-22　AI 在零售業的理解與運用之架構
繪圖者：王舒憶

★ 資料來源：Shankar, Venkatesh, (2018), "How Artificial Intelligence (AI) Is Reshaping Retailing," Journal of Retailing, December, 2018, Vol.94(4), pp.vi–xi.

他指出，在這個架構中，製造商和零售商不斷地從上下游等多重來源，蒐集關於顧客態度與行為的資料，並儲存於資料倉儲設備中。接著對所蒐集的資料進行分析，並建構出資料科學模型。而這類模型稱為「機器學習模型」，能從有用的資料中學習，並做出預測性決策。

更重要的是，這些機器學習模型形成人工智慧系統的基礎，進而提供自動化的服務。例如，透過聊天機器人協助進行顧客服務，或在另一端透過智慧機器人協助零售商將倉儲、零售據點予以自動化。

AI 的核心是資料科學模型。大多數 AI 模型可以被分類為預測性和指示性。預測性模型主要提供預測結果，指示性模型主要提供指示性決策建議。以零售業定價為例，「預測性模型」在於預測未來銷售對價格變化的反應；「指示性模型」則可提供商品的最適價格建議給公司的管理人員。由於大型零售商的客戶數動輒以百萬計、同時擁有數萬項的商品項目、以及超過百億的營業額，這樣的定價議題已不是人腦可以完全掌控，而是非常適合利用 AI 系統來處理。

全通路經營——良興公司

過去，在通路的選擇上，到底該進軍網路商場，還是從實體店面下手，兩者各有其利弊。因為在線上虛擬通路開店可以省下大筆租金，但由於自己的品牌還沒有名氣，不易打開知名度；而開設實體店面雖然可以觸及真實的消費者，但能服務到的對象恐怕有限。因此，線上、線下的抉擇，往往成為通路選擇上的一項難題。

最近幾年，虛擬通路和實體通路之間關係的發展，從衝突、到互補、現在甚至到了融合。因為現代的消費者，經常會在網路上比價，然後到實體店面去看貨和體驗。已經擁有實體店面的企業，不得不在網路上開店；在網路上闖出一片天的電子商務企業，也開始到大街上成立旗艦店，以爭取消費者的親身光臨和信任感。形成企業必須虛實兼顧、全通路經營的全新業態。

元智大學林耀欽教授與台灣藝術大學陳俊良教授，2019 年 3 月在《產業與管理論壇》[1] 期刊中，發表了一篇〈良興公司的數位轉型之路與全通路經營〉的文章，來闡述良興公司是如何透過有限的資源，兼顧實虛通路的整合，進而發展成全通路的數位轉型過程。

1　林耀欽、陳俊良 (2019)，〈良興公司的數位轉型之路與全通路經營〉，產業與管理論壇，第 21 卷，第 1 期，74-94 頁。

良興公司成立於 1973 年，原本是光華商場的一家電料行，到現在直營店超過 15 家，會員人數 40 萬，年營業額超過 13 億[2]，毛利率 19%（業界平均毛利率約 10% 左右）。

實體店面起家的良興，為了完成全通路轉型，良興將原本各自獨立的門市 POS 系統、Web 與 Mobile 購物網、行動 App 裡的資料（包括會員資料、銷售資料、人流偵測、網頁瀏覽軌跡、網友評價⋯等）加以整合，並透過大數據平台進行資料彙集與分析，再透過推播行銷活動資訊、限時折扣優惠券給已經設定好的目標客群，以達成到精準行銷的目的，如圖 10-23 所示。

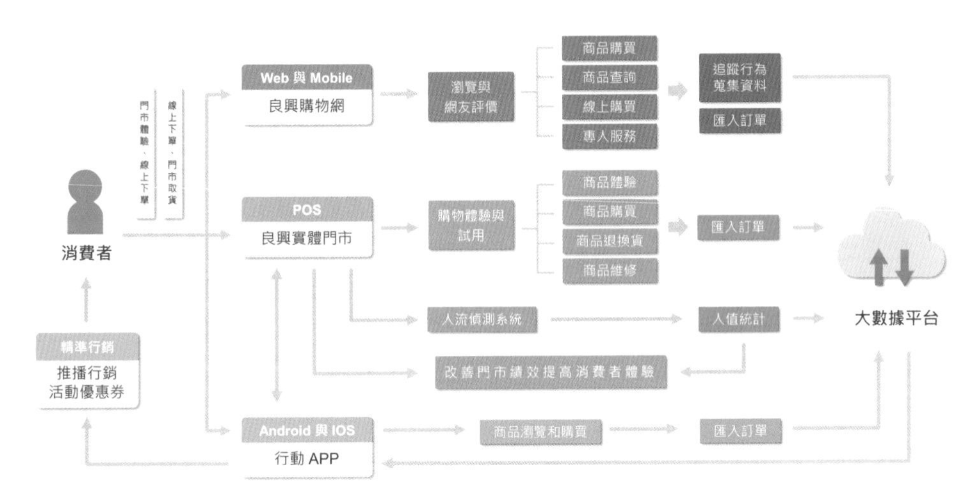

圖 10-23　良興公司全通路營運的服務模式
繪圖者：彭煖蘋

★ 資料來源：林耀欽、陳俊良（2019），〈良興公司的數位轉型之路與全通路經營〉，產業與管理論壇，第 21 卷，第 1 期，74-94 頁。

事實上，在網路購物興起後，近年來，實體零售業已普遍體驗到來客人數大幅減少的寒流，因此在投入全通路經營的過程中，除了必須將新科技導入原有企業體中，同時分析各項消費者資料和數據，以更進一步掌握消費者的真實行為。林耀欽和陳俊良就指出，賣場第一線服務人員的角色、待遇，甚至是業績分配，都必須重新調整，良興就必須利用各種數據管理，打破傳統商 3C 零售通路對顧

2　顏瓊玉 (2017)，〈大數據管會員，光華商場老店創 40% 成交率〉，商業周刊，第 1531 期，94-95 頁。

客商品門市人員績效指標，才能取得新的銷售成長動能，並提供會員一套更有效率的服務方法。

此外，透過數據分析，良興可依會員標籤進行分類，做到個人化商品推薦。舉例來說，看到電競趨勢的興起，良興充分掌握電競類會員的消費者行為，因此敢重押「高毛利」的商品，例如大量進貨高達 4,000 元的電競鍵盤，並藉由精準行銷來達成銷售目標，單是與電競有關的螢幕、鍵盤、滑鼠、耳機，良興公司一個月就可以賣到上千萬元。現在，良興已脫離傳統 3C 零售商的身分，搖身變成全通路經營的行動廠商。

善用機器人進行即時存貨管理

在電子商務蓬勃發展之後，無論是從事實體零售、線上零售，甚至是全通路的經營者，都普遍面臨一個相同的難題，那就是：毛利持續不斷地被壓縮。因此，在這種情況下，零售商如何透過科技與創新，來提升獲利能力，一直是一項重要的議題。

2000 年前，許多有意經營電子商務的人，大都認為在網際網路上開店經營，免除了實體店面的經營之後，除了可以節省大量成本之外，還可以回饋給消費者，因此不斷「降價」成了最高經營指標。但「降價」，且競爭者越來越多，也給這些實體零售商和線上零售，以及全通路經營者本身，帶來毛利不斷下降的窘境。

那問題有解決方法嗎？聰明的零售業者，只好從改善經營績效開始，以賺「管理財」為獲利目標。物聯網連結平台公司 Hologram 的執行長班・佛根（Ben Forgan）曾經在哈佛商業評論 HBR 上，提過一個故事 [3]。他說，請大家想像一下，在某一家超級市場裡，一台機器人循著走道掃描兩旁的貨品。突然間，機器人發現，無糖花生醬在架上的存貨快速減少，速度是一般花生醬的兩倍，而且庫房存貨也所剩無幾。此時，機器人隨即開啟自動訂貨模式，很快地，擁有足夠安全存貨量的無糖花生醬，就從花生醬工廠「及時」送到該超市裡，如圖 10-24 所示。

3　Ben Forgan，What Robots Can Do for Retail，HBR 數位版文章，2021/2/7。

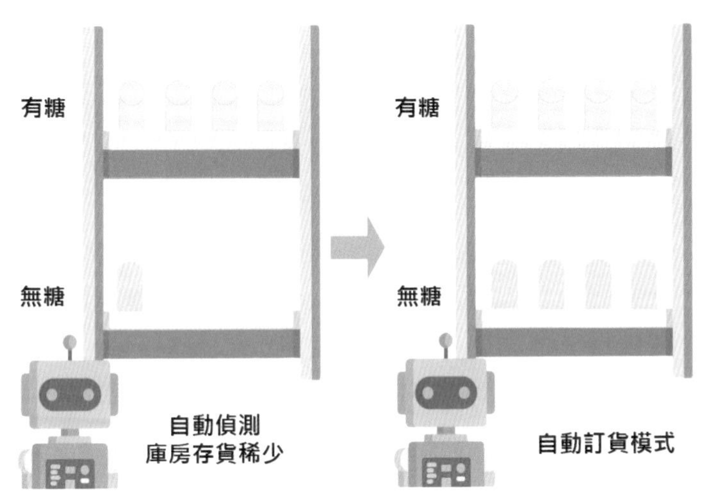

圖 10-24　自動偵測與訂貨模式
繪圖者：謝瑜倩

類似由機器人自動盤點存貨、自動檢查貨量、自動下單採購的情節，已經開始出現在一些賣場裡，無論是沃爾瑪（Walmart）的存貨掃描機，或是居家修繕的勞氏（Lowe's）機器人 LoweBot，不但能回答顧客簡單的問題，例如花生醬放在哪一個走道，還能監看存量；歐洲的零售商歐尚（Auchan Retail Portugal）同樣也透過機器人監測貨架存貨，少了很多傳統零售人力必須的操作介入。

佛根提到，這個決策過程沒有人類介入，而且是快速反應。透過機器人蒐集資料，再運用雲端運算或是邊緣運算（Edge Computing ）來進行分析，進行決策。這有點類似財務金融裡的高頻交易，這種高頻交易能透過演算法，即時偵測股價微小的價差，進而透過交易來獲利，雖然價差很小，但頻次眾多，長期下來，獲利可觀，所謂的「管理財」就是這樣子掙來。

佛根認為，避免缺貨，可以說是零售業的另一種賺錢方式。因為缺貨不但會造成潛在收益減少，如果消費者一再買不到他們所想要的商品，還會造成顧客不滿意度的增加，甚至因此影響顧客忠誠度。

「存貨管理」是製造業與零售業在經營管理上相當重要的議題。除了從事前的預測估計（備妥安全存貨），事後的亡羊補牢（緊急採購、限量購買），事中的即時反應，也是一項應該不斷「優化」的做法。

秘訣大公開——如何製作一支讓人願意分享的 YouTube 廣告？

短片分享帶來不少商機，也讓不少廣告商躍躍欲試，但是馬上面臨的第一個問題是，自己製作的廣告短片應該要拍多長？根據美國南加大（University of Southern California）的杰拉德 J. 特利斯（Gerard J. Tellis）教授等人所撰寫，刊載在「行銷期刊（Journal of Marketing）」2019 年最新的論文[4]，直接挖出 YouTube 背後隱藏的秘密。他們研究前 100 名的廣告和活躍在 YouTube 上的 109 個品牌，短片長約一到一分半鐘的中等長度，其實最受網友歡迎。

這一篇刊載在行銷期刊（Journal of Marketing）」2019 年五月出刊的論文，同時發現一些事實。首先，廣告分享的狀況比想像中還低。在該研究的廣告中，有 10%根本未被分享，且在被分享的廣告裡，有超過 50%的廣告被分享不到 158 次。

至於在廣告內容「元素」部分，以傳遞資訊為訴求的廣告，不易被網友分享（除非涉及購買風險）。反之，擁有鼓舞、熱情、驚奇、興奮等正面情緒的廣告，能激發強烈的分享慾望。可惜的是，在該研究的 YouTube 廣告中，只有 7% 擁有這些正向的情緒。

另外，使用戲劇元素的廣告（擁有情節、驚喜和角色，例如名人、嬰兒、動物等），常能喚起消費者的情感並促使分享。但在該研究的廣告中，只有 11%有強烈的戲劇性效果，也只有 10% 的廣告引發了驚喜。同時，26% 的廣告以名人作為主要的特色，只有 3% 是透過嬰兒或動物來呈現。

至於在不同的平台，資訊訴求與情感訴求的廣告，被分享的狀況也有所不同。情感訴求廣告在一般平台（Facebook、Twitter）上的分享比在 LinkedIn 上更多。資訊訴求的廣告則相反。

4　資料來源：Tellis, G. J., MacInnis, D. J., Tirunillai, S., & Zhang, Y. (2019). What Drives Virality (Sharing) of Online Digital Content？ The Critical Role of Information, Emotion, and Brand Prominence. Journal of Marketing, 83(4), 1-20.

此外，品牌出現的時機也會影響廣告是否被分享。廣告中出現冗長的品牌名稱，或是過早或間歇性地出現品牌名牌，這類廣告被分享的次數，都比最後才出現品牌的廣告更少。而令人驚訝的是，在該研究中，只有 30% 的廣告，品牌是最後才出現。

最後，廣告被分享與廣告長度之間的關係呈現不對稱的倒 U 型曲線，其中，又以長度 1.2 到 1.7 分鐘之間的廣告，最容易被分享。但在該研究被分享的廣告裡，只有 25% 的廣告是介於 1 到 1.5 分鐘之間，大約 50% 的廣告短於一分鐘，大約 25% 的廣告長於 2 分鐘。

研究結果發現，想製作出讓人願意分享的 YouTube 廣告，首先，要設計一個吸引人的情節，同時伴隨令人驚訝的結局，並藉由真實人物（也可多多透過嬰兒或動物）來呈現，進而引發點閱者強烈的情緒。同時，將品牌標語精簡，並放置到最後。再將廣告保持在 1 到 1.5 分鐘的中等長度。這樣，就能製作出一部讓人願意分享的 YouTube 廣告，如圖 10-25 所示。

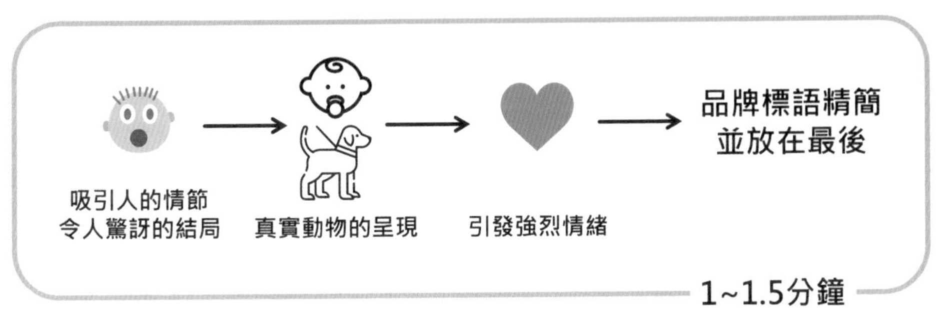

圖 10-25　製作讓人願意分享的影片有密訣
繪圖者：曾琦心

一圖抵千言——FB 大頭照的印象管理

一般人使用臉書（FB），除了記錄生活與他人互動之外，其中還有一個主要目的是基於消費者本身的「印象管理（Impression Management）」。為了達到印象管理的目的，FB 用戶除了經常對自己偏愛的品牌，發表文字或非文字的 Po 文、留言及分享。這讓 FB 可以輕易地將顧客貼上標籤（tag）。更重要的是 FB 上的大頭照，更能有效增加臨場感。

FB 上的大頭照千奇百怪，有人在騎單車，有人則在風景區前擺 POSE，有人則會用卡通人物來代表。這些行為引發維爾奈 - 亞維茲（Vilnai-Yavetz）與提佛雷特（Tifferet）的興趣。他們認為「一圖抵千言」，這些大頭照應該可以用來區隔不同的用戶群。於是他們進一步以視覺線索來思考區隔顧客的方法，希望找出虛擬社群中與印象管理有關的視覺線索，進而利用這些視覺線索來區隔用戶類型。

維爾奈 - 亞維茲與提佛雷特發現，照片是線上「印象管理」的工具之一。因為根據社會臨場感理論（Social Presence Theory），面對面交談的臨場感最強；文字交談的臨場感覺最低，而增加照片則能有效增加臨場感。其他研究也證實，照片能增加他人的信任感與降低不確定性。

至於印象管理，則是指人們試圖管理和控制他人對自己形成印象的過程。大部的人通常會藉由親朋好友在 FB 上曾經 Po 過的影像，形成不同的印象，反而較少透過用戶 Po 過的文字訊息。FB 用戶也常藉由更換大頭照的視覺元素來反映心情、衣著喜好或者是偏好的戶外活動，也期望他人能透過這些元素來更了解自己。

值得注意的是，過去研究提出兩個使用 FB 的動機：「自我推薦」與「歸屬感」，維爾奈 - 亞維茲與提佛雷特認為這兩個動機會影響 FB 大頭照中印象管理的視覺元素。而他們的研究則選擇以下四個構念來測量 FB 大頭照的印象管理動機：

1. 情感表達（Expression of Emotion）：放置正向情感的大頭照表示消費者有「歸屬感」的需求。

2. 地位（Status）：透過大頭照中的衣著與附屬品來象徵社會地位，達到「自我推薦」的目的。

3. 熱衷活動（Activeness）：大頭照裡呈現運動、參加戶外活動則反映「自我推薦」的態度。

4. 整體外觀（Total Look）：大頭照為美圖屬於自我推薦；放置團體照，則屬「歸屬感」。

研究中，再透過 ImageCrashers software 隨機選擇 550 名臉書用戶，刪除後剩 500 用戶。並從每用戶追蹤的品牌粉絲頁中隨機選出 8 個，找出各群用戶的品牌參與類型。

研究結果發現，顧客區隔與品牌參與如下，如圖 10-26 所示：

1. 冷漠（Aloof），有男子氣概的：酒精飲料、球隊、速食、英雄與尬車電影
2. 熱情（Affectionate），有 Fu 的：血拚網站、購物經驗、奢侈品、名車
3. 衝勁進取（Go-getter），對快文化適應：運動服飾球鞋、速食、軟性飲料、啤酒
4. 神秘（Cryptic），角落感：電玩 APP
5. 喜好交際（Sociable），可以和大家混在一起：多人遊戲、速食、品牌服飾

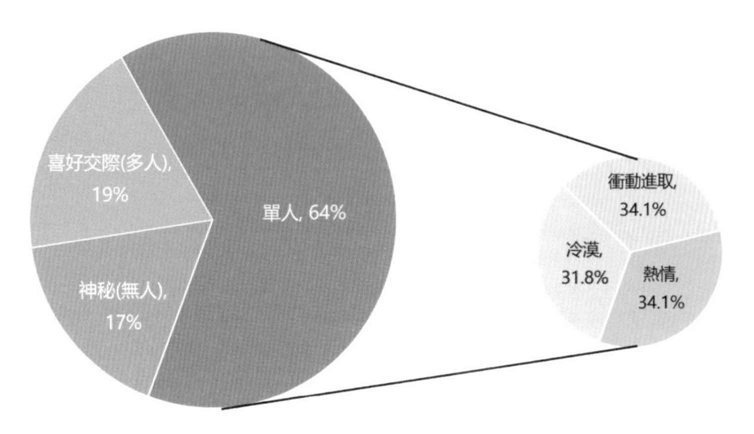

圖 10-26　FB 大頭照的五種區隔
繪圖者：鄭雅馨

兩人的研究並證實，FB 用戶會在大頭照中使用不同視覺元素組合來展現自我，而這些視覺元素組合可以將用戶加以分群。群組內的成員使用的視覺元素組合模式與印象管理的動機，更是息息相關。

★ 資料來源：Vilnai-Yavetz, I. & Tifferet, S. (2015), "A Picture Is Worth a Thousand Words: Segmenting Consumers by Facebook Profile Images," Journal of Interactive Marketing, 32, 53-69.

意見領袖——影響您的購買決策者

當我們想買一款空氣清淨機、想帶孩子到美國、加拿大遊學，或是想要開始攀登百岳…，首先，我們會很直覺地上網搜尋，看看有哪些開箱文？有哪些心得分享？有哪些評價？這些分享文章、照片、影片的人，無論他們的動機或意圖究竟是單純分享、利他或是廣告宣傳，這些人其實都有所謂「意見領袖」的特質，因為他們都有意無意地透過自身的影響力，直接或間接地改變他人的態度與行為。

意見領袖（Opinion Leader）的概念，最早源自於拉扎斯菲爾德（Paul Lazarsfeld）及卡茲（Elihu Katz）的「兩級傳播」理論（Two-step flow of communication），有時也被稱為關鍵意見領袖或是關鍵輿論領袖（Key Opinion Leader，簡稱 KOL）。事實上，在過去只有大眾傳統媒體的時代，意見領袖指的是大眾媒體，因為大眾媒體擁有專業，也經常接觸新知與政治、經濟、社會等活動，因此能獲得群體的信任，進而能媒介與解釋資訊，並促使展開二次傳播，從而發揮在特定領域的影響力。

意見領袖的概念經過多年的演變，以及其他知識領域的借用與延伸，有了其他不同的意義。像是在行銷學上，「意見領袖」已被描述成「常常透過個人魅力，或是在某特定領域的知識，來影響消費者購買決策的人」。

近年來，社群媒體已經改變了人們的互動方式，這也讓許多擁有專業知識的意見領袖，能在網路上直接和粉絲們互動，並且提供消費者想要獲得的資訊。這種線上意見領袖透過網路文章、圖片或影片來傳遞資訊。在與消費者的互動過程中，常常提供非正式以及消費相關的建議，並促使大量網路口碑的出現。連帶地，企業廠商也看中這一群能和特定消費者溝通的意見領袖，因此近來也樂於找他們替自己的產品背書或者代言。

意見領袖的功能，一般分成「魅力型」與「知識型」。魅力型意見領袖透過個人魅力，影響粉絲與追蹤者，讓他（她）們因為自己的關係，對特定產品或服務產生好感，進而提升消費者對於該產品或服務的正面體驗。當然，每個企業著眼的目標消費者不一樣，企業要找的魅力型意見領袖也不同，因此如果有一天，您突然看到您根本不認識的「網紅」、「網美」，甚至是「網怪」出現在大眾媒體上受訪，不必太驚訝。不是您孤陋寡聞，其實是您和他們根本不同族類。至於，知識型意見領袖則透過提供特定產品或服務的有用資訊，來説服消費者對產品或服務有更正面評價。

最後，意見領袖的種類[5]越來越多，以下簡單説明，如圖 10-27 所示。

專家(Expert)

擁有特定領域的專業知識與技能

名人(Celebrity)

為某品牌背書，消費者因對名人產生依戀，產生正面電子口碑

微型名人(Micro-celebrity)

透過網路自有品牌、活動成名，如美食部落客

微型網紅(Micro-influencer)

社群媒體上追蹤人數相對少，但用戶參與度高

市場行家(Market maven)

對市場相當了解，願意與網友進行討論並回答

愛好者(Enthusiast)

對產品積極的熱情參與者

圖 10-27　意見領袖的類型
繪圖者：曾琦心

1. 專家（Expert）

擁有特定領域的專業知識與技能。其專業領域與個人品牌及扮演的專業角色高度相關。

5 資料來源：Lin, Hsin-Chen, Patrick F. Bruning, and Hepsi Swarna (2018), “Using online opinion leaders to promote the hedonic and utilitarian value of products and services,” Business Horizons, 61, 431-442.

2. **名人（Celebrities）**

為某品牌背書，消費者會因對名人產生依戀，進而影響產品的推廣，並產生正面的網路口碑。

3. **微型名人（Micro-celebrities）**

如美食部落客，其透過網路自有品牌、活動而成名。

4. **微型網紅（Micro-influencers）**

在社群媒體上的追蹤人數相對較少，但用戶參與度很高。

5. **早期採用者（Early Adopters）**

比一般大眾更早購買或使用產品的人。

6. **市場達人（Market Mavens）**

對市場相當了解的行家，願意與網友進行討論並回答問題。

7. **愛好者（Enthusiasts）**

對產品積極的熱情參與者。

了解這些意見領袖的類型，有助於我們對意見領袖的管理。

企業新課題——如何管理意見領袖？

對於品牌廠商來說，在網路時代，僅僅使用社群媒體來行銷已經不夠，有時還得藉由網路意見領袖的力量，以更有效的方式來和消費者進行溝通。然而，如何與一群不太熟識的「網紅」、「網美」，甚至是「網怪」的意見領袖互動，進而行銷品牌與產品，已成企業當前重要的課題。

美國普渡大學（Purdue University）博士 Lin, Hsin-Chen 等人，於 2018 的期刊 Business Horizons 上，發表一篇「使用線上意見領袖來推廣享樂與實用性產品和服務《Using online opinion leaders to promote the hedonic and utilitarian value of products and services》」，來說明如何對這一群意見領袖加以管理，如圖 10-28 所示。

圖 10-28　如何管理意見領袖
繪圖者：王舒憶

★ 資料來源：Lin, Hsin-Chen, Patrick F. Bruning, and Hepsi Swarna (2018), "Using online opinion leaders to promote the hedonic and utilitarian value of products and services," Business Horizons, 61, 431-442.

他們認為，管理這一群意見領袖可分成五大步驟：

步驟 1：規劃（Planning）

首先應確立活動目標與公司的社群媒體策略是否一致。企業必須先思考，要針對哪個特定市場，並與特定的意見領袖進行合作？而透過這樣的合作，可以得到何種結果？例如：增加銷售量或是增加知名度。或是有哪些資源可以投入在這次的合作中？以及企業的目標能否在此次合作中穩定實現？

步驟 2：識別（Recognition）

確立具有影響力的網路意見領袖有哪些人。同時，欲合作的意見領袖，應具備以下七項特點：

1. 高度的社群魅力
2. 能夠反映出目標市場的想法
3. 對產品有某些程度的經驗或相關專長
4. 已建立社交媒體活動的模式
5. 線上追蹤人數預期，足以持續成長
6. 與希望針對的市場有一致的想法
7. 合作費用是企業足以負擔

步驟 3：對齊（Alignment）

將網路意見領袖及線上論壇與產品予以對齊並進行搭配。思考一下，合作的意見領袖的影響範圍含括哪些論壇？同時，若是要行銷產品的享樂性價值，則要選魅力型的意見領袖；若是要行銷產品的實用性價值，則要選擇知識型的意見領袖。而若情況和條件允許，建議意見領袖能同時推廣產品的享樂性與實用性價值。

步驟 4：動機（Motivation）

給予意見領袖報酬，使其與在社群中的角色保持一致。意見領袖不會永遠都對產品有正面的評價和觀點，行銷人員亦須考量是否要與該意見領袖持續合作。透過實質的報酬讓意見領袖有興趣持續推廣產品，例如：免費產品、產品參與。而提供的報酬能和意見領袖的角色相匹配，以確保其能夠發自內心、真實地推廣產品。而非表面上做一套，背地裡又做另一套。過去就有代言 A 品牌智慧型手機的名星，私底下持用 B 品牌的手機；或者代言禁菸廣告，私下菸抽得很兇，這些案例根本上都嚴重傷害企業本身。

步驟 5：協調（Coordination）

追蹤評估合作的狀況，並提供回饋給意見領袖，讓意見領袖能接收到、使用且分享這些資訊。同時，遵守應遵循的法規與標準，並持續追蹤活動及其結果，以促使意見領袖對於產品抱持正面的看法。

★ 資料來源：Lin, Hsin-Chen, Patrick F. Bruning, and Hepsi Swarna (2018), “Using online opinion leaders to promote the hedonic and utilitarian value of products and services,” Business Horizons, 61, 431-442.

最強行銷武器—整合行銷研究與資料科學

作　　者：羅凱揚 / 蘇宇暉 / 鍾皓軒
企劃編輯：莊吳行世
文字編輯：江雅鈴
設計裝幀：張寶莉
發 行 人：廖文良

發 行 所：碁峰資訊股份有限公司
地　　址：台北市南港區三重路 66 號 7 樓之 6
電　　話：(02)2788-2408
傳　　真：(02)8192-4433
網　　站：www.gotop.com.tw
書　　號：ACD021400
版　　次：2021 年 08 月初版
建議售價：NT$580

國家圖書館出版品預行編目資料

最強行銷武器：整合行銷研究與資料科學 / 羅凱揚, 蘇宇暉, 鍾皓軒著. -- 初版. -- 臺北市：碁峰資訊, 2021.08
面；　公分
ISBN 978-986-502-824-4(平裝)
1.行銷管理　2.市場分析　3.個案研究
496　　110007062

讀者服務

- 感謝您購買碁峰圖書，如果您對本書的內容或表達上有不清楚的地方或其他建議，請至碁峰網站：「聯絡我們」\「圖書問題」留下您所購買之書籍及問題。(請註明購買書籍之書號及書名，以及問題頁數，以便能儘快為您處理）
http://www.gotop.com.tw

- 售後服務僅限書籍本身內容，若是軟、硬體問題，請您直接與軟體廠商聯絡。

- 若於購買書籍後發現有破損、缺頁、裝訂錯誤之問題，請直接將書寄回更換，並註明您的姓名、連絡電話及地址，將有專人與您連絡補寄商品。